房屋建筑构造

主　编　王丽红　唐永鑫　韩古月
副主编　赵　欢　赵丽颖　朱莉宏
主　审　任鸿勇

北京理工大学出版社
BEIJING INSTITUTE OF TECHNOLOGY PRESS

内 容 提 要

本书共设有建筑构造的基础知识、基础与地下室构造认知与表达、墙体构造认知与表达、楼地层构造认知与表达、楼梯构造认知与表达、屋顶构造认知与表达、门窗构造认知与表达、工业建筑构造认知与表达八个教学模块，每个模块分为若干个教学任务，每个教学任务从实际出发，设计了"任务描述+知识储备+任务实施+知识拓展+能力训练"5个教学步骤，最大限度地满足任务驱动教学的要求，体现了"教、学、做"一体化的思想，突出应用性和技能型的特色。

本书内容图文并茂，简明易懂，融入大量思政元素，可作为建筑工程技术、建筑工程监理、工程造价、建筑工程管理、建筑装饰、物业管理等土建类专业的教材，也可作为岗位培训教材或供土建工程技术人员学习参考。

图书在版编目（CIP）数据

房屋建筑构造 / 王丽红，唐永鑫，韩古月主编.--
北京：北京理工大学出版社，2023.1
ISBN 978-7-5763-1833-3

Ⅰ.①房… Ⅱ.①王… ②唐… ③韩… Ⅲ.①建筑构
造 Ⅳ.①TU22

中国版本图书馆CIP数据核字（2022）第211043号

出版发行 / 北京理工大学出版社有限责任公司
社　　址 / 北京市海淀区中关村南大街5号
邮　　编 / 100081
电　　话 / （010）68914775（总编室）
　　　　　 （010）82562903（教材售后服务热线）
　　　　　 （010）68944723（其他图书服务热线）
网　　址 / http://www.bitpress.com.cn
经　　销 / 全国各地新华书店
印　　刷 / 河北鑫彩博图印刷有限公司
开　　本 / 787毫米×1092毫米　1/16
印　　张 / 15.5
字　　数 / 374千字
版　　次 / 2023年1月第1版　2023年1月第1次印刷
定　　价 / 72.00元

责任编辑 / 钟　博
文案编辑 / 钟　博
责任校对 / 周瑞红
责任印制 / 王美丽

前　言

　　房屋建筑构造是专门研究建筑物各组成部分及各部分之间的构造方法和组合原理的学科，它阐述了建筑构造的基本理论和应用等问题。通过本课程的学习，学生能掌握建筑构造的基本原理和一般构造方法，能够通过构造技术手段，提供合理的构造方案和措施，初步具备建筑构造设计的能力。

　　本书由多校联合编写，企业提供翔实案例，采用最新建筑规范、图集并结合最新的建筑构造课程教学标准要求，是编者多年来教学工作经验的积累。本书坚持以应用为目的，以必需、够用为原则，充分考虑岗课赛证融通来选取学习内容，融合岗位实际需要、技能大赛真题、职业技能证书要求来设置能力训练题目，力争使书中内容与专业、行业发展及教学改革紧密结合。全书共设八个模块，每个模块分为若干个教学任务，每个教学任务从实际出发，设计了"任务描述＋知识储备＋任务实施＋知识拓展＋能力训练"5个教学步骤，最大限度地满足任务驱动教学法的要求，体现了"教、学、做"一体化的思想，突出应用性和技能型的特色。全书以二维码的形式链接了大量原创微课视频等数字资源，将教材、课堂、教学资源三者融合，为实现线上线下混合教学提供资源保障，探索教材编写新模式。

　　本书内容图文并茂，简明易懂，融入了大量的思政元素，以润物细无声的方式使读者受到感染、启发，进而激发学习热情，树立正确的价值观念。本书的思政元素以附录的形式列出并提供了思政教学参考思路，引导学生参与讨论、进行思考。

　　本书由辽宁建筑职业学院王丽红、唐永鑫、韩古月担任主编，由抚顺职业技术学院赵欢、营口职业学院赵丽颖、辽宁建筑职业学院朱莉宏担任副主编，由中铁十九局集团第五工程有限公司总经理任鸿勇（高级工程师）主审。具体分工如下：赵丽颖编写模块一，王丽红编写模块二和模块三，赵欢编写模块四，唐永鑫编写模块五和模块六，朱莉宏编写模块七，朝古月编写模块八。全书由王丽红、唐永鑫、韩古月统稿、审定。

　　本书在编写过程中，参考了有关书籍、标准、图片及其他文献资料，在此谨向这些文献的作者表示深深的谢意。同时也得到了出版社和编者所在单位领导及同事的指导与大力支持，在此一并致谢。

由于编者水平有限，编写时间仓促，书中难免存在疏漏和不妥之处，恳请使用本书的教师和广大读者批评、指正。

编　者

目 录

模块一

建筑构造的基础知识

学习目标

[知识目标]

(1)了解建筑的概念,掌握民用建筑物的构造组成及影响因素。

(2)熟悉建筑物的分类原则,掌握建筑物的分类及等级划分。

(3)熟悉建筑平面及竖向定位的知识,掌握建筑物各部分尺度的相关模数要求。

[能力目标]

(1)能分析具体建筑物的构造组成部分和影响因素及设计原则。

(2)能结合建筑物的类别划分原则确定实际工程的分类及等级。

(3)能正确理解并运用建筑模数。

[素质目标]

(1)培养自觉学习和自我发展的能力。

(2)培养团结协作能力、创新能力和专业表达能力。

(3)树立严谨的工作作风和爱岗敬业的工作态度及良好的职业道德。

学习重点

(1)建筑物的构造组成及影响因素。

(2)建筑物的分类及等级划分。

(3)建筑模数的概念及应用。

任务一　认识建筑物

任务描述

讨论分析学校教学楼建筑物的各部分名称及其在构造处理上的影响因素。

一、建筑概述

建筑从广义上讲，既表示建筑工程的建造活动，又是建筑物与构筑物的统称。

(1)建筑物是指供人们在其中进行生产、生活或其他活动的房屋或场所，如住宅、办公楼、厂房、教学楼等；

(2)构筑物是指人们不在其中生产、生活的建筑，如水池、烟囱、水塔等。

建筑概述

本课程主要研究建筑的构造组成、构造原理和构造做法，研究对象是建筑物。构造组成研究的是一般房屋的各个组成部分及其作用；构造原理研究的是房屋各个组成部分的要求及构造理论；构造做法研究的是在构造原理的指导下，用建筑材料和建筑制品构成构件与配件，以及构配件之间的连接方法。

二、建筑物的构造组成

从日常生活中频繁接触的建筑物中，可以看到房屋的主要组成部分，如图 1-1 所示。

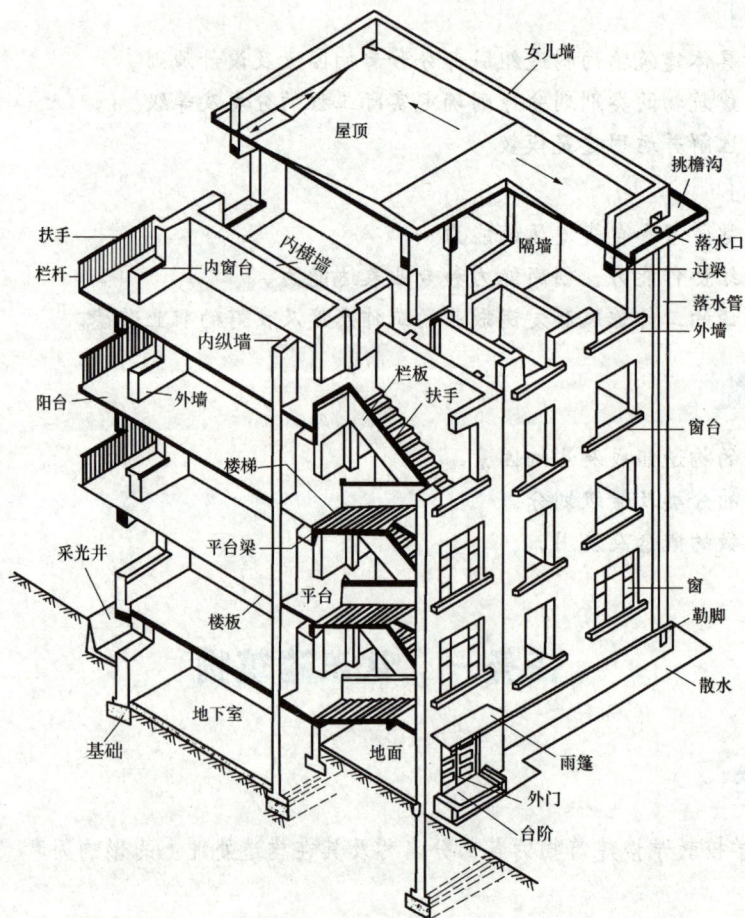

图 1-1　民用建筑的构造组成

（1）基础。基础是建筑物最下部的承重构件，承担建筑的全部荷载，并将荷载有效地传递给地基。地基是基础下面承受建筑物全部荷载的土层。基础埋置于地下，不仅关系到建筑的使用功能，同时又属于建筑的隐蔽部分，因此，在施工时对其可靠性和安全性的要求较高。基础应满足坚固、耐久、稳定的要求，并能抵御地下各种不良因素的侵袭。

（2）墙和柱。墙在房屋中起着承重和围护及分隔室内外空间的作用。作为承重构件，它承担屋顶和楼板层传来的各种荷载，并将其传递给基础。外墙具有围护功能，抵御自然界各种因素对室内的侵袭。内墙分隔建筑内部空间，创造适用的室内环境。墙应具有足够的强度、刚度、稳定性、良好的热功性能及防火、隔声、防水、耐久性能。由于墙在建筑中自重大，使用材料和资金多，施工量大，因此，需满足建筑经济和工业化的要求。

柱是建筑物的竖向承重构件，将承担的荷载传递给基础。当建筑物采用柱作为垂直承重构件时，墙填充在柱间，仅起围护和分隔作用。

（3）楼地层。楼地层是指楼板层和地坪层，是水平承重构件，同时，还兼有在竖向划分建筑内部空间的功能。楼板承担建筑的楼面荷载，并将这些荷载传递给建筑的竖向承重构件。楼板支撑在墙体上，对墙体起到水平支撑的作用，从而增加了建筑物的刚度和稳定性。地坪层是房屋底层的承重分隔层，将底层的全部荷载传递给地基土层；楼板层应具有足够的强度、刚度；地坪层应具备足够的防潮、防水的功能。

（4）楼梯。楼梯是楼房建筑中联系上下各层的垂直交通设施。在平时作为使用者的竖向交通通道，遇到紧急情况时供使用者安全疏散。楼梯关系到建筑使用的安全性，因此，在宽度、坡度、数量、位置、布局形式、防火性能等方面均有严格的要求。

（5）屋顶。屋顶是建筑顶部的承重和围护构件。它承受房屋顶部的全部荷载并将其传递给墙或柱；同时抵御各种自然因素（风、雨、雪、严寒、酷热等）的影响；屋顶形式对建筑物的整体形象起着很重要的作用。屋顶应有足够的强度和刚度，并具有防水、排水、保温（隔热）的能力。

（6）门窗。门和窗均属于非承重的建筑配件。门的主要作用是水平交通和分隔房间，有时还能进行采光和通风。由于门是人及家具设备进出建筑物及房间的通道，因此，应有足够的宽度和高度。窗的作用主要是采光和通风，同时也起分隔和围护作用。在寒冷和严寒地区应合理控制开窗的面积。门和窗是围护结构的薄弱环节，因此，在构造上应满足保温、隔热的要求，在某些有特殊要求的房间，还应具有隔声、防火等性能。

建筑物的
构造组成

一般的房屋建筑除上述的主要组成部分外，往往还有其他的构配件和设施，以保证建筑可以充分发挥其功能，如阳台、雨篷、台阶、散水、明沟、勒脚、通风道等。

三、建筑构造的影响因素

建筑构造设计要充分考虑各种因素的影响，提供合理的构造方案，保证建筑物的使用质量和耐久年限。影响建筑构造的因素很多，一般可分为以下五个方面：

（1）外力作用。作用在建筑物上的外力又称荷载，可分为恒荷载（如结构自重）、活荷载（如人群、家具、风、雪及地震荷载等）和偶然荷载（爆炸、撞击、自然灾害、地震灾害）。荷载的大小和性质是建筑物结构选型、材料使用及结构设计的重要依据。

（2）自然气候条件的影响。风、雪、霜、冰冻、地下水和日照等气候条件，是影响建筑物使用功能和建筑构件使用寿命的重要因素。在建筑构造设计时，应根据当地自然条件的实际情况，对不同部位采用相应的构造措施，或选用合适的建筑材料，把自然因素对建筑物的影响降到最低限度，如采取保温、隔热、防潮、防水、防冻胀、防温度变形破坏等措施，保证建筑的正常使用功能和使用寿命。

（3）人为因素。建筑物在使用过程中往往容易受到化学腐蚀、火灾和机械振动等人为因素的影响。在建筑构造设计时，要采取防腐、防火和防振动等措施，避免建筑物遭受不应有的损失，保证建筑物的正常使用和安全。

（4）技术条件。建筑构造做法是依据一定的建筑技术条件存在的。随着科学技术的发展，各种新材料、新技术、新工艺不断产生，建筑构造的设计理论、构造做法、施工方法等也要根据行业的发状况和趋势不断改进与发展。建筑构造的选型、选材和细部做法还与建筑标准有密切关系，如装修标准、设备标准和造价标准等。

（5）经济条件。建筑构造的设计必须考虑经济效益。在确保工程质量的前提下，根据房屋的不同等级和质量标准，合理选择建筑材料与构造方法，以降低工程总造价。影响建筑构造设计的因素是多方面的，必须在建筑设计时予以足够重视；否则，不但不能满足技术、功能要求，还会给国家、人民带来不必要的损失。

四、建筑构造的基本要求

构造设计是建筑设计不可分割的一部分。在房屋构造设计中，应根据房屋的类型特点、使用功能的要求，综合考虑影响房屋构造的因素，满足建筑设计的要求。房屋构造设计要满足坚固、实用、经济合理和造型美观，以及工业化的要求。

（1）坚固。建筑构件除满足结构强度要求外，还要采用必要的构造措施，保证阳台栏杆、楼梯扶手及顶棚、墙面、地面装饰等构造在使用过程中的安全和可靠。

（2）实用。建筑构造必须最大限度地满足建筑物使用功能的要求。建筑物除满足空间尺度要求外，有时还要满足某些特殊的要求，如保温、通风、隔热、吸声、隔声等。构造设计要综合相关专业的技术知识，优化设计，选择经济合理的构造措施，满足建筑的实用性。

（3）经济合理。房屋构造方案的确定应依据房屋的性质、质量标准，尽量节约资金。对于不同类型的房屋，根据它们的规模、重要程度和地区特点等分别在材料选用、结构选型、内外装修等方面加以区别对待，在保证工程质量的前提下降低建筑造价，减少能源消耗，注重建筑物的经济、社会和环境的综合效益。

（4）造型美观。建筑细部构造的处理要考虑其对建筑物整体美观的影响，应与建筑立面和体形相协调，以起到有效的装饰作用。

（5）工业化。建筑工业化是建筑业的发展方向，在建筑构造设计时，应大力推广先进技术，采用标准化设计和定型构件，选用新型建筑材料，为实现建筑工业化创造有利条件。

⚙ 任务实施

以学校内宿舍楼及实训楼为例分析影响其建筑构造的因素。学生分组讨论，上交成果。

（1）分析学校内宿舍楼及实训楼构造组成，使学生树立整体观念。

（2）分析各影响因素分别对建筑各组成部分具体会产生的影响。

（3）逐个分析学校内宿舍楼及实训楼中每个构造组成应满足的基本要求。

一、北京故宫体现了哪些建筑构造的基本要求？

北京故宫(图 1-2)是中国明、清两朝的皇家官殿,旧称紫禁城,位于北京中轴线的中心。北京故宫以三大殿为中心,占地面积约 72 万 m^2,建筑面积约 15 万 m^2,有大小官殿 70 多座,房屋 9 000 余间。

北京故宫于明成祖永乐四年(1406 年)开始建设,以南京故宫为蓝本营建,到永乐十八年(1420 年)建成,成为明、清两朝 24 位皇帝的皇官。1925 年 10 月 10 日故宫博物院正式成立开幕。北京故宫南北长为 961 m,东西宽为 753 m,四面围有高 10 m 的城墙,城外有宽 52 m 的护城河。紫禁城有四座城门,南面为午门、北面为神武门、东面为东华门、西面为西华门。城墙的四角,各有一座风姿绰约的角楼,民间有九梁十八柱七十二条脊之说,形容其结构的复杂。

北京故宫是世界上现存规模最大、保存最为完整的木质结构古建筑之一,是国家 AAAAA 级旅游景区,1961 年被列为第一批全国重点文物保护单位,1987 年被列为世界文化遗产。

图 1-2　北京故宫

二、人物链接——"蒯鲁班"蒯祥

蒯祥(1398—1481 年),江苏吴县渔帆村(今江苏苏州)人,明代建筑匠师,世袭工匠之职,公认的天安门城楼的设计者。生于洪武末年,卒于成化十二年。蒯祥的父亲蒯富,有高超的技艺,被选入京师,当了总管建筑皇官的"木工首"。

蒯祥自幼随父学艺。蒯父告老还乡后,蒯祥已在木工技艺和营造设计上成名,并继承父业,出任"木工首",后任工部侍郎。曾参加或主持多项重大的皇室工程,景泰七年(1456 年)任工部左侍郎。他负责建造的主要工程有北京皇官(1417 年)、皇官前三殿、长陵(1413 年)、献陵(1425 年)、隆福寺(1425 年)、北京西苑(今北海、中海、南海)殿宇(1460 年)、裕陵(1464 年)等。

据明史及有关建筑专著评价,认为蒯祥在建筑学上的创造达到炉火纯青的程度。他精通尺度计算,每项工程施工前都作了精确的计算,竣工之后,位置、距离、大小尺寸、与设计图分毫不差,其几何原理掌握得相当好,榫卯技巧在建筑艺术上有独到之处。中国古代的建筑大多是木结构，其关键在于主柱和横梁之间的合理组合。

蒯祥在用料、施工等方面都精心筹划，营造的榫卯骨架结合得十分准确、牢固。在北京皇宫府第的建筑中，蒯祥还将江南的建筑艺术巧妙地运用上去，他采用苏州彩画，琉璃金砖，使殿堂楼阁显得富丽堂皇。1420年，承天门建筑完工后，他受到众口一词的赞扬，被称为"蒯鲁班"。

能力训练

一、填空题

1. 建筑通常是＿＿＿＿＿＿和＿＿＿＿＿＿的总称。
2. 建筑物主要由＿＿＿＿＿＿、＿＿＿＿＿＿、＿＿＿＿＿＿、＿＿＿＿＿＿、＿＿＿＿＿＿、＿＿＿＿＿＿等部分组成。

二、单选题

1. 建筑是建筑物和构筑物的统称，（　　）属于建筑物。
   - A. 住宅、堤坝等
   - B. 学校、电塔等
   - C. 工厂、烟囱等
   - D. 教学楼、商场
2. 建筑是指（　　）的总称。
   - A. 建筑物
   - B. 构筑物
   - C. 建筑物、构筑物
   - D. 建造物、构造物

任务二　建筑的分类和等级划分

任务描述

对校园内建筑依据不同的分类、分级标准进行分类和确定等级。

知识储备

一、建筑的分类

由于建筑个体之间存在较大的差异，为了便于描述，人们把建筑分为不同的类型。由于建筑各方面的特性不尽相同，因此分类的方式也不同。常见的分类方式主要有以下几种。

（一）按建筑的使用性质分类

1. 民用建筑

供人们生活起居及进行公共活动等非生产性的建筑称为民用建筑。民用建筑又分为居住建筑和公共建筑两类。

（1）居住建筑。居住建筑是供人们生活起居用的建筑物。其包括住宅、公寓、宿舍等。

（2）公共建筑。公共建筑是供人们进行公共活动的建筑物。其门类较多，功能和体量差异较大。如行政办公、文教科研、医疗福利、托幼、商业、体育、交通、邮电通信、旅馆、展览、文艺观演、园林、纪念等建筑。

有些大型公共建筑内部功能比较复杂，可能同时具备上述两个或两个以上的功能，一般称这类建筑为综合性建筑。

2. 工业建筑

工业建筑是为人们提供从事各种工业生产活动的建筑。工业建筑包括生产用建筑及辅助生产、动力、运输、仓储用建筑。如机械加工车间、机修车间、锅炉房、动力站、库房等。

(1)单层工业厂房。单层工业厂房主要用于重工业类的生产企业，如铸造、锻压、装配、机修等工业。

(2)多层工业厂房。多层工业厂房主要用于轻工业类的生产企业，如纺织、仪表、电子、视频、服装等工业。

(3)单、多层混合工业厂房。单、多层混合工业厂房主要用于食品、化工等生产企业。

3. 农业建筑

农业建筑是供农业、牧业生产和加工服务的建筑物，如农机修理站、温室、畜牧饲养场、粮仓、水产品养殖场等。

(二)按建筑高度分类

根据《民用建筑设计统一标准》(GB 50352—2019)，民用建筑按地上建筑高度或层数进行分类应符合下列规定：

(1)建筑高度不大于 27 m 的住宅建筑、建筑高度不大于 24 m 的公共建筑及建设高度大于 24 m 的单层公共建筑为低层或多层民用建筑。

(2)建筑高度大于 27 m 的住宅建筑和建筑高度大于 24 m 的非单层公共建筑，且高度不大于 100 m 的为高层民用建筑。

(3)建筑高度大于 100 m 的为超高层建筑。

(三)按建筑结构的承重方式分类

1. 墙承重式

墙承重式由墙体承受建筑的全部荷载，墙体担负着承重、围护和分隔的多重任务。这种承重体系适用于内部空间较小，建筑高度较小的建筑。砖木结构、砖混结构的建筑大多属于这一类(图 1-3)。

2. 框架承重式

框架承重式由钢筋混凝土或型钢组成的梁柱体系承受建筑的全部荷载，墙体只起到围护和分隔的作用。这种承重体系适用于跨度大、荷载大的高层建筑(图 1-4)。

3. 局部框架承重式

(1)内框架承重式。局部框架承重式是指建筑内部由梁柱体系承重，外部由外墙承重。这种承重体系适用于内部设有较大空间的建筑。

(2)底部框架承重式。底部框架承重式是指房屋下部为框架结构承重、上部为墙承重结构的建筑。这种类型的结构常用于底部需要较大空间而上部为小空间的建筑，如食堂、商店、车库等综合类型的建筑。

图 1-3 墙体承重

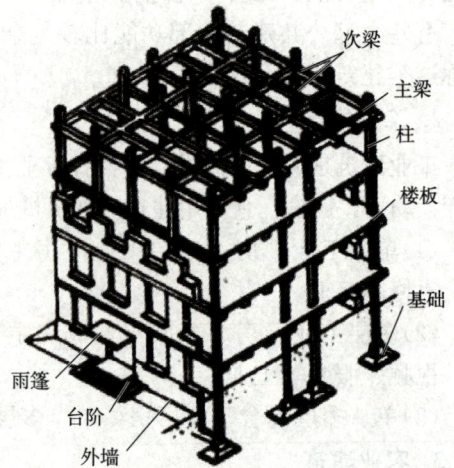

图 1-4 框架承重

4. 空间结构

用空间构架如网架、薄壳、悬索等来承受全部荷载的，称为空间结构建筑(图 1-5)。这种类型建筑适用于需要大跨度、大空间而内部又不允许设柱的大型公共建筑，如体育馆、天文馆等。

图 1-5 空间结构的常见类型

(a)折板结构；(b)球壳结构；(c)筒壳结构；(d)扁壳结构；(e)扭壳结构；
(f)幕结构；(g)气承式充气结构；(h)网架结构；(i)悬索结构；(j)组合悬索结构

(四)按建筑物主要承重结构所用材料分类

1. 砖木结构

砖木结构是指以砖墙、木构件作为房屋主要承重骨架的建筑。这种结构具有自重轻、抗震性能好、构造简单、施工方便等优点。由于其具有耐久性和防火性能差的缺点,目前仅在个别地区的民居建筑中应用,城市建筑已经淘汰了这些结构形式,如图1-6、图1-7所示。

图1-6 西安大雁塔

图1-7 应县木塔

2. 砖混结构

砖混结构是指用砖墙(柱)、钢筋混凝土楼板及屋面板作为主要承重构件的建筑,属于墙承重结构体系。目前,我国在居住建筑和一般公共建筑中采用较多,如图1-8所示。

3. 钢筋混凝土结构

钢筋混凝土结构是指建筑物的主要承重构件全部采用钢筋混凝土制作,属于骨架承重结构体系。这种结构具有坚固、耐久、防火、可塑性强等优点,大型公共建筑、大跨度建筑、高层建筑较多采用这种结构形式,在当今建筑领域中应用很广泛,且很有发展前途,如图1-9所示。

图1-8 砖混结构

图1-9 钢筋混凝土结构

4. 钢结构

钢结构是指建筑物的主要承重构件全部采用钢材制作的建筑,属于骨架承重结构体系。钢结构具有自重轻、强度高、安装方便等特点。大型公共建筑和少量工业建筑采用这种结构形式。随着建筑的发展,钢结构的应用将有进一步发展的趋势,如图1-10所示。

图 1-10　钢结构

(五)按规模和数量分类

(1)大型性建筑。大型性建筑主要包括建造数量少、单体面积大、个性强的建筑。如机场候机楼、大型商场、旅馆等。

(2)大量性建筑。大量性建筑主要包括建造数量多、相似性大的建筑。如住宅、宿舍、中小学教学楼、加油站等。

(六)按施工方法分类

(1)全现浇式。全现浇式是指房屋的主要承重构件均在现场用手工或机械浇筑(砌筑)而成。

(2)部分现浇(现砌)、部分装配式。部分现浇(现砌)、部分装配式是指房屋的部分构件采用现场浇筑(砌筑),部分构件采用预制厂预制。

(3)装配式。装配式是指房屋的主要承重构件均采用预制厂预制,然后在施工现场进行组装。

建筑类别划分

二、民用建筑的等级划分

民用建筑是根据建筑物设计使用年限、耐火性能等来划分等级的。

(一)按设计使用年限划分

建筑物的设计使用年限主要根据建筑物的重要性和规模大小来确定,它将作为基建投资、建筑设计和材料选用的重要依据。建筑等级按建筑设计使用年限分为 4 类,见表 1-1。

表 1-1　设计使用年限分类

类别	设计使用年限/年	示例
1	5	临时性建筑
2	25	易于替换结构构件的建筑
3	50	普通建筑和构筑物
4	100	纪念性建筑和特别重要的建筑

(二)按耐火性能划分

对建筑产生破坏作用的外界因素很多,如火灾、地震、战争等,其中火灾是主要因素。由于几乎每幢建筑都存在发生火灾的可能,而且一旦发生火灾将对建筑及使用者的生命财产造成巨大的危害。为了提高建筑对火灾的抵抗能力,在建筑构造上采取措施,控制火灾的发生和蔓延就显得非常重要。《建筑设计防火规范(2018年版)》(GB 50016—2014)根据建筑材料和构件的燃烧性能及耐火极限,把建筑的耐火等级分为四级。

1. 燃烧性能

燃烧性能是指建筑构件在明火或高温作用下是否燃烧,以及燃烧的难易程度。建筑构件按燃烧性能分为非燃烧体、难燃烧体和燃烧体,即不燃性、难燃性、可燃性。

(1)非燃烧体。非燃烧体是指用非燃烧材料制成的构件,如砖、石、钢筋混凝土、金属等。这类材料在空气中受到火烧或高温作用时不起火、不微燃、不碳化。

(2)难燃烧体。难燃烧体是指用难燃烧材料制成的构件,如沥青混凝土、板条抹灰、水泥刨花板、经防火处理的木材等。这类材料在空气中受到火烧或高温作用时难燃烧、难碳化,离开火源后燃烧或微燃立即停止。

(3)燃烧体。燃烧体是指用燃烧材料制成的构件,如木材、胶合板等。这类材料在空气中受到火烧或高温作用时,立即起火或燃烧,且离开火源继续燃烧或微燃。

2. 耐火极限

对任一建筑构件按时间—温度标准曲线进行耐火试验,从构件受到火的作用时起,到构件失去支持能力或完整性被破坏,或失去隔火作用时为止的这段时间,就是该构件的耐火极限,单位为小时(h)。其中,失去支持能力是指构件自身解体或垮塌。梁、楼板等受弯承重构件,挠曲速率发生突变是

建筑等级确定

失去支持能力的象征;完整性破坏是指楼板、隔墙等具有分隔作用的构件,在试验中出现穿透裂缝或较大的孔隙;失去隔火作用是指具有分隔作用的构件在试验中背火面测温点测得平均温升到达140 ℃(不包括背火面的起始温度),或背火面测温点中任意一点的温升到达180 ℃,或不考虑起始温度的情况下背火面任一测点的温度到达220 ℃。建筑构件出现了上述现象之一,就认为其达到了耐火极限。各级建筑物所用构件的燃烧性能和耐火极限见表1-2。

表1-2 建筑构件的燃烧性能和耐火极限   h

构件名称		耐火等级			
		一级	二级	三级	四级
墙	防火墙	不燃性 3.00	不燃性 3.00	不燃性 3.00	不燃性 3.00
	承重墙	不燃性 3.00	不燃性 2.50	不燃性 2.00	难燃性 0.50
	非承重外墙	不燃性 1.00	不燃性 1.00	不燃性 0.50	可燃性
	楼梯间和前室的墙 电梯井的墙 住宅建筑单元之间的墙和分户墙	不燃性 2.00	不燃性 2.00	不燃性 1.50	难燃性 0.50
	疏散走道两侧的隔墙	不燃性 1.00	不燃性 1.00	不燃性 0.50	难燃性 0.25
	房间隔墙	不燃性 0.75	不燃性 0.50	难燃性 0.50	难燃性 0.25
柱		不燃性 3.00	不燃性 2.50	不燃性 2.00	难燃性 0.50
梁		不燃性 2.00	不燃性 1.50	不燃性 1.00	难燃性 0.50
楼板		不燃性 1.50	不燃性 1.00	不燃性 0.75	燃烧性 0.50
屋顶承重构件		不燃性 1.50	不燃性 1.00	燃烧性 0.50	可燃性
疏散楼梯		不燃性 1.50	不燃性 1.00	不燃性 0.50	可燃性
吊顶(包括吊顶搁栅)		不燃性 0.25	难燃性 0.25	难燃性 0.15	可燃性

对校园内建筑依据不同的分类、分级标准进行分类和确定等级，分组上交成果。

1. 对校园内建筑依据不同的分类方法进行分类，便于学生树立标准意识。

(1)对校园内建筑按使用功能进行分类。

(2)对校园内建筑按建筑高度和层数进行分类。

(3)对校园内建筑按建筑结构的承重方式进行分类。

(4)对校园内建筑按主要承重结构所用材料进行分类。

(5)对校园内建筑按规模和数量分类。

(6)对校园内建筑按施工方法分类。

2. 对校园内建筑依据不同的分级方法进行分级，便于学生意识到不同等级直接影响建筑设计及建筑构造方法。

(1)对校园内建筑按设计使用年限能进行分类(级)。

(2)对校园内建筑按耐火性能进行分级。

📖 **知识拓展**

上海中心大厦属于什么类型、等级的建筑？

上海中心大厦(图 1-11)，位于上海市陆家嘴金融贸易区银城中路 501 号，是上海市的一座巨型高层地标式摩天大楼，始建于 2008 年 11 月 29 日，于 2016 年 3 月 12 日完成建筑总体的施工工作。

上海中心大厦主要用途为办公、酒店、商业、观光等；主楼为地上 127 层，建筑高度为 632 m，地下室有 5 层；裙楼共 7 层，其中地上 5 层，地下 2 层，建筑高度为 38 m；总建筑面积约为 57.8 万 m^2，其中地上总面积约为 41 万 m^2，地下总面积约为 16.8 万 m^2，占地面积为 30 368m^2。

上海中心大厦高为 632 m，是世界第三、中国第一高楼，也是中国人首次建造 600 m 以上的高楼，展现了改革开放以来中国制造工程建设领域的巨大进步和城市现代化发展的成果，也体现了建筑师独特的设计理念和大胆的设计创新。

图 1-11　上海中心大厦

能力训练

一、填空题

1. 我国《建筑设计防火规范(2018 年版)》(GB 50016—2014)中规定，多层建筑根据房屋主要构件的_____和_____，将建筑物的耐火等级分为_____。

2. 建筑物按设计使用年限分级，使用年限为 100 年的为_____类，适用于_____建筑，2 类建筑的设计使用年限是_____，适用于_____建筑。

二、单选题

1. 一般性建筑的设计使用年限为( )年。

　　A. 50　　　　　　B. 100　　　　　　C. 25　　　　　　D. 5

2. 民用建筑包括居住建筑和公共建筑，其中( )属于居住建筑。

　　A. 托儿所　　　　B. 宾馆　　　　　　C. 公寓　　　　　D. 疗养院

3. 下列建筑物未达到耐火极限的是( )。

　　A. 失去支持能力　　　　　　　　B. 完整性被破坏

　　C. 失去隔火作用　　　　　　　　D. 门窗被毁坏

4. 耐火等级为一级的承重墙燃烧性能和耐火极限应满足( )。

　　A. 难燃烧体 3.0 h　　　　　　　B. 非燃烧体 4.0 h

　　C. 难燃烧体 5.0 h　　　　　　　D. 非燃烧体 3.0 h

三、实践题

1. 对日常生活中接触的各种建筑进行分类和分级。

2. 以学校内教学楼为例分析影响其建筑构造的因素。

任务三　建筑的标准化尺寸

任务描述

　　分析讨论学校教学楼的平面及竖向定位方法，充分理解专业名词及建筑模数在教学楼中的体现及应用。

知识储备

一、定位线

　　定位线是用来确定建筑物主要结构构件位置及其标志尺寸的基准线，同时也是施工放线的依据。用于平面时称为定位轴线；用于竖向时称为竖向定位线。

(一)平面定位轴线

建筑物在平面中对结构构件(墙、柱)的定位，用平面定位轴线标注。

1. 平面定位轴线及编号

(1)平面定位轴线应用细点画线绘制。

(2)平面定位轴线一般应编号，编号应注写在轴线端部的圆内，圆应用细实线绘制，直径为 8～10 mm。定位轴线圆的圆心应在定位轴线的延长线上或延长线的折线上。

(3)平面图上定位轴线的编号，宜标注在图样的下方与左侧。横向编号应用阿拉伯数字，从左至右顺序编写，纵向编号应用大写拉丁字母，从下至上顺序编写，拉丁字母的I、

O、Z不得用作轴线编号，如图 1-12 所示。

（4）附加定位轴线的编号应以分数形式表示，并应按下列规定编写：

1）两根轴线间的附加轴线的编号，编号宜用阿拉伯数字顺序编写；

2）①号轴线或Ⓐ号轴线之前的附加轴线的分母以 01 或 0A 表示。

2. 平面定位轴线的标定

（1）混合结构建筑。承重外墙顶层墙身内缘与定位轴线的距离应为 120 mm；承重内墙顶层墙身中心线应与定位轴线相重合，如图 1-13 所示。楼梯间墙的定位轴线与楼梯的梯段净宽、平台净宽有关，可有以下三种标定方法：

1）楼梯间墙内缘与定位轴线的距离为 120 mm；

2）楼梯间墙外缘与定位轴线的距离为 120 mm；

3）楼梯间墙的中心线与定位轴线相重合。

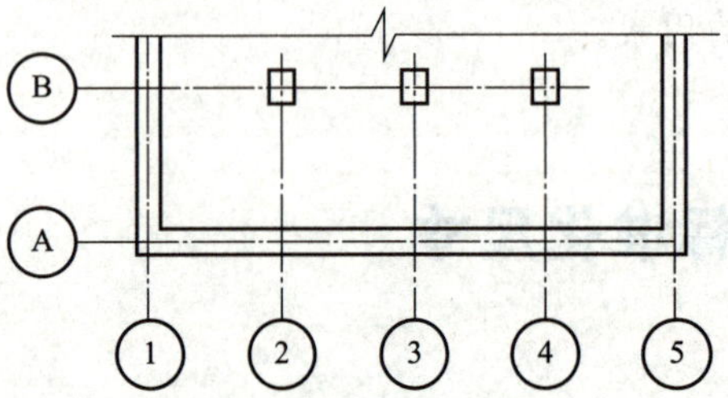

图 1-12　定位轴线的编号顺序

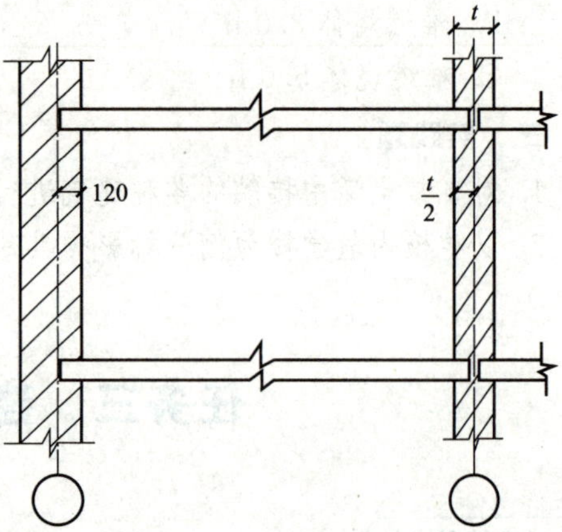

图 1-13　混合结构墙体定位轴线

（2）框架结构建筑。框架柱定位轴线一般与顶层柱截面中心线相重合，如图 1-14 所示。

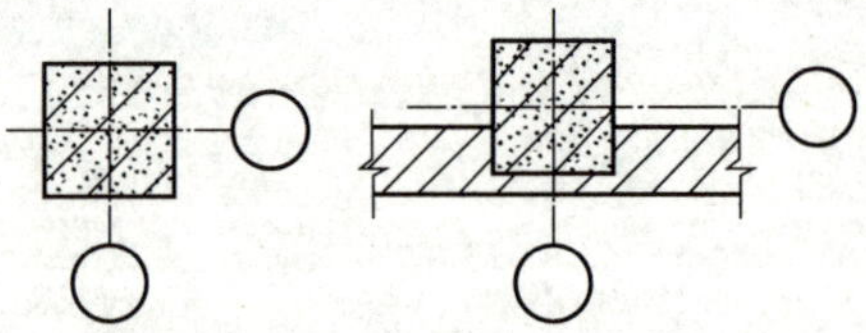

图 1-14　框架结构的定位轴线

（二）标高及构件的竖向定位

1. 标高的标注

（1）标高符号应以直角等腰三角形表示，如图 1-15 所示。

（2）标高符号的尖端应指至被注高度的位置，如图 1-16 所示。

图 1-15　标高符号

图 1-16　标高的指向

2. 标高的类别

建筑物在竖向对结构构件（楼板、梁等）的定位，用标高标注。标高按不同的方法可分为绝对标高与相对标高、建筑标高与结构标高。

(1)绝对标高。绝对标高又称绝对高程或海拔高度，我国的绝对标高是以青岛港验潮站历年记录的黄海平均海水面为基准，并在青岛市内一个山洞里建立了水准原点，其绝对标高为 72.260 m，全国各地的绝对标高都以它为基准测算。

(2)相对标高。相对标高是指根据工程需要而自行选定的基准面，即相对标高或假定标高。一般将建筑物底层地面定为相对标高零点，用±0.000 表示。

(3)建筑标高。楼地层装修面层的标高一般称为建筑标高。在建筑施工图中标注的一般为建筑标高。

(4)结构标高。楼地层结构表面的标高一般称为结构标高。建筑标高减去楼地面面层厚度即结构标高，结构施工图中标注结构标高。

3. 建筑构件的竖向定位

建筑构件的竖向定位包括室内地坪、楼地面、屋面及门窗洞口的定位，通过标高进行标注。其中，楼地面的竖向定位应与楼地面的上表面重合，即用建筑标高标注。

屋面的竖向定位应为屋面结构层的上表面与距墙内缘 120 mm 处或与墙内缘重合处的外墙定位轴线的相交处，即用结构标高标注，门窗洞口的竖向定位与洞口结构层表面重合，为结构标高，如图 1-17 所示。

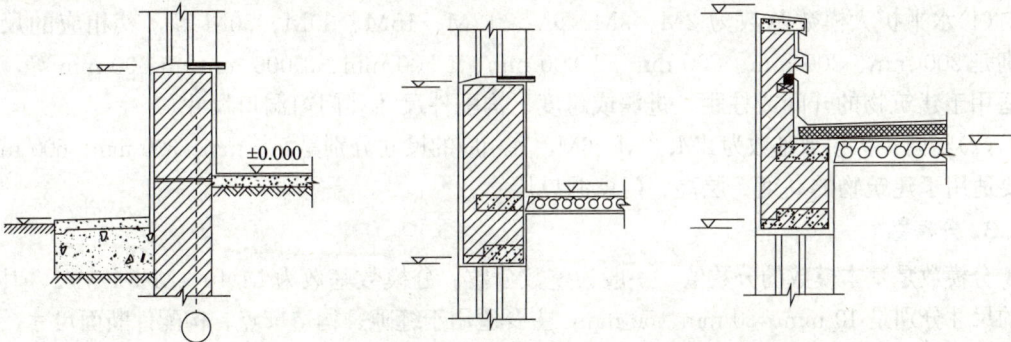

图 1-17 楼地面、门窗洞口、屋顶的竖向定位

(三)与定位线相关的名词

(1)横向：指建筑物的宽度方向。

(2)纵向：指建筑物的长度方向。

(3)横向轴线：平行建筑物宽度方向设置的轴线。

(4)纵向轴线：平行建筑物长度方向设置的轴线。

(5)开间：两条横向定位轴线之间的距离。

(6)进深：两条纵向定位轴线之间的距离。

(7)层高：建筑物各层之间以楼地面面层(完成面)计算的垂直距离，屋顶层由该层楼面面层(完成面)至平屋顶的结构面层或至坡屋顶的结构面层与外墙外皮延长线的交点计算的垂直距离。

二、建筑模数协调统一标准

(一)建筑标准化

建筑业是国民经济的支柱产业，为了适应市场经济的发展需要，使建筑业向着工业化的方向发展，必须实行建筑标准化。

建筑标准化的内容包括两个方面：一方面是建筑设计的标准问题，包括各种建筑法规、建筑设计规范、建筑制图标准、定额与技术经济指标等；另一方面是建筑的标准设计，包括国家或地方设计、施工部门所编制的构配件图集，整个房屋的标准设计图等。

(二)建筑模数

建筑模数是选定的标准尺寸单位，作为尺度协调中的增值单位，也是建筑设计、建筑施工、建筑材料与制品、建筑设备、建筑组合件等各部门进行尺度协调的基础。其目的在于使构配件安装吻合并具有互换性。我国建筑设计和施工中必须遵循《建筑模数协调标准》(GB/T 50002—2013)。

1. 基本模数

基本模数是模数协调中选用的基本尺寸单元，其数值定位 100 mm，符号为 M，即 1M＝100 mm。整个建筑物及其部分或建筑物组合构件的模数化尺寸，应为基本模数的倍数。

2. 扩大模数

扩大模数是基本模数的整数倍。扩大模数应符合下列规定：

(1)水平扩大模数基数为 2M、3M、6M、12M、15M、30M、60M 等，其相应的尺寸分别是 200 mm、300 mm、600 mm、1 200 mm、1 500 mm、3 000 mm、6 000 mm 等，主要适用于建筑物的开间或柱距、进深或跨度、构配件尺寸和门窗洞口尺寸。

(2)竖向扩大模数基数为 2M、3M、6M，其相应的尺寸分别是 200 mm、300 mm、600 mm，主要适用于建筑物的高度、层高、门窗洞口尺寸。

3. 分模数

分模数是基本模数的分数值，一般为整数分数。分模数基数为 M/10、M/5、M/2，其相应的尺寸分别是 10 mm、20 mm、50 mm，主要适用于缝隙、构造节点、构配件断面尺寸。

4. 模数数列

模数数列是指由基本模数、扩大模数、分模数为基础扩展成的一系列尺寸。其应用如下：

(1)建筑物的开间或柱距，进深或跨度，梁、板、隔墙和门窗洞口宽度等分部件的截面尺寸宜采用水平基本模数和水平扩大模数数列，且水平扩大模数数列宜采用 $2nM$、$3nM$(n 为自然数)。

(2)建筑物的高度、层高和门窗洞口高度等宜采用竖向基本模数和竖向扩大模数数列，且竖向扩大模数数列宜采用 nM。

(3)构造节点和分部件的接口尺寸等宜采用分模数数列，且分模数数列宜采用 M/10、M/5、M/2。

三、三种尺寸

为了保证建筑制品、构配件等有关尺寸间的统一与协调，特规定了标志尺寸、构造尺寸、实际尺寸及其相互间的关系，如图 1-18 所示。

1. 标志尺寸

标志尺寸是用以标准建筑物定位轴线之间的距离及建筑制品、建筑构配件、有关设备位置界限之间的尺寸。标志尺寸应符合模数数列的规定。

2. 构造尺寸

构造尺寸是建筑制品、建筑构配件等的设计尺寸。一般情况下，构造尺寸加上缝隙尺寸等于标志尺寸。缝隙尺寸应符合模数数列的规定。

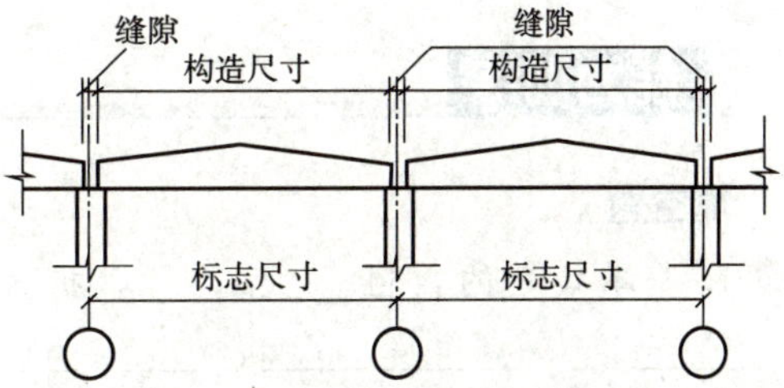

图1-18　几种尺寸间的关系

3. 实际尺寸

实际尺寸是建筑制品，建筑构配件等生产制作后的实际尺寸。实际尺寸与构造尺寸之间的差数应为允许的建筑公差数值。

任务实施

1. 分组分析讨论学校建筑的平面及竖向定位方法，上交成果。
(1)根据教师提供的参考资料绘制框架结构中框架柱的定位轴线。
(2)根据教师提供的参考资料绘制砖混结构中墙体的定位轴线。
(3)根据教师提供的参考资料绘制室外地坪、室内地坪、窗台、楼板、屋顶等位置的竖向定位(标高)。

2. 充分理解专业名词及建筑模数在教学楼中的体现及应用，分组对简单尺度测量。
(1)分组测量房间净尺寸，推算出其符合模数要求的轴线距离。
(2)分组测量主体完工的门窗洞口尺寸、墙厚等，推算出其符合模数要求的尺寸。

知识拓展

为什么要实行建筑工业化?

建筑工业化是指通过现代化的制造、运输、安装和科学管理的生产方式，来代替传统建筑业中分散的、低水平的、低效率的手工业生产方式。它的主要标志是建筑设计标准化、构配件生产工厂化，施工机械化和组织管理科学化。以工业化的方式重新组织建筑业是提高劳动效率、提升建筑质量的重要方式，也是我国未来建筑业的发展方向。

建筑工业化的基本内容：采用先进、适用的技术、工艺和装备，科学合理地组织施工，发展施工专业化，提高机械化水平，减少繁重、复杂的手工劳动和现场湿作业；发展建筑构配件、制品、设备生产并形成适度的规模经营，为建筑市场提供各类建筑使用的系列化的通用建筑构配件和制品；制定统一的建筑模数和重要的基础标准(模数协调、公差与配合、合理建筑参数、连接等)，合理解决标准化和多样化的关系，建立和完善产品标准、工艺标准、企业管理标准、工法等，不断提高建筑标准化水平；采用现代管理方法和手段，优化资源配置，实行科学的组织和管理，培育和发展技术市场与信息管理系统，适应发展社会主义市场经济的需要。

填空题

1. 基本模数的数值_____，扩大模数有_____、_____、_____、_____、_____、_____、_____，分模数有_____、_____、_____。

2. 模数系列主要用于缝隙、构造节点，属于_____模数。

模块总结

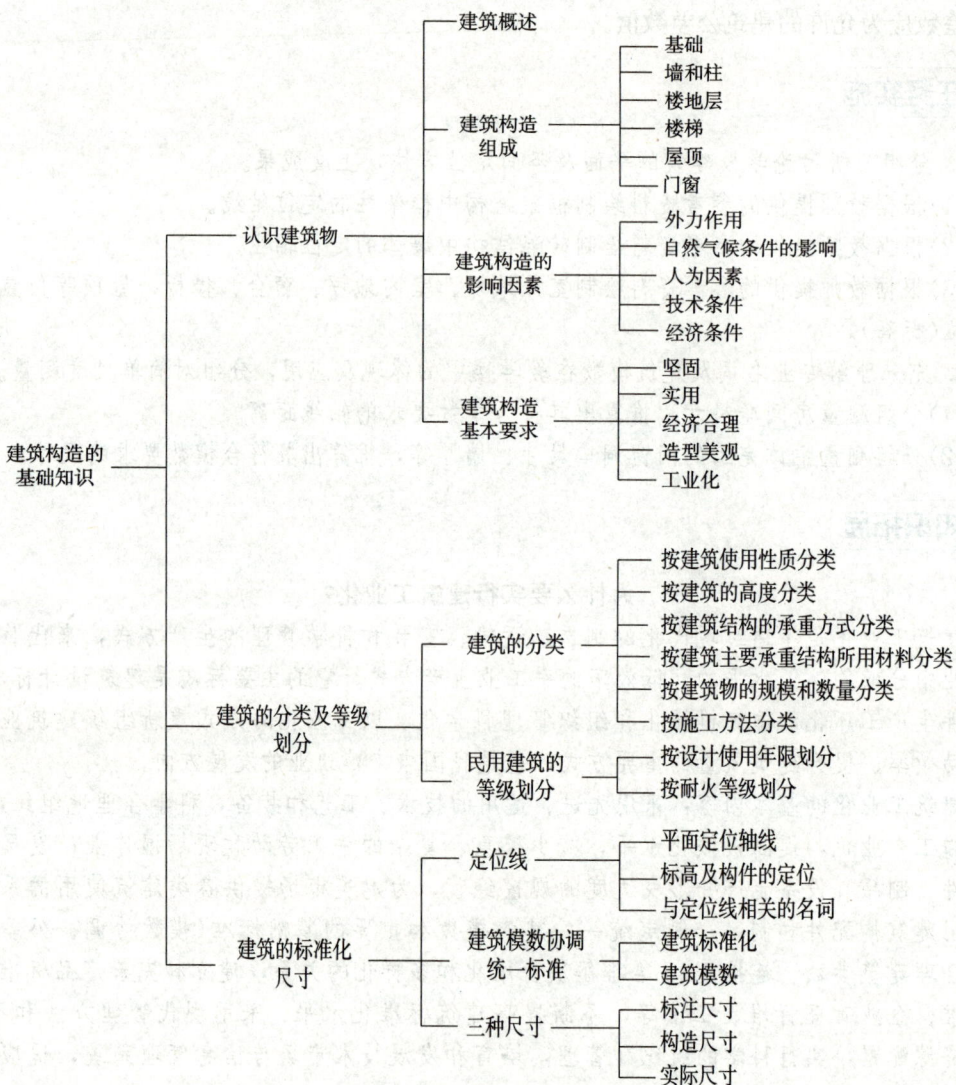

1. 识读建筑设计说明（图 1-19）中的相关内容，并完成以下单项选择题。

一、主要设计依据

1.1 上级主管部门的批文。

1.2 当地规划部门的批复，建筑红线及规划要求。

1.3 现行国家主要有关标准及规范。

1.4 建设单位提供的设计任务书。

1.5 公共建筑节能设计标准（GB 50189—2015）。

1.6 国家和地方政府其相关节能设计，节能产品，节能材料的规定。

二、设计范围

2.1 本工程施工图内容不包括特殊装修构造、景观设计、高级二次精装修及智能化设计内容。当有其他
具有资质的设计单位参予设计涉及本工程消防及建筑安全等问题时，其设计图纸须取得我院认可。

三、工程概况

3.1 工程名称：社区办公楼

3.2 建设单位：××区××镇

3.3 建设地点：××区××镇

3.4 占地面积：265.7

3.5 建筑总面积：797.1

3.6 建筑层数：三层

3.7 建筑高度（消防）：12.55 m

3.8 建筑合理使用年限：50年

3.9 建筑耐火等级：二级

3.10 抗震设防烈度：6度

3.11 屋面防水等级：Ⅰ级

3.12 地下室防水等级：Ⅰ级

3.13 结构类型：框架结构

3.14 建筑类别为：二类

四、总图建筑定位及竖向设计

4.1 建筑定位坐标采用城市坐标体系。

4.2 建筑室内±0.000相当绝对标高6.70 m，室内外高差0.450 m。

五、尺寸标注

5.1 所有尺寸均以图示标注为准，不应在图上度量。

5.2 总平面图示尺寸，标高均以米为单位，其余尺寸以毫米为单位。

5.3 门窗所注尺寸为洞口尺寸。

图 1-19　建筑设计说明（部分）

(1)根据工程概况，本工程属于(　　)。

　A. 多层建筑　　　　B. 工业建筑　　　　C. 公共建筑　　　　D. 居住建筑

(2)本工程属于(　　)。

　A. 低层　　　　　　B. 多层　　　　　　C. 小高层　　　　　D. 高层

(3)本工程中室外地面的绝对标高为（　　）m。

　　A. ±0.000　　　　　　B. 5.600　　　　　　C. −0.450　　　　　　D. 6.250

(4)本工程结构类型为（　　）。

　　A. 砖混结构　　　　　　　　　　　　B. 框架结构

　　C. 剪力墙结构　　　　　　　　　　　D. 框架-剪力墙结构

(5)关于框架结构，下列说法错误的是（　　）。

　　A. 墙体均为填充墙　　　　　　　　　B. 墙体不承重

　　C. 荷载传递顺序为板墙柱基础　　　　D. 空间划分灵活

　　2. 分析所给局部建筑平面图（图 1-20）中的尺度是否符合建筑模数协调统一标准的规定。

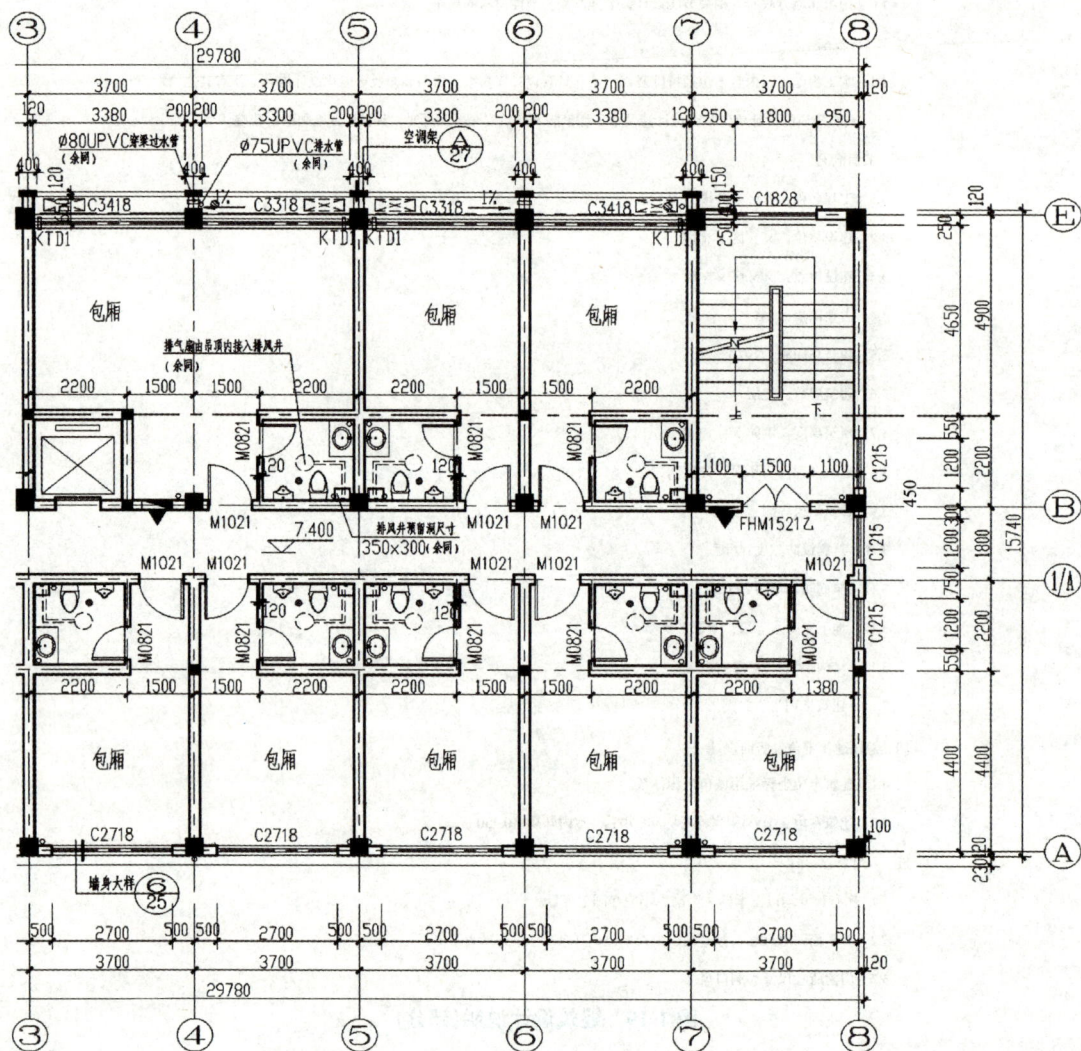

图 1-20　三层平面图（局部）

模块二
基础与地下室构造认知与表达

学习目标

[知识目标]

(1)掌握基础埋置深度的概念及影响因素。

(2)掌握基础的分类，常用基础的构造。

(3)了解地下室的分类、组成及防潮防水构造等。

[能力目标]

(1)能根据对基础的分析，选择基础的类型。

(2)能结合工程实际选择地下室的防潮和防水构造处理。

(3)能识读和绘制基础与地下构造详图，会查阅相关标准图集。

[素质目标]

(1)培养自觉学习和自我发展的能力。

(2)培养团结协作能力、创新能力和专业表达能力。

(3)培养独立分析与解决问题的能力。

(4)树立严谨的工作作风和爱岗敬业的工作态度及良好的职业道德。

学习重点

(1)基础埋深的含义及基础的分类。

(2)常用基础的构造。

(3)地下室的防水。

任务一　基础类型选择及构造

任务描述

根据建筑物的特点及所处地质条件进行合理分析，确定建筑物基础类型及材料，描述其构造要点。

知识储备

一、有关概念

1. 基础

基础是建筑物埋在地面以下的承重构件。它承受上部建筑物传递下来的全部荷载，并将这些荷载连同自重传递给下面的土层。其是建筑物的重要组成部分。

2. 地基

地基是基础下面承受其传来全部荷载的土层。地基承受建筑物荷载而产生的应力和应变是随着土层深度的增加而减小的，在达到一定的深度以后就可以忽略不计。

地基可分为天然地基和人工地基两大类。

(1)天然地基。天然地基是指具有足够承载能力的天然土层，不需经人工改良或加固可以直接在上面建造房屋的地基。如岩石、碎石土、砂土和黏性土等一般均可作为天然地基。

(2)人工地基。人工地基是指天然土层的承载力不能满足荷载要求，即不能在这样的土层上直接建造基础，必须对这种土层进行人工加固以提高它的承载力，进行人工加固的地基叫作人工地基。

地基与基础概述　　　　地基处理方法比选

3. 基础埋深

基础埋深是由室外设计地面到基础底面的距离。室外地坪可分为自然地坪和设计地坪。自然地坪是指施工地段的现存地坪；而设计地坪是指按设计要求工程竣工后室外场地经垫起或干挖后的地坪，如图2-1所示。

根据基础埋置深度的不同，基础可分为浅基础和深基础。一般情况下，基础埋置深度不超过5 m时为浅基础；超过5 m为深基础。在确定基础的埋深时，应优先选用浅基础。它的特点是构造简单、施工方便、造价低。只有在表层土质极弱或总荷载较大或其他特殊情况下，才选用深基础。但基础的埋置深度也不能过小，至少不能小于500 mm，因为地基受到建筑荷载作用后可能将四周土挤走，使基础失稳，或地面受到雨水冲刷、机械破坏而导致基础暴露。

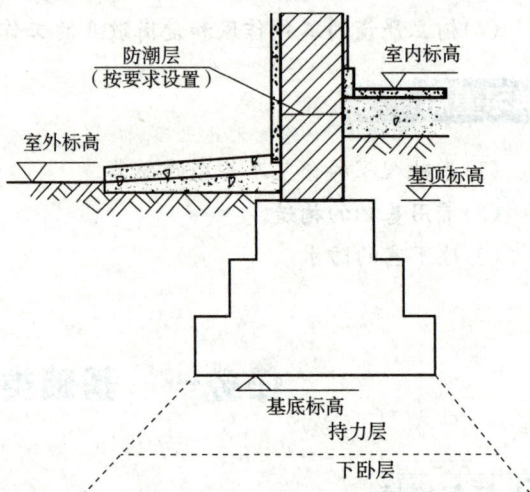

图2-1　基础的埋深

二、影响基础埋深的因素

1. 地基土层构造

基础应建造在坚实的土层上。如果地基土层为均匀好土，则应尽量浅埋[图 2-2(a)]。如果地基土层不均匀，既有好土，又有软土，若坚实土层距离地面近，土方开挖量不大，可挖去软土，将基础埋在好土层上[图 2-2(b)]；若坚实土层很深，可做地基加固处理，或将基础埋在好土层上[图 2-2(c)]，或采用桩基础[图 2-2(d)]，具体方案应在作技术经济比较后确定。

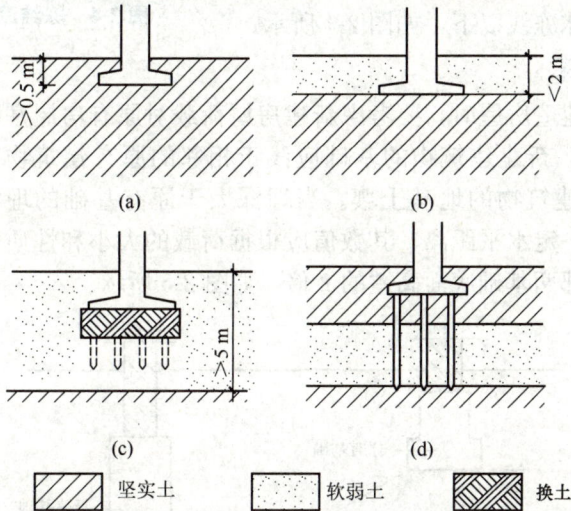

图 2-2 地基土层对基础埋深的影响

2. 建筑物自身构造

当建筑物很高、自重也很重时，基础应深埋；当带有地下室、地下设备层时，基础必须深埋。

3. 地下水水位

地基土含量的大小对承载力影响很大，且含有侵蚀性物质的地下水对基础还产生腐蚀，所以，基础应尽量埋置在地下水水位以上，如图 2-3(a)所示。

图 2-3 地下水水位对基础埋深的影响

(a)地下水水位较低时基础的埋深；(b)地下水水位较高时基础的埋深

当地下水水位比较高时，基础不得不埋置在地下水中，应将基础底面置于最低地下水水位之下，使基础底面常年置于地下水之中，也就是防止置于地下水水位升降幅度之内。

这是为了减少和避免地下水的浮力对建筑物的影响。另外，基础若处在干湿交替的环境下，则抗腐蚀的能力更差，如图 2-3（b）所示。

4. 冻结深度

土的冻结深度即冰冻线，其主要是由当地的气候决定的。如果基础置于冰冻线以上，当土壤冻结时，冻胀力可将房屋拱起，融化后房屋又将下沉。日久天长，会造成基础的破坏。因此，在冻胀土中埋置基础必须将基础底面置于冰冻线以下，如图 2-4 所示。

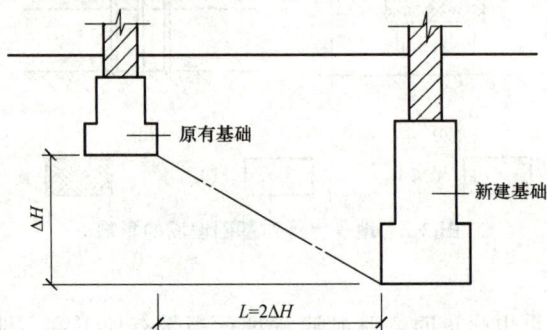

图 2-4　冻结深度对基础埋深的影响

5. 相邻基础的埋深

在原有房屋附近建造房屋时，要考虑新建房屋荷载对原有房屋基础的影响。一般情况下，新建建筑物的基础应浅于相邻的原有建筑物基础，以避免扰动原有建筑物的地基土壤。当埋深大于原有基础的埋深时，两基础间应保持一定水平距离，其数值应根据荷载的大小和性质等情况而定。一般为相邻两基础底面高差的 2 倍，如图 2-5 所示。

基础埋深的确定

图 2-5　相邻基础埋深的影响

三、基础的类型

基础的类型很多，划分方法也不尽相同。

(一)按所用材料分类

按所用材料分类可分为砖基础、毛石基础、灰土基础、混凝土基础、钢筋混凝土基础等。

(二)按所用材料及受力特点分类

1. 无筋扩展基础

无筋扩展基础是指由砖、毛石、混凝土或毛石混凝土、灰土和三合土等刚性材料形成的基础，也可称为刚性基础。从受力和传力的角度考虑，建筑上部结构是通过基础将其荷载传递给地基的，由于土壤单位面积的承载能力有限，当建筑物荷载增大时，只有将基础底面积不断扩大，才能适应地基承载力的要求。

根据试验得知，上部结构(墙或柱)在基础中传递压力是沿一定角度分布的，即基础放宽的引线与墙体垂直线之间的夹角，将这个传力角度称为压力分布角，或称为刚性角，以 α 表示。刚性角通常用基础放宽的级宽与级高的比值来表示，如图 2-6（a）所示。

由于刚性材料抗压能力强，抗拉、抗剪能力差，因此刚性角只能在材料的抗压范围内控制。如果基础底面宽度超过控制范围，即由图中的 B_1 增大到 B，致使刚性角扩大。这时，基础会因受拉而破坏，如图 2-6(b)所示。若要保证基础不被拉力或冲切破坏，基础就必须在加大宽度的同时，增加基础高度，使得 B_2/H_0 在允许宽高比范围内，如图 2-6(c)所示。所以，刚性基础底面宽度的增大要受到刚性角的限制。

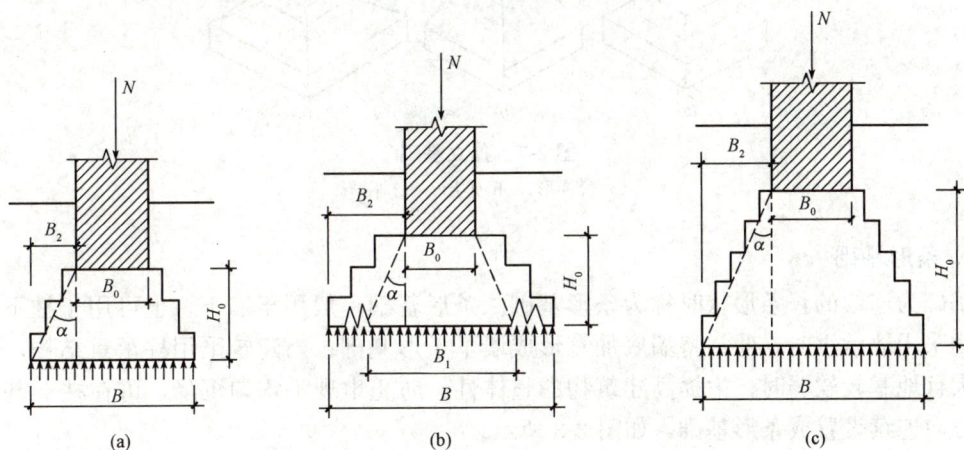

图 2-6 无筋扩展基础的受力和传力特点

(a)基础受力在刚性角范围内；(b)基础宽度超过刚性角范围而破坏；
(c)保证基础受力在刚性角范围内，加大基础宽度的同时，增加基础高度

不同材料基础的刚性角是不同的，通常砖砌基础的刚性角控制为 26°～33° 较好。为了设计和施工方便将刚性角换算成 α 的正切值 B_2/H_0，即宽高比。表 2-1 是各种材料基础的宽高比允许值。

表 2-1 部分无筋扩展基础台阶宽高比的允许值

基础材料	质量要求	台阶宽高比的允许值		
		$p_k \leqslant 100$	$100 < p_k \leqslant 200$	$200 < p_k \leqslant 300$
混凝土基础	C15 混凝土	1:1.00	1:1.00	1:1.25
毛石混凝土基础	C15 混凝土	1:1.00	1:1.00	1:1.50
砖基础	砖不低于 MU10、砂浆不低于 M5	1:1.50	1:1.50	1:1.50
毛石基础	砂浆不低于 M5	1:1.25	1:1.50	—

2. 扩展基础

扩展基础即钢筋混凝土基础。基础宜采用钢筋混凝土材料，这种材料不仅抗压而且具有抗弯抗剪性能，是基础的最优材料。利用钢筋来承受拉力，使基础底部能够承受较大弯矩。这时，基础宽度的加大不受刚性角的限制，可节省大量的混凝土材料和挖土工作量。钢筋混凝土基础适用于高层建筑、重型设备或软弱地基及地下水水位以下的基础。

(三)按构造形式分类

按构造形式分类可分为独立基础、条形基础、筏形基础、桩基础、箱形基础等。

1. 独立基础

当建筑物上部采用框架结构或单层排架结构承重，且柱距较大时，基础常采用方形或

矩形的单独基础，这种基础称为独立基础。独立基础是柱下基础的基本形式，常用的断面形式有阶梯形、锥形、杯形等，如图2-7所示。

图 2-7　独立基础

(a)阶梯形；(b)锥形；(c)杯形

2. 条形基础

基础为连续的长条形状时称为条形基础。条形基础一般用于墙下，也可用于柱下。当建筑物采用墙承重时，通常将墙底加宽形成墙下条形基础；当建筑采用柱承重结构，在荷载较大且地基较软弱时，为提高建筑物的整体性，防止出现不均匀沉降，可在柱下基础沿一个方向连续设置成条形基础，如图2-8所示。

图 2-8　条形基础

(a)墙下条形；(b)柱下条形

3. 筏形基础

当上部荷载较大，地基承载力较低，条形基础的底面积占建筑物平面面积较大比例时，可考虑选用整片的筏板承受建筑物的荷载并传递给地基，这种基础形似筏子，称为筏形基础。

筏形基础按结构形式可分为板式结构与梁板式结构两类。板式结构的厚度较大，构造简单；梁板式结构的厚度较小，但增加了双向梁，构造较复杂，如图2-9所示。

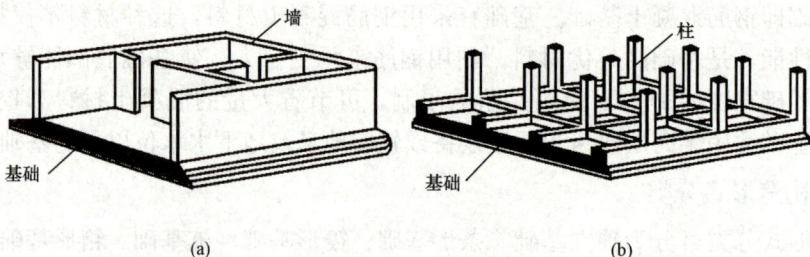

图 2-9　筏形基础

(a)板式；(b)梁板式

4. 箱形基础

当建筑物很大，或浅层地质情况较差，基础需埋深时，为增加建筑物的整体刚度，不致因地基的局部变形影响上部结构时，常采用钢筋混凝土将基础四周的墙、顶板、底板整浇成刚度很大的盒状基础，叫作箱形基础，如图 2-10 所示。

5. 桩基础

当建筑物荷载较大，地基的软弱土层厚度在 5 m 以上，基础不能埋在软弱土层内，或对软弱土层进行人工处理困难和不经济时，常采用桩基础。桩基础一般由设置于土中的桩身和承接上部结构的承台组成，如图 2-11 所示。桩的作用在于将上部建筑物的荷载传递到深处承载力较大的土层上；或使软弱土层挤压，以提高土壤的承载力和密实度，从而保证建筑物的稳定性和减少地基沉降。绝大多数桩基的桩数不止一根，而将各根桩在桩顶通过承台联成一体。在寒冷地区，承台梁下一般铺设 100～200 mm 厚的粗砂或焦渣，以防土壤冻胀引起承台的反拱破坏。

桩基的种类很多，最常采用的是钢筋混凝土桩。其根据施工方法不同可分为打入桩、压入桩、振入桩及灌入桩等；根据受力性能不同，又可分为端承桩和摩擦桩等，如图 2-12 所示。

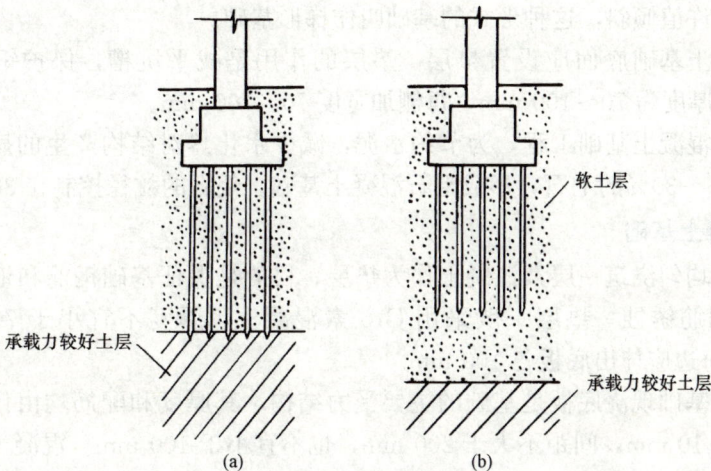

图 2-10 箱形基础构造图

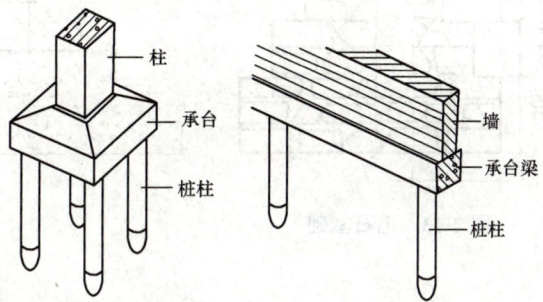

图 2-11 桩基础的组成

图 2-12 桩基础按受力性能分类

(a)端承桩；(b)摩擦桩

四、基础构造

1. 毛石基础

毛石基础是用毛石和水泥砂浆砌筑而成的，如图 2-13 所示。毛石选用不易风化的硬岩石，其强度等级不低于 MU20，水泥砂浆强度等级应不低于 M5。为保证砌筑质量，毛石粒径不小于 300 mm，石块应错缝搭砌，缝内砂浆应饱满。毛石基础的抗压、抗水、抗冻性较好，可用于地下水水位较高、冻结深度较深的低层或多层建筑物基础。

基础类型选择

2. 混凝土基础

混凝土基础多采用强度等级为 C15 混凝土浇筑而成。基础一般有台阶和梯形两种形式，如图 2-14 所示。

图 2-13　毛石基础

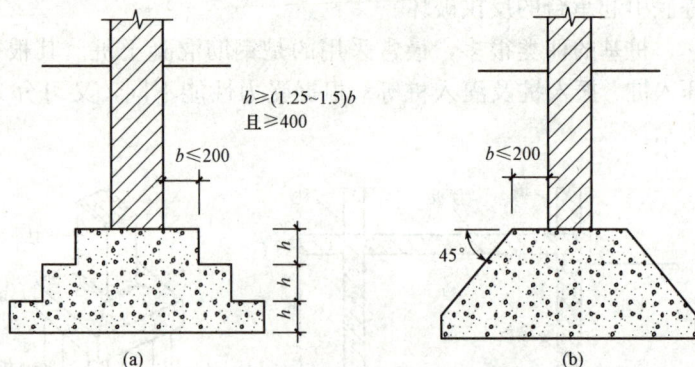

图 2-14　混凝土基础形式

(a)台阶形式；(b)梯形形式

混凝土刚性角为 45°，即 $b/h \leqslant 1$，但是在施工中不宜出现锐角，以防混凝土振捣不密实，减少了基础底面的有效面积。因此，基础断面应保证两侧有不小于 200 mm 的垂直面，然后按刚性角容许值倾斜，这种形式的基础叫作梯形基础。

台阶形混凝土基础底面应设置垫层，垫层的作用是找平坑槽，保护钢筋。常用材料 C10 的混凝土，厚度为 70～100 mm，每侧加宽度 70～100 mm。

对于大体积混凝土基础工程，为节约水泥，减少水化热对结构产生的病害，在浇筑混凝土时加入 20%～30% 的毛石，形成毛石混凝土基础。毛石的粒径控制在 300 mm 以内。

3. 钢筋混凝土基础

基础底板下均匀浇筑一层素混凝土作为垫层，目的是保证基础钢筋和地基之间有足够的距离，以免钢筋锈蚀，垫层一般采用 C10 素混凝土，厚度不宜小于 70 mm，通常为 100 mm，垫层每边应伸出底板各 100 mm。

钢筋混凝土基础现浇底板是基础的主要受力结构，其厚度和配筋均由计算确定，受力筋直径不得小于 10 mm，间距不大于 200 mm，也不宜小于 100 mm。混凝土的强度等级不宜低于 C20，基础底板的外形一般有锥形和阶梯形两种。

钢筋混凝土底板边缘的厚度一般不小于 200 mm，阶梯形基础每阶高度一般为 300～500 mm，如图 2-15 所示。

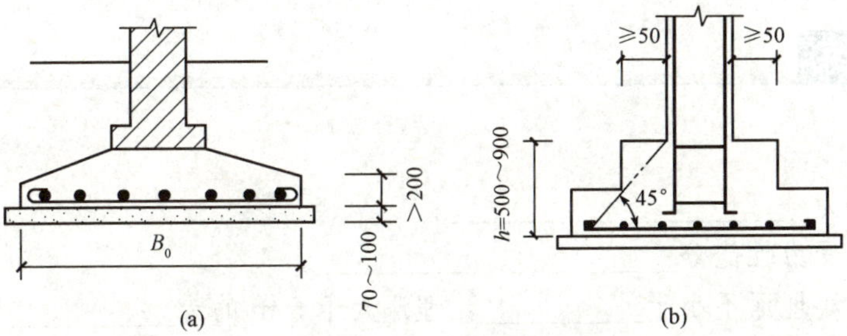

图 2-15　钢筋混凝土基础

（a）条形基础；（b）独立基础

任务实施

1. 某六层砖混结构单元式住宅采用浅基础，位于 7 度抗震设防地区，地基土质良好，试选择浅基础构造形式及材料并说明基础构造要点。

2. 某四层框架结构教学楼采用浅基础，位于 6 度抗震设防地区，地基土质良好，试选择基础形式及材料并说明基础构造要点。

3. 某十层框架结构商业大厦带有二层地下商场，位于 8 度抗震设防地区，地基土质软弱，地基承载力较小，试选择基础类型及材料并说明构造要点。

知识拓展

基础不牢地动山摇

上海倒楼事故指的是 2009 年 6 月 27 日上海市闵行区莲花南路一在建楼盘工地发生楼体倒覆事件（图 2-16），致 1 名工人死亡。事故调查专家组认定其为重大责任事故，6 名事故责任人被依法判刑 3～5 年。

事故调查专家组认定房屋倾倒的主要原因包括：紧贴 7 号楼北侧，在短期内堆土过高，最高处达 10 m 左右；与此同时，紧邻大楼南侧的地下车库基坑正在开挖，开挖深度达 4.6 m，大楼两侧的压力差使土体产生水平位移，过大的水平力超过了桩基的抗侧能力，导致房屋倾倒。

此次事故提醒我们绝对不能无知无畏，一定要尊重科学，按照程序施工，确保工程安全和质量。

图 2-16　事故现场图片

填空题

1. 地基可分为_____、_____。

2. 桩基础按受力性能分_____、_____。

3. 基础的最小埋深不小于_____，埋深大于 5 m 的为_____。

4. 基础应埋在冰冻线以下_____。

5. 基础按构造形式可分为_____、_____、_____、_____等。

6. 无筋扩展基础有_____、_____、_____、_____等。

7. 混凝土基础的刚性角为_____。

8. 钢筋混凝土基础不受刚性角限制。其截面高度向外逐渐减少，但最薄处的厚度不应小于_____。垫层的材料及强度等级为_____，厚度为_____。有垫层时的钢筋保护层厚度为_____。

任务二　地下室防潮、防水构造处理

任务描述

根据地下室所处的环境和建筑物的重要程度选择适合的地下室防潮做法或防水做法，选择防水材料并确定适宜的构造做法。

知识储备

一、地下室构造组成

地下室一般由墙体、顶板、底板、门和窗、采光井等部分组成。

1. 墙体

地下室的墙不仅承受上部的垂直荷载，还要承受土、地下水及土壤冻胀时产生的侧压力。所以，地下室墙体的厚度应经计算确定，多采用混凝土墙或钢筋混凝土墙，其厚度一般不小于 300 mm。

2. 顶板

地下室的顶板采用现浇或预制钢筋混凝土板。防空地下室的顶板一般应为现浇钢筋混凝土板。当采用预制钢筋混凝土板时，往往在板上浇筑一层钢筋混凝土整体层，以保证有足够的整体性。

3. 底板

地下室的底板不仅承受作用于它上面的垂直荷载，当地下水水位高于地下室底板时，还必须承受底板下水的浮力。所以,要求底板应具有足够的强度、刚度和抗渗能力。否则,易出现渗漏现象。

4. 门和窗

地下室的门窗与地上部分相同。防空地下室的门,应符合相应等级的防护要求,一般采用钢门或钢筋混凝土门。防空地下室一般不允许设窗。

5. 采光井

当地下室的窗在地面以下时,为达到采光和通风的目的,应设置采光井,一般每个窗设置一个,当窗的距离很近时,也可将采光井连接在一起。

采光井由侧墙、底板、遮雨设施或铁箅子组成,侧墙一般为砖墙,井底板则由混凝土浇筑而成。

采光井的深度视地下室窗台的高度而定,一般采光井底板顶面应较窗台低 250～300 mm。采光井在进深方向(宽)为 1 000 mm 左右,在开间方向(长)应比窗宽大 1 000 mm 左右。

采光井侧墙顶面应比室外地面标高高 250～300 mm,以防止地面水流入,如图 2-17 所示。

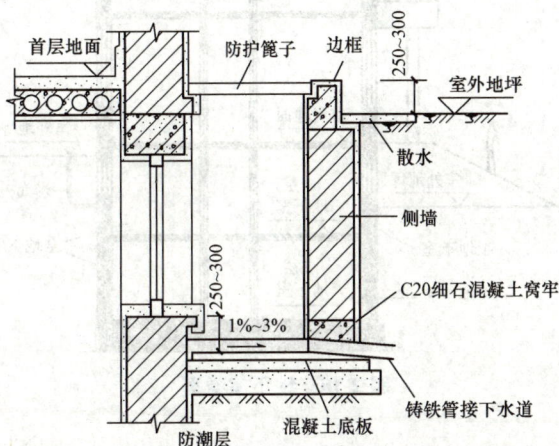

图 2-17 采光井的构造

6. 楼梯

可与地面部分的楼梯结合设置。由于地下室的层高较小,故多设单跑楼梯。一个地下室至少应有两部楼梯通向地面。防空地下室也应至少有两个出口通向地面,其中一个必须是独立的安全出口。且安全出口与地面以上建筑物应有一定距离,一般不得小于地面建筑物高度的一半,以防止地面建筑物破坏坍落后将出口堵塞。

地下室构造认知

二、地下室分类

建筑物底层地面以下的房间为地下室。

1. 按使用性质分

(1)普通地下室。普通地下室是指普通的地下空间。一般按地下楼层进行设计,可用以满足多种建筑功能的要求。

（2）人防地下室。人防地下室是指有人民防空要求的地下空间。人防地下室应妥善解决紧急状态下的人员隐蔽与疏散，应有保证人身安全的技术措施。

2. 按埋入深度分

（1）半地下室。地下室顶板标高超出室外地面标高，或地下室地面低于室外地坪高度为该房间净高的1/3～1/2的地下室叫作半地下室（图2-18）。半地下室相当于一部分在地面以上，易于解决采光、通风的问题，可作为办公室、客房等普通地下室使用。

（2）全地下室。全地下室也可称为地下室。当地下室顶板标高低于室外地面标高，或地下室地面低于室外地坪高度超过该房间净高的1/2时，称为全地下室（图2-18）。全地下室由于埋入地下较深，通风采光较困难，一般多作为储藏仓库、设备间等建筑辅助用房。也可利用其受外界噪声、振动干扰小的特点，作为手术室和精密仪表车间，利用其受气温变化小，冬暖夏凉的特点，作为仓库使用，利用其墙体由厚土覆盖，受水平冲击和辐射作用小，作为人防地下室。

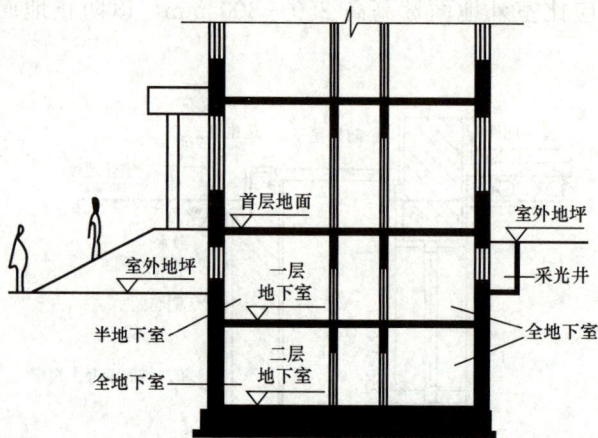

图2-18　地下室类型

3. 按结构材料分

（1）砖墙结构地下室。用于上部荷载不大及地下水水位较低的情况。

（2）钢筋混凝土结构地下室。当地下水水位较高及上部荷载很大时，常采用钢筋混凝土墙结构的地下室。

三、地下室防潮和防水

如何保证地下室在使用时不渗漏是地下室构造设计的主要任务。目前我国颁发的《地下工程防水技术规范》（GB 50108—2008）把地下工程防水分为四级，各地下工程的防水等级，应根据工程的重要性和使用中对防水的要求按表2-2选定。

表2-2　不同防水等级的适用范围

防水等级	适用范围
一级	人员长期停留的场所；因有少量湿渍会使物品变质、失效的贮物场所及严重影响设备正常运转和危及工程安全运营的部位；极重要的战备工程、地铁、车站

防水等级	适用范围
二级	人员经常活动的场所；在有少量湿渍的情况下不会使物品变质、失效的贮物场所及基本不影响设备正常运转和工程安全运营的部位；重要的战备工程
三级	人员临时活动的场所；一般战备工程
四级	对渗漏水无严格要求的工程

如居住建筑地下用房、办公用房、医院、娱乐场所、档案馆、书库、计算机房、地下铁道车站等地下建筑的防水等级都为一级。

(一)地下室采用防潮或防水处理的条件

(1)当地下常年水位和设计最高地下水水位低于地下室底板且无形成上层滞水可能时，地下水不会浸入地下室内部，地下室的墙体和底板只受地潮的影响，即只受下渗的地表水和上升的毛细管水等无压水的影响。这时只需对地下室的底板和外墙做防潮处理。

(2)当设计最高地下水水位高于地下室地坪时，地下室外墙和地坪都浸泡在水中，地下水不仅可以侵入地下室，而且地下室外墙和底板还分别受到地下水的侧压力和浮力。水压力大小与地下水高出地下室地坪高度有关，高差越大，压力越大。这时对地下室必须采取防水处理。

(二)地下室防潮构造

地下室防潮的构造要求：对于墙体，当墙体为混凝土或钢筋混凝土结构时，由于其本身的憎水性，使其具有较强的防潮作用，可不必再做防潮层。当采用砖砌或石砌墙体时，必须采用强度不低于 M5 的水泥砂浆砌筑，且灰缝饱满。还应对地下室外墙做水平和垂直方向的防潮处理，如图 2-19(a)所示。在外墙外侧设垂直防潮层的做法一般为在墙外表面先抹 20 mm 厚 1：2.5 水泥砂浆找平、刷冷底子油一道、热沥青两道；也可用乳化沥青或合成树脂防水涂料。防潮层做至室外散水处，然后在防潮层外侧回填低渗透性土壤，如黏土、灰土等，并逐层夯实，底宽不少于 500 mm，形成隔水层(北方常用 2：8 灰土，南方常用炉渣做隔水层)，以防地表水下渗，产生局部滞水，引起渗漏。

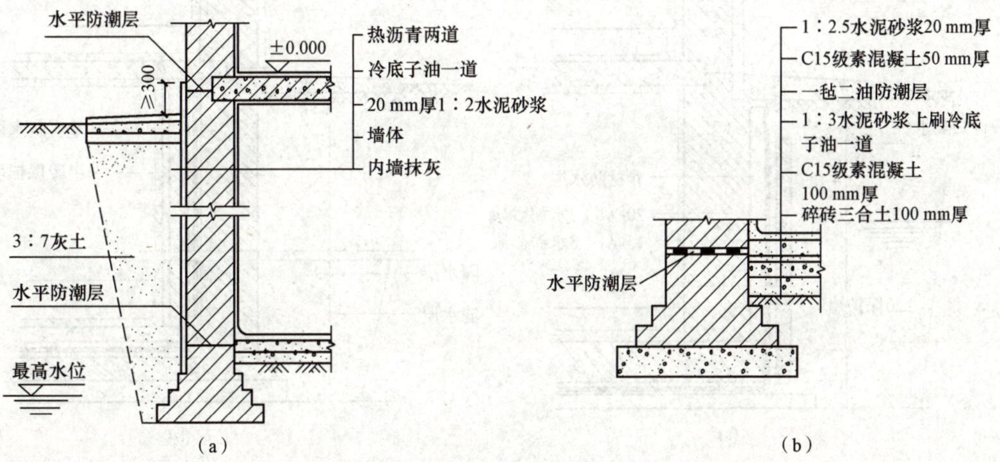

图 2-19 地下室防潮构造
(a)墙身防潮；(b)地坪防潮

水平防潮层有两道，一道是在外墙与地下室地坪交界处，以防止土层中潮气因毛细管作用从基础侵入地下室；另一道是外墙与首层地板层交界处，用以防止潮气沿地下室墙身和勒脚处侵入地下室或上部结构。

对于地下室地坪层，一般做法是在灰土或三合土垫层上浇筑密实的混凝土。当最高地下水水位距地下室地坪较近时，应加强地坪的防潮效果，一般是在地面面层与垫层之间加设防潮层，如图 2-19(b)所示。且与墙身水平防潮层在同一水平面上。

(三)地下室防水构造

目前采用的隔水法是地下室防水采用最多的一种方法，又可分为材料防水和构件自防水两类。自防水是用防水混凝土作外墙和底板，使承重、围护、防水功能三者合一，这种防水措施施工较为简便。材料防水是在外墙和底板表面敷设防水材料，如卷材、涂料、防水水泥砂浆等，以阻止地下水的渗入。

1. 材料防水

材料防水是在地下室外墙与底板表面敷设防水材料，借材料的高效防水特性阻止水的渗入。常用的防水材料有卷材、涂料和防水水泥砂浆等。

(1)卷材防水。卷材防水能适应结构的微量变形和抵抗地下水的一般化学侵蚀，比较可靠，是一种传统的防水做法。防水卷材一般用沥青卷材(石油沥青卷材、焦油沥青卷材)和高分子卷材(如三元乙丙—丁基橡胶水卷材、氯化聚乙烯—橡胶共防水卷材等)，各自采用与卷材相适应的胶结材料胶合而成的防水层。高分子卷材具有质量轻，使用范围广，抗拉强度、延伸率大，对基层伸缩或开裂的适用性强等特点，而且是冷作业，施工操作简捷，不污染环境。

按防水材料的铺贴位置不同，可分为外包防水和内包防水两类。外包防水是将防水材料贴在迎水面，即外墙的外侧和底板的下面，防水效果好，采用较多，但维护困难，缺陷处难于查找；内包防水是将防水材料贴于背水一面，其优点是施工简便，便于维修，但防水效果较差，多用于修缮工程，如图 2-20 所示。表 2-3 为地下室采用卷材防水时底板、外墙构造层次及做法举例。

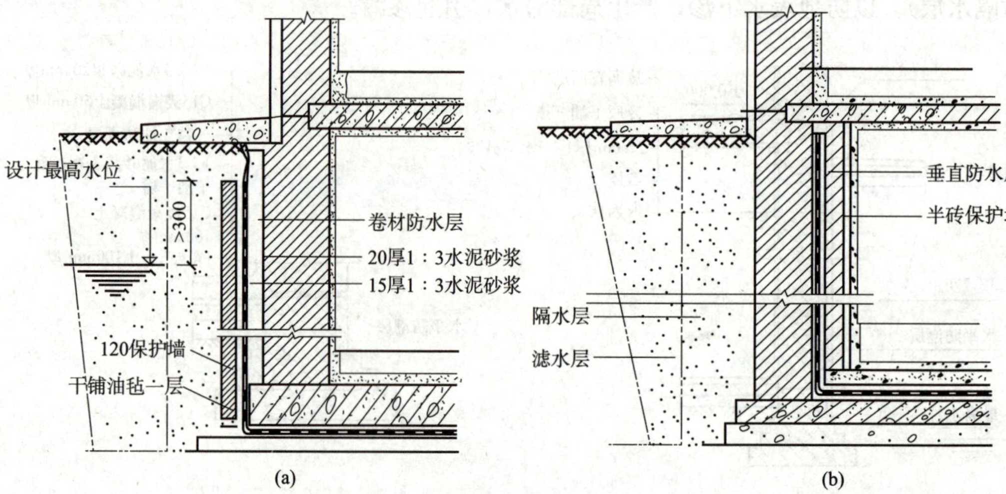

图 2-20　卷材防水的做法
(a)外包防水；(b)内包防水

表 2-3 地下室采用卷材防水时底板、外墙构造层次及做法举例

位置	简图	构造做法
底板	（卷材外防水 一、二级）	1. 面层见具体工程 2. 防水混凝土底板 3. 50 厚 C20 细石混凝土 4. 隔离层 5. 卷材防水层 6. 20 厚 1：2.5 水泥砂浆找平层 7. 100～150 厚 C15 混凝土垫层 8. 素土夯实
	（卷材与涂料结合外防水 一级）	1. 面层见具体工程 2. 防水混凝土底板 3. 50 厚 C20 细石混凝土 4. 隔离层 5. 卷材防水层 6. 防水涂料防水层 7. 20 厚 1：2.5 水泥砂浆找平层 8. 100～150 厚 C15 混凝土垫层 9. 素土夯实
外墙	a. 软保护层 b. 砖保护墙 c. 保温层 d. 水泥砂浆保护层 （卷材外防外贴 一、二级）	1. 2：8 灰土分层夯实 2. 保护层或保温层 3. 卷材防水层 4. 防水混凝土外墙 5. 面层
	（卷材外防内贴 一、二级）	1. 挡土墙厚度见具体工程 2. 20 厚 1：2.5 水泥砂浆找平层 3. 卷材防水层 4. 隔离层 5. 防水混凝土外墙 6. 面层

　　（2）涂料防水。涂料防水是指在施工现场以刷涂、滚涂等方法将无定型液态冷涂料在常温下涂敷于地下室结构表面的一种防水做法。目前，地下防水工程应用的防水涂料包括有机防水涂料和无机防水涂料。有机防水涂料主要包括合成橡胶类、合成树脂类和橡胶沥青类。有机防水涂料固化成膜后最终形成柔性防水层，适宜做在结构主体的迎水面，并应在防水层外侧做刚性保护层；无机防水涂料主要包括聚合物改性水泥基防水涂料和水泥基渗透结晶型防水涂料，即在水泥中掺入一定的聚合物，能够不同程度的改变水泥固化后的物理力学性能，这类防水涂料被认为是刚性防水材料，所以，不适用于变形较大或受振动部位，适宜做在结构主体的背水面。涂料的防水质量、耐老化性能均较油毡防水层好，故目前被广泛地应用于地下室防水工程。

（3）水泥砂浆防水。水泥砂浆防水是采用合格材料，通过严格多层次交替操作形成的多防线整体防水层或掺入适量的防水剂以提高砂浆的密实性。水泥砂浆防水层的材料有普通水泥砂浆、聚合物水泥防水砂浆、掺外加剂或掺合料防水砂浆等。其施工方法有多层涂抹或喷射等。水泥砂浆防水层可用于结构主体的迎水面或背水面。采用水泥砂浆防水层，施工简便、经济，便于检修；但防水砂浆的抗渗性能较弱，对结构变形敏感度大，结构基层略有变形即开裂，从而失去防水功能，因此，水泥砂浆防水构造适用于结构刚度大、建筑物变形小的混凝土或砌体结构的基层上，不适用于环境有侵蚀性、持续振动的地下工程。

（4）金属板防水。金属板防水适用于抗渗性能要求较高的地下室。金属板包括钢板、铜板、铝板、合金钢板等。金属防水板之间的接缝为焊缝，焊缝必须密实。一般适用于工业厂房地下烟道、热风道等高温高热的地下防水工程，以及振动较大、防水要求严格的地下防水工程中。

2. 构件自防水

为满足结构和防水的需要，地下室的底板和外墙材料一般采用防水混凝土。这种采用防水混凝土作为地下室外墙和底板材料的防水构造做法称为构件自防水。防水混凝土的配制和施工与普通混凝土相同。所不同的是通过采用调整混凝土的集料级配，以提高混凝土的密实性；或在混凝土中掺入一定量的外加剂等手段，来提高混凝土自身的防水性能，从而达到防水的目的。调整混凝土集料级配主要是采用不同粒径的集料进行配料，同时提高混凝土中水泥砂浆的含量，使砂浆充满于集料之间，从而堵塞因集料间直接接触而出现的渗水通道，达到防水目的。掺外加剂是在混凝土中掺入加气剂或密实剂以提高其抗渗性能和密实性，使混凝土具有良好的防水性能。

防水混凝土外墙和底板均不宜太薄，一般不应小于 250 mm，迎水面钢筋保护层厚度不应小于 50 mm，为防止地下水对混凝土的侵蚀，并应在墙外侧抹水泥砂浆、涂刷冷底子油和热沥青。防水混凝土结构底板必须连续浇筑，其间不得留设施工缝；墙体一般只允许留设水平施工缝，其位置通常宜留在高出底板表面 300 mm 以上。底板的混凝土垫层强度等级不应小于 C15，厚度不应小于 100 mm，在软弱土中不应小于 150 mm，如图 2-21 所示。

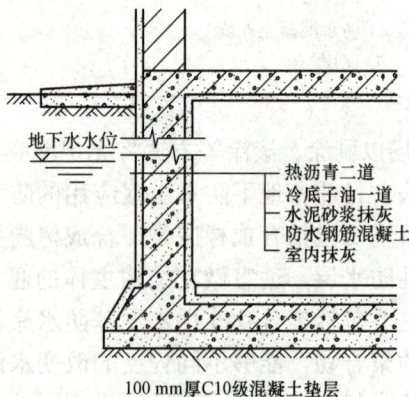

热沥青二道
冷底子油一道
水泥砂浆抹灰
防水钢筋混凝土
室内抹灰

地下水水位

100 mm厚C10级混凝土垫层

图 2-21　防水混凝土防水构造　　　　　**地下室防潮、防水设计**

1. 某多层砖混结构住宅地下室防潮或防水处理。

(1)给出地下水水位和地下室底板的标高及土质情况,判断应该进行防潮还是防水处理。

(2)绘制构造详图。

2. 某高层住宅地下室防潮或防水处理。

(1)给出地下水水位和地下室底板的标高及土质情况,判断应该进行防潮还是防水处理。

(2)如为防水处理,采用不同基础类型时,确定选择材料防水还是构件自防水。

(3)绘制构造详图。

📖 知识拓展

什么是人民防空地下室?

人民防空地下室是具有预定战时防空功能的地下室。在房屋中室内地平面低于室外地平面的高度超过该房间净高1/2的为地下室。

人民防空地下室设计必须贯彻"长期准备、重点建设、平战结合"的方针,并应坚持人防建设与经济建设协调发展、与城市建设相结合的原则。在平面布置、结构选型、通风防潮、给水排水和供电照明等方面,应采取相应措施使其在确保战备效益的前提下,充分发挥社会效益和经济效益。人防工程是防备敌人突然袭击,有效地掩蔽人员和物资,保存战争潜力的重要设施;是坚持城镇战斗,长期支持反侵略战争直至胜利的工程保障。人防工程除具备战时防空用途外,近年来,也常作为各类自然灾害应急避难场所。人民防空地下室防水要求如下:

(1)防空地下室设计应做好室外地面的排水处理,避免在上部地面建筑周围积水。

(2)防空地下室的防水设计不应低于《地下工程防水技术规范》(GB 50108—2008)规定的防水等级的二级标准。

(3)上部建筑范围内的防空地下室顶板应采用防水混凝土,当有条件时宜附加一种柔性防水层。

思政案例

能力训练

一、填空题

1.地下室按使用性质分_____、_____。地下室按埋入地下的深度分_____、_____。

2.当设计最高地下水水位_____且_____只做防潮处理。

3.地下室防水采用隔水法可分为_____和_____两大类。

4.地下室的防水等级分_____级,人员经常活动的场所为_____级。

二、实践题

参观施工中的地下室,观察其构造组成、防潮或防水构造做法等。

```
                                   ┌── 相关概念
                                   ├── 影响基础埋深的因素
                  ┌── 基础类型选择及构造 ──┤               ┌── 按所用材料分类
                  │                 ├── 基础分类 ──────┤── 按材料及受力特点分类
                  │                 │               └── 按构造形式分类
                  │                 │               ┌── 毛石基础
                  │                 └── 基础构造 ──────┤── 混凝土基础
基础与地下室 ──────┤                                 └── 钢筋混凝土基础
构造认知与表达      │                 ┌── 地下室的构造组成
                  │                 ├── 地下室分类
                  └── 地下室防潮、防水 ──┤               ┌── 地下室防潮和防水处理的条件
                     构造处理         └── 地下室防潮 ──────┤── 地下室防潮构造
                                       和防水        └── 地下室防水构造
```

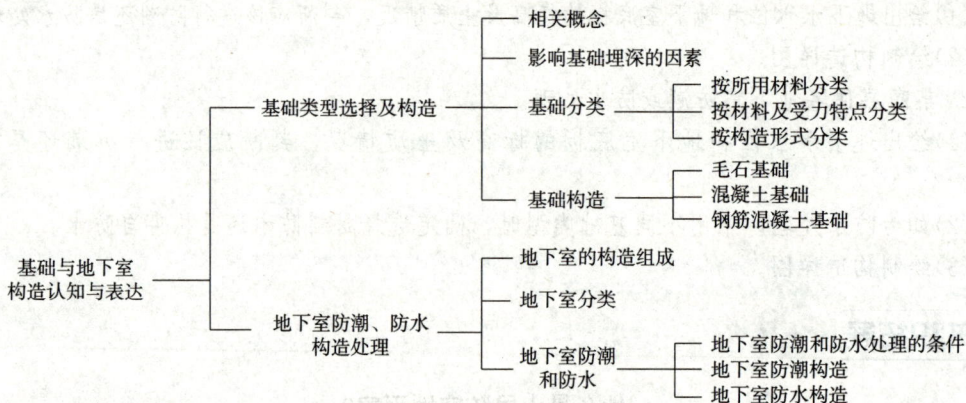

岗课赛证融通训练

根据所给基础详图(图2-22)完成以下题目。

1. 基础按构造形式分有_____、_____、_____、_____和_____。本工程形式上属于_____。

2. 本工程基础所用的材料为_____，基础所用混凝土的强度等级为_____。

3. J-8 上部柱的截面尺寸为_____。

4. J-4 每阶高、总高、基底长宽分别为_____。

5. J-4 基础底部双向配置钢筋的情况是_____。竖向埋置的钢筋伸出基础顶面，钢筋接头错开_____，下端弯折_____ mm，并设道矩形封闭箍筋(非复合箍)。

6. 基础编号为_____的基础底部钢筋长度取 0.9 倍边长，且交错布置。

7. 基础下设_____垫层；基础底部标高为_____ m。

8. 本工程基础埋深为_____ m。

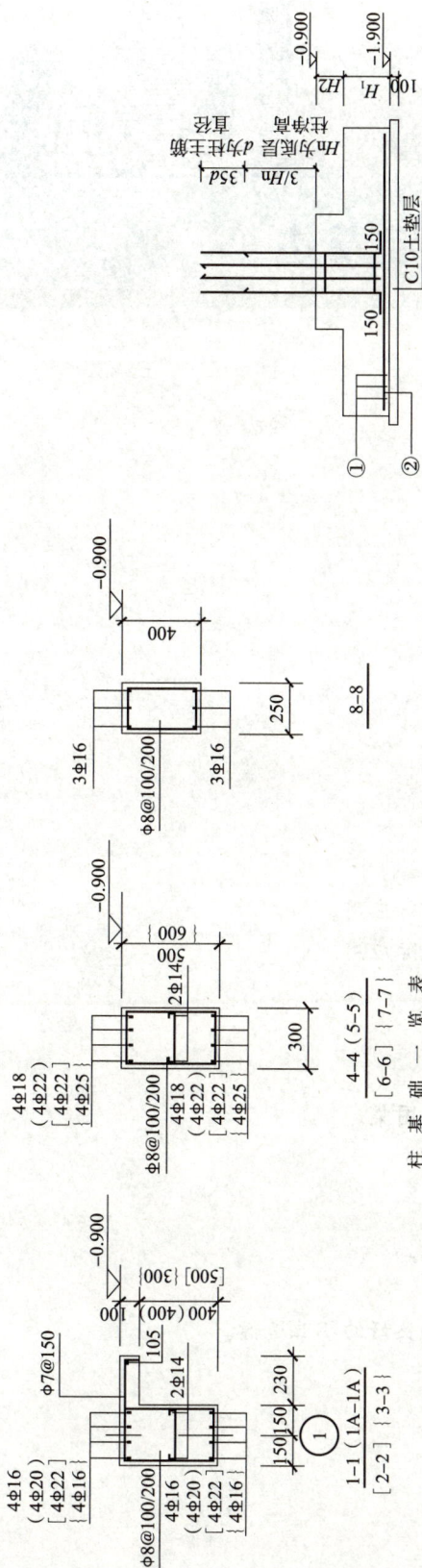

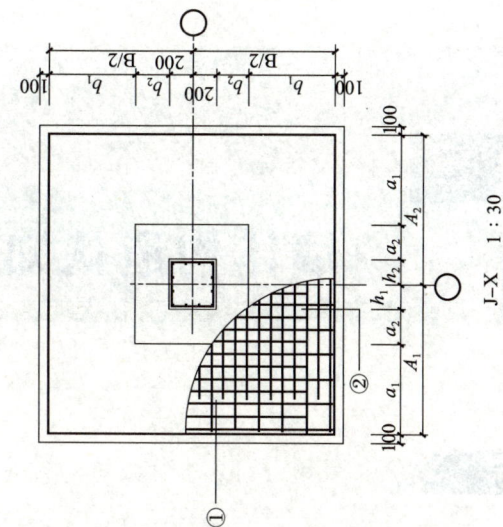

J-X	A_1	A_2	B/2	a_1	2	b_1	b_2	h_1	h_2	H_1	H_2	①	②
J-0	500	500	500	200	100	200	100	200	200	250	750	Φ12@180	Φ12@180
J-1	800	800	800	400	200	400	200	200	200	300	700	Φ12@150	Φ12@150
J-2	1 000	1 000	800	600	200	600	200	200	200	300	700	Φ12@125	Φ12@125
J-3	1 100	1 100	1 000	700	200	700	200	200	200	300	700	Φ14@150	Φ14@150
J-4	1 200	1 200	1 000	800	200	800	200	200	200	300	700	Φ14@125	Φ14@125
J-5	1 300	1 300	1 200	900	200	900	200	200	200	400	600	Φ16@160	Φ16@160
J-6	1 400	1 400	1 300	1 000	250	1 000	250	200	200	400	600	Φ16@150	Φ16@150
J-7	1 450	1 450	1 450	1 000	250	1 000	250	200	200	400	600	Φ16@140	Φ16@140
J-8	1 450	1 450	1 550	1 000	250	1 000	300	300	300	400	600	Φ16@125	Φ16@125

柱 基 础 一 览 表

说明：1.基础按××公司××分公司提供的勘察报告设计，采用柱下独立基础。
2.地基承载力特征值为f_{ak}=170 kPa，持力层为素填土。需验槽。
3.±0.000相当于绝对标高32.500，室内外高差为0.750 m。
4.材料：混凝土独立基础及基础梁C25，垫层C10素混凝土，钢筋HPB300级钢筋（Φ），HRB335级钢筋（Φ）。
5.基础边长>2.5m时，钢筋长度取0.9倍边长，交错布置。

图 2-22 基础详图

39

模块三

墙体构造认知与表达

学习目标

[知识目标]

(1)掌握墙体的类型，了解常见的墙体材料。

(2)掌握墙体的节点构造。

(3)熟悉墙体的加固措施。

(4)掌握墙体保温隔热措施及基本构造。

(5)掌握隔墙的类型及常见做法。

(6)掌握常见的墙面装修做法。

[能力目标]

(1)能对墙体进行分类并能够选择合适墙体材料。

(2)能把所掌握墙体常见节点构造在实际工程中进行应用。

(3)能把所掌握墙体加固措施在实际工程中进行实际应用。

(4)能对严寒地区墙体进行保温处理。

(5)能根据实际工程需要选择隔墙。

(6)能根据实际工程选择合适的内外墙面装修。

(7)能识读和绘制墙体构造详图，会查阅相关标准图集。

[素质目标]

(1)培养自觉学习和自我发展的能力。

(2)培养团结协作能力、创新能力和专业表达能力。

(3)培养独立分析与解决问题的能力。

(4)树立严谨的工作作风和爱岗敬业的工作态度及良好的职业道德。

学习重点

(1)砌体墙的细部构造。

(2)常用的墙面装修做法。

(3)墙体的保温、隔热构造。

任务一　墙体初步认知

任务描述

某严寒地区三层框架结构办公楼及五层砖混结构住宅，为其选择合适的墙体材料，并确定施工时合适的砌筑方式。

知识储备

一、墙体的作用

墙体是建筑的主要围护构件和结构构件。墙体的作用可以概括为承重、围护、分隔。在墙体承重的结构中，墙体承担其顶部的楼板或屋顶传递的荷载、墙体的自重、风荷载、地震荷载等，并将它们传递给墙下部的基础。墙体可以抵御自然界的风、雨、雪的侵袭，防止太阳辐射、噪声干扰，以及室内热量的散失，起保温、隔热、隔声、防水等作用。同时，墙体还将建筑物室内空间与室外空间分隔开，并将建筑物内部划分为若干个房间或若干个使用空间。

二、墙体的类型

建筑物的墙体按其在房屋中所处位置不同有外墙和内墙之分。沿建筑物四周布置的墙称为外墙，主要起围护作用。位于建筑物内部的墙称为内墙，主要起分隔作用。

（1）按建筑物的墙体在房屋中所处方向不同，有横墙和纵墙之分。横墙是与建筑物短轴方向一致的墙体；纵墙是与建筑物长轴方向一致的墙体。沿建筑物横向布置的墙称为横墙，外横墙称为山墙；沿建筑物纵向布置的墙称为纵墙，外纵墙称为檐墙。在一面墙上，窗与窗之间的墙称为窗间墙；窗洞下部的墙为窗下墙。

（2）从受力情况来看，墙体可分为承重墙和非承重墙两种。直接承受上部屋顶、楼板传来的荷载的墙称为承重墙；不承受上部传来的荷载的墙称为非承重墙，非承重墙包括承自重墙、隔墙、填充墙和幕墙等。只承受自身重量的墙称为承自重墙；分隔内部空间且其重量由楼板或梁承受的墙称为隔墙；骨架结构中的填充在柱子之间的墙称为框架填充墙；悬挂于骨架外部的轻质墙称为幕墙，如图 3-1 所示。

（3）按构造方式可分为复合墙、实体墙、空体墙。复合墙是由两种或两种以上的材料组合而成的墙体，由于建筑节能的需要，很多单一材料墙体本身导热系数太大，不能满足保温隔热的要求，因此，往往用承重材料与高效保温材料进行复合，组成复合墙体，如图 3-2（a）所示；实体墙是由实心砖或其他砌块砌筑的，或由混凝土等材料浇筑而成的实心墙体，如图 3-2（b）所示；空体墙是由实心砖砌筑而成的空斗墙或由多孔砖砌筑或混凝土浇筑而成的具有空腔的墙体，如图 3-2（c）所示。

（4）按施工方法分类，主要有叠砌式、版筑式、装配式三种。叠砌式是一种传统的砌墙方式，如实砌砖墙、空斗墙、砌块墙等；版筑式墙的墙体材料往往是散状或塑性材料，依靠事先在墙体部位设置模板，然后在模板内夯实或浇筑材料从而形成墙体，如夯土墙、滑模或大模板钢筋混凝土墙；装配式墙是在构件生产厂家事先制作墙体构件，在施工现场进行拼装,如大板墙、各种幕墙。装配式墙机械化程度高,施工速度快。

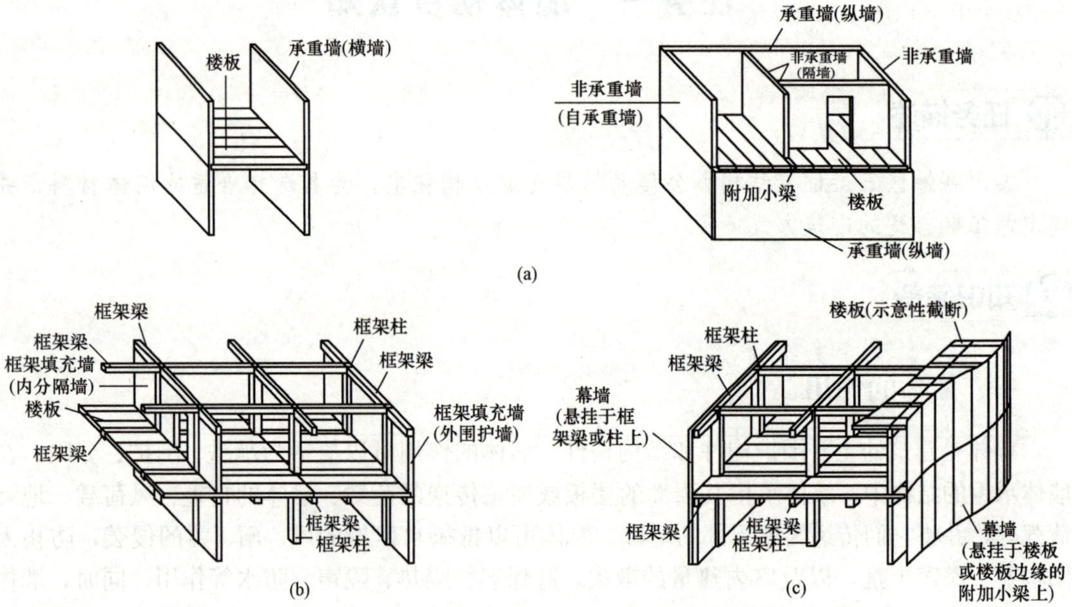

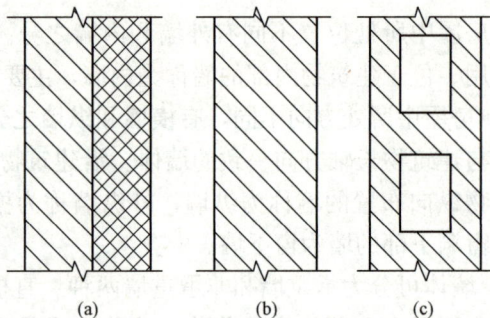

图 3-1 墙体按受力情况分类

(a)砖混结构;(b)框架结构—填充墙;(c)框架结构—幕墙

图 3-2 墙体构造形式

(a)复合墙;(b)实体墙;(c)空体墙

墙体还可以按所用材料和制品不同,有砖墙、石墙、砌块墙、混凝土墙、玻璃幕墙、复合板墙等。

三、墙体的设计要求

1. 满足强度和稳定性要求

墙体的强度与墙体所用材料、墙体的厚度及构造和施工方式有关。墙体的稳定性与墙的长度、高度和厚度有关,一般应通过控制墙体的高厚比保证墙体的稳定性;同时,可通过加设墙垛、壁柱、圈梁、构造柱及拉结钢筋等措施增加其稳定性。

2. 满足热工要求

建筑物的构造应与所在地区的气候条件相适应。在严寒地区和寒冷地区墙体应具有良好的保温性能,满足在采暖期减少室内热量散失,降低能耗,防止墙体表面和内部产生凝结水的要求。在南方炎热地区要求外墙具有良好的隔热能力，以阻隔太阳辐射热传入室内，同时适当兼顾冬季保温。温暖地区的房屋则应兼顾冬季保温和夏季隔热。

3. 满足防火要求

墙体的燃烧性能和耐火极限应符合防火规范的有关规定。在较大的建筑中，当建筑的单层建筑面积或长度达到一定指标应进行防火分区的划分，防止火灾蔓延。划分防火区域一般设置防火墙、防火卷帘和防火水幕等。

4. 满足隔声要求

为了使室内有安静的环境，保证人们的工作、生活不受噪声干扰，墙体应具有一定的隔声能力。声音的传递有两种形式：一种是声响发生后，通过空气、透过墙体再传递到人耳，称为空气传声；另一种是直接撞击墙体或楼板，发出的声音再传递到人耳，称为固体传声。墙体隔声主要隔绝空气传声。可采取增加墙体密实性及厚度、加强墙体的缝隙处理、采用有空气间层或多孔性材料的夹层墙等措施，提高墙体的隔声能力。

5. 其他要求

墙体除应满足以上要求外，还应满足以下几个方面要求：

(1)防水、防潮的要求：在卫生间、厨房、实验室等有水的房间及地下室的墙体应采取防潮、防水措施，选择良好的防水材料，以及恰当的构造做法，保证墙体的坚固、耐久性，使室内有良好的卫生环境。

(2)建筑工业化的要求：建筑工业化的关键是墙体改革，必须改变手工生产和操作，提高机械化施工的程度，降低劳动强度，并应采用轻质、高强的墙体材料，以减轻自重，降低成本。

(3)经济方面的要求：在进行墙体设计时还应考虑就地取材、选用轻质墙体材料，这样可以减轻墙体自重、节约运输费用，从而降低造价。

墙体概述

四、墙体材料

(一)砖

烧结普通砖是以黏土、页岩、煤矸石、粉煤灰、建筑渣土、淤泥、污泥、固体废弃物为主要原料，经焙烧而成。其包括黏土砖、页岩砖、煤矸石砖、粉煤灰砖、建筑渣土砖、淤泥砖、污泥砖、固体废弃物砖。烧结普通砖的规格为 240 mm×115 mm×53 mm。砖的长、宽、厚之比为 4:2:1(含 10 mm 的灰缝)。烧结普通砖的强度等级分别为 MU30、MU25、MU20、MU15、MU10 五个级别。

烧结多孔砖是以黏土、页岩、煤矸石为主要原料经焙烧而成，孔洞率不小于 15%，孔形为圆孔或非圆孔，孔的尺寸小而数量多。空心砖的孔数少、孔径大。多空砖、空心砖的外形如图 3-3、图 3-4 所示。常见砌墙砖的规格及用途详见表 3-1。

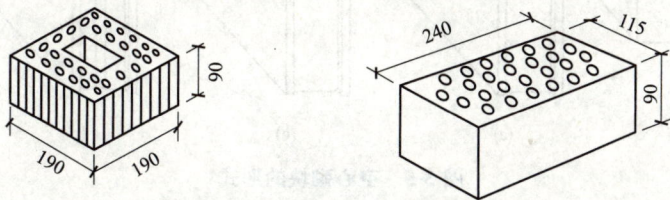

图 3-3 烧结多孔砖

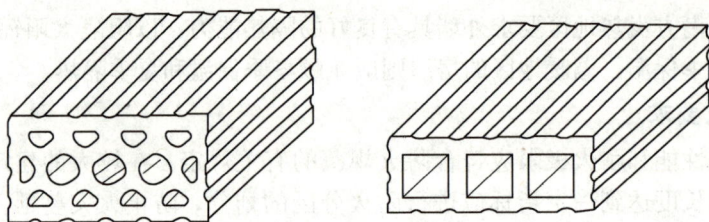

图 3-4 烧结空心砖

表 3-1 常用砌墙砖规格及应用

名称	主要规格/(mm×mm×mm)	主要用途
烧结普通砖	240×115×53	用于砌筑承重墙体、柱、拱、烟囱、沟道、基础等
烧结多孔砖	M型：190×190×90 P型：240×115×90	用于砌筑六层以下的承重墙
烧结空心砖和空心砌块	290×190×140、290×190×90、240×290×90、240×180×115、240×175×115	多用作非承重墙，如多层建筑内隔墙或框架结构的填充墙等
蒸压灰砂砖（简称灰砂砖）	240×115×53(90、115、175)	不宜用于防潮层以下的基础及高温、有酸性侵蚀的砌体中
蒸压粉煤灰砖	240×115×53	用于墙体和基础，不能用于长期受热（温度在200 ℃以上）、受急冷、急热和有酸性介质侵蚀的建筑部位
炉渣砖（旧称煤渣砖）	240×115×53	用于内墙和非承重外墙。其他使用要点与灰砂砖、粉煤灰砖相似

(二)常见砌块

砌块按规格大小，可分为小型砌块、中型砌块和大型砌块。质量在 20 kg 以下，系列中主规格高度为 115～380 mm 的称为小型砌块；质量为 20～350 kg，高度 380～980 mm 的称为中型砌块；质量大于 350 kg，高度大于 980 mm 的称为大型砌块。由于小型砌块尺寸小，对人工砌筑较为有利，目前砌块建筑以小型砌块建筑为主。大型砌块在施工时要借助搬运和起吊设备，而我国大部分中、小型企业仍采用手工砌筑，所以，大型砌块较少采用。

小型砌块的外形尺寸(长×厚×高)有 390 mm×190 mm×190 mm、90 mm×190 mm×190 mm 和 190 mm×190 mm×190 mm 等。空心砌块的常见形式如图 3-5 所示。不同材料的砌块应用范围有所不同，具体见表 3-2。

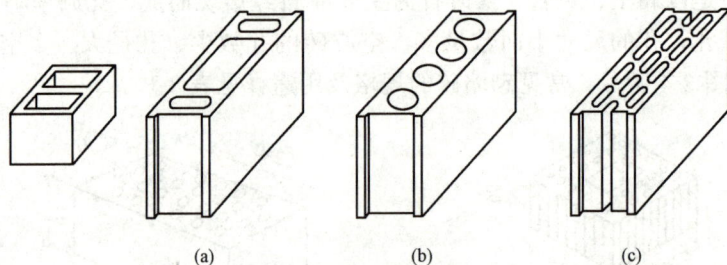

(a)   (b)   (c)

图 3-5 空心砌块的形式
(a)单排方孔；(b)单排圆孔；(c)单排扁孔

表 3-2　常用砌块的应用

品种	主要应用
加气混凝土砌块	500 级主要用于非承重墙、填充墙或保温结构；700 级主要用于结构保温
泡沫混凝土砌块	非承重墙体、保温墙体
普通混凝土小型空心砌块	主要用于低层和多层建筑的内墙和承重外墙
轻骨料混凝土小型空心砌块	主要用于保温墙体（<3.5 MPa）或非承重墙体；承重保温墙体（>3.5 MPa）
蒸养粉煤灰砌块	适用于一般工业与民用建筑的墙体和基础，但不宜用于长期受高温（如炼钢车间）和经常受潮湿的承重墙，也不宜用于有酸性介质侵蚀的建筑部位

(三)墙体板材

以建筑板材为围护结构，具有质量轻、节能、施工方便快捷、使用面积大、开间布置灵活等特点，可应用于框架结构或排架结构中的墙体及建筑内部的隔墙。

我国目前可用于墙体和屋面的板材品种很多，按墙板的功能不同可分为外墙板、内墙板和隔墙板；按墙板的规格可分为大型墙板、条板拼装的大板和小张的轻型板；按墙板的结构可分为实心板、空心板和多功能复合墙板。表 3-3 中列出了目前常用建筑板材的应用范围。

表 3-3　常用建筑板材的应用

品种	主要应用
预应力钢筋混凝土空心板	主要用于承重或非承重外墙板、内墙板、楼板、屋面板和阳台板
玻璃增强水泥板（GRC 板）	用于工业与民用建筑的内隔墙及复合墙体的外墙面
混凝土夹芯板	主要用于承重外墙、非承重外墙
轻集料混凝土墙板	主要用于非承重墙体（<15 MPa）；自承重或承重墙体（>15 MPa）
纸面石膏板、纤维石膏板、空心石膏板、装饰石膏板	内隔墙、复合墙板的内壁板，不宜用于相对湿度大于 75% 及温度长期高于 60 ℃的建筑部位
轻型夹芯板	适用于一般工业与民用建筑的自承重外墙、隔墙、保温墙、顶棚及屋面板等

(四)砂浆

砂浆由胶凝材料（水泥、石灰、黏土）和填充材料（砂、石屑、矿渣、粉煤灰）用水搅拌而成。砌筑墙体的砂浆常用的有水泥砂浆、石灰砂浆和混合砂浆三种。石灰砂浆由石灰膏、砂加水拌和而成，属气硬性材料，强度不高，多用于砌筑次要的民用建筑中地面以上的砌体；水泥砂浆由水泥、砂、加水拌和而成，属水硬性材料，强度高，较适合于砌筑潮湿环境下的砌体；混合砂浆系由水泥、石灰膏、砂加水拌和而成，这种砂浆强度较高，和易性保水性较好，常用于砌筑地面以上的砌体。砌筑砂浆分为 M30、M25、M20、M15、M10、M7.5、M5 七个等级。混凝土小型空心砌块砌筑砂浆按抗压强度分为 Mb5、Mb7.5、Mb10、Mb15、Mb20 和 Mb25 六个等级。

五、墙体砌筑方式

(一)砖墙的组砌

砖墙的组砌是指砌块在砌体中的排列,砖墙组砌应满足横平竖直、砂浆饱满、错缝搭接、避免出现通缝等基本要求,以保证墙体的强度和稳定性。在砖墙组砌中,将砖的长方向垂直于墙面砌筑的砖叫作丁砖;将砖的长方向平行于墙面砌筑的砖叫作顺砖,每排列一层砖则为一皮,如图3-6所示。

(1)一顺一丁式:丁砖和顺砖隔层砌筑,这种砌筑方法整体性好,主要用于砌筑一砖以上的墙体。

(2)每皮丁顺相间式:又称为梅花丁、沙包丁,在每皮之内,丁砖和顺砖相间砌筑而成,优点是墙面美观,常用于清水墙的砌筑。

(3)全顺式:每皮均为顺砖,上下皮错缝120 mm,适用于砌筑120 mm厚砖墙。

(4)两平一侧式:每层由两皮顺砖与一皮侧砖组合相间砌筑而成,主要用来砌筑180 mm厚砖墙。

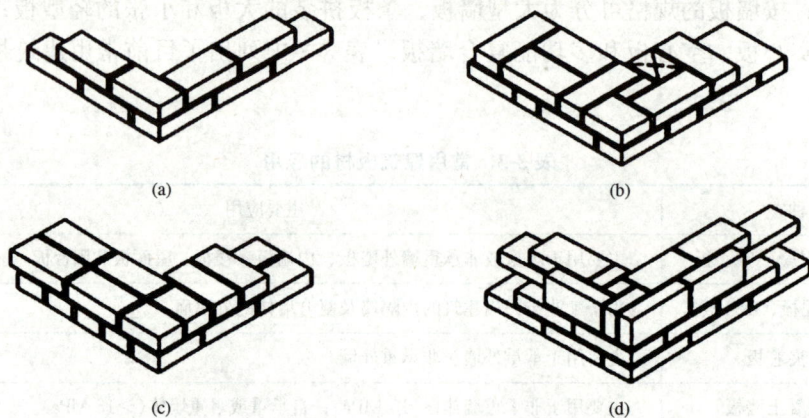

(a)   (b)

(c)   (d)

图3-6 砖墙的组砌方式
(a)全顺式;(b)丁顺相间式;(c)一顺一丁式;(d)两平一侧式

(二)砌块墙的砌筑方式

砌块墙的构造和砖墙类似,应分皮错缝,砌块较大不易现砍,搭砌之前应进行排列设计。砌块排列设计应满足的要求:上下皮应错缝搭接,墙体交接处和转角处应使砌块彼此搭接,应优先采用大规格砌块并使主砌块的总数量在70%以上,为减少砌块规格,允许使用极少量的砖来镶砌填缝,采用混凝土空心砌块时,上下皮砌块应孔对孔、肋对肋以保证有足够的接触面。砌块的排列组合如图3-7所示。

确定承重墙的厚度应根据强度和稳定性的要求确定;围护墙的厚度则需要考虑保温、防热、隔声等要求来确定,同时,砖墙的厚度、砌块墙的厚度还应与砖及砌块的规格相适应。

实心砖墙体的厚度墙体厚度一般用砖长来表示,如半砖墙、一砖墙、一砖半墙、两砖墙等,相应的构造尺寸为115 mm、240 mm、365 mm、490 mm等,习惯上以它们的标志尺寸来称呼,如12墙、18墙、24墙、37墙、49墙等,如图3-8所示。小型砌块墙体的厚度通常采用90(100) mm、190(200) mm、290(300) mm等。

简称	190宽砌块型系列示例与代号	
4A	190 190 390 K422A	190 190 390 K422B
4B		
3	190 190 290 K322	190 190 290 K322A
3A		
2A	190 190 190 K222A	190 190 190 K222B
2B		

(a)

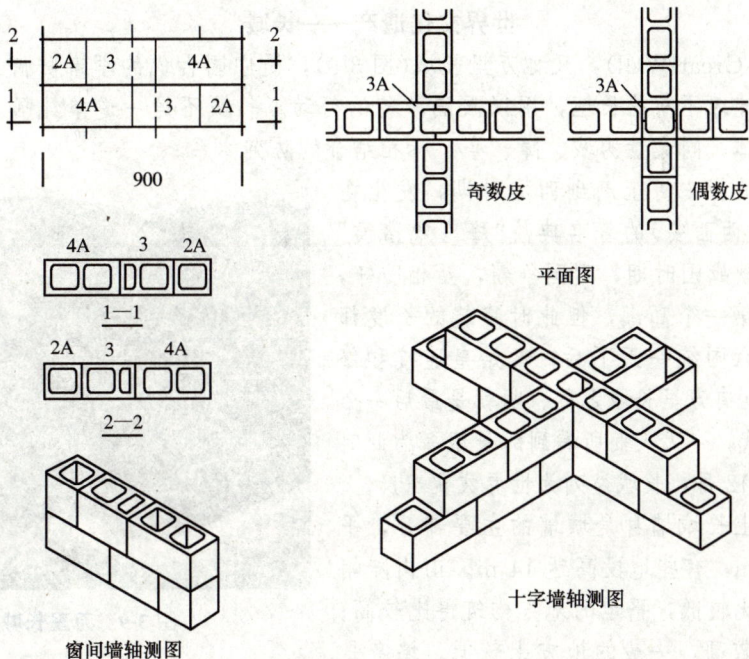

(b)

图 3-7 砌块的排列组合

(a)190宽砌块主块型系列示例与代号；(b)砌块排列示意

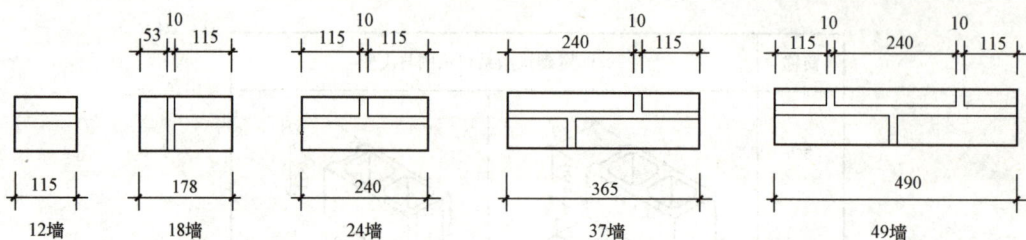

图 3-8 墙体的厚度

（图中标注：53 10 115 ／ 115 ／ 115 10 115 ／ 240 10 115 ／ 115 10 240 10 115；下方 115 12墙 ／ 178 18墙 ／ 240 24墙 ／ 365 37墙 ／ 490 49墙）

任务实施

1. 为某严寒地区三层框架结构办公楼选择合适的墙体材料。

(1)分析严寒地区三层框架结构办公楼的外墙和内墙的功能及使用要求。

(2)根据功能及使用要求确定墙体材料。

2. 为严寒地区五层砖混结构住宅选择合适的墙体材料，并确定施工时合适的砌筑方式。

(1)分析严寒地区五层砖混结构住宅的外墙和内墙的功能及使用要求。

(2)根据功能及使用要求确定墙体材料。

(3)写出不同厚度墙体可采用的砌筑方式。

知识拓展

世界文化遗产——长城

长城(The Great Wall)，又称万里长城(图3-9)，是中国古代的军事防御工事，是一道高大、坚固且连绵不断的长垣，用以限隔敌骑的行动。长城不是一道单纯孤立的城墙，而是以城墙为主体，同大量的城、障、亭、标相结合的防御体系。

长城修筑的历史可上溯到西周时期，发生在首都镐京(今陕西西安)的著名典故"烽火戏诸侯"就源于此。春秋战国时期，列国争霸，互相防守，长城修筑进入第一个高潮，但此时修筑的长度都比较短。秦灭六国统一天下后，秦始皇连接和修缮战国长城，始有万里长城之称。明朝是最后一个大修长城的朝代，今天人们所看到的长城多为此时修筑。1987年12月，长城被列为世界文化遗产。

建筑构造上长城墙身是城墙的主要部分，平均高度为7.8 m，有些地段高达14 m。山岗陡峭的地方构筑得比较低，平坦的地方构筑得比较高；紧要的地方比较高，一般的地方比较低。墙身是

图 3-9 万里长城

防御敌人的主要部分，其总厚度较宽，基础宽度均有6.5 m，墙上地坪宽度平均也有5.8 m，保证两辆辎重马车并行。墙身由外檐墙和内檐墙构成，内填泥土碎石。

长城以其雄伟的气势和博大精深的文化内涵，吸引着历代的中华文人名士及国际人士，许多中国的文人墨客以长城为题材创作了大量的诗词歌赋、美术、音乐等文艺作品，其中唐代的"边塞诗"尤为典型。如李白的"长风几万里，吹度玉门关"，王昌龄的"秦时明月汉时

关，万里长征人未还"，王维的"劝君更尽一杯酒，西出阳关无故人"，岑参的"忽如一夜春风来，千树万树梨花开"等名句，千载传诵不绝。

能力训练

一、填空题

1. 墙体按方向分为_____、_____，按受力情况分为_____、_____。按构造形式分为_____、_____、_____。

2. 砌筑砂浆分为_____、_____、_____。其中，潮湿环境下砌体采用的砂浆为_____。

3. 砖墙的组砌方式有_____、_____、_____、_____等。

二、实践题

对校园内建筑物的墙体按不同方法进行分类，分析其需要满足的要求和采用的材料。

任务二 墙体节点构造选择

任务描述

某办公楼建筑地处抗震设防烈度为 7 度的地区，为其确定合适的墙脚构造及门窗洞口处构造并绘图表示。

知识储备

一、墙脚构造

墙脚是指室内地面以下基础以上的一段墙体，内外墙均有墙脚。由于砖砌体本身存在很多微孔及墙脚所处的位置，常有地表水和土壤中的无压水渗入，致使墙身受潮，饰面脱落，影响室内环境。因此，必须做好内外墙的防潮，增强墙脚的坚固性和耐久性，排除房屋四周地面水。

（一）勒脚

勒脚是墙身接近室外地面的部分，它可以保护墙体防止各种机械性碰撞，防止地表水对墙脚的侵蚀，同时具有美观的作用。勒脚高度一般为 500～600 mm，根据需要可与一层窗台同高。对勒脚处的外墙面应采用强度较高、防水性能好的材料进行保护。勒脚的做法一般可分为以下三种：

（1）对一般建筑，可采用 20 mm 厚 1∶3 水泥砂浆抹面，1∶2 水泥白石子水刷石或斩假石抹面，如图 3-10（a）所示；

（2）标准较高的建筑，可用天然石材或人工石材贴面，如花岗石、水磨石等，如图 3-10（b）所示；

（3）整个墙脚采用强度高，耐久性和防水性好的材料砌筑，如条石、混凝土等，如图 3-10（c）所示。

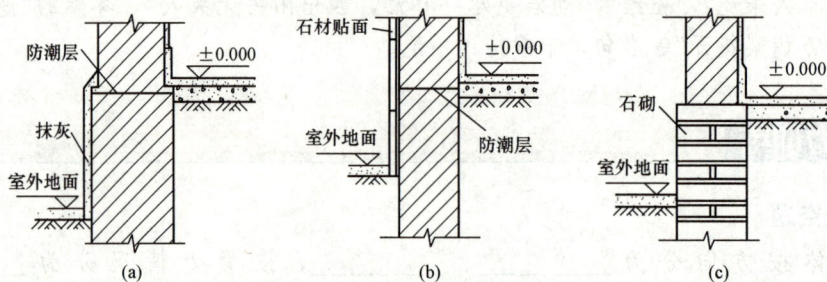

图 3-10　勒脚构造做法

(a)抹灰勒脚；(b)贴面勒脚；(c)石材勒脚

(二)墙身防潮层

1. 水平防潮层

(1)水平防潮层的位置。墙身防潮的做法是在内外墙脚铺设连续的水平防潮层，用来防止土壤中的无压水渗入墙体。水平防潮层一般应在室内地面不透水垫层(如混凝土)范围以内，通常在－0.060 m 标高处设置，而且至少要高于室外地坪 150 mm，以防雨水溅湿墙身。当地面垫层为透水材料时(如碎石、炉渣等)，水平防潮层的位置应平齐或高于室内地面 60 mm，如图 3-11 所示。

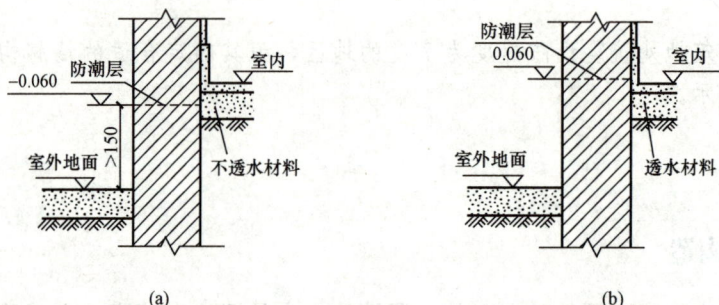

图 3-11　水平防潮层的位置

(a)不透水垫层；(b)透水垫层

(2)水平防潮层的做法。

1)油毡防潮层。在防潮层部位先抹 20 mm 厚的水泥砂浆找平层，然后干铺油毡一层或用沥青粘贴一毡二油。油毡防潮层具有一定的韧性、延伸性和良好的防潮性能，但日久易老化失效；同时，由于油毡使墙体隔离，削弱了砖墙的整体性和抗震能力，如图 3-12(a)所示。

2)防水砂浆防潮层。在防潮层位置抹一层 20 mm 或 30 mm 厚 1：2 水泥砂浆掺 5％的防水剂配制的防水砂浆；也可以用防水砂浆砌筑 4～6 皮砖。用防水砂浆作防潮层适用于抗震地区、独立砖柱和振动较大的砖砌体中，但砂浆开裂或不饱满时影响防潮效果，如图 3-12(b)所示。

3)细石混凝土防潮层。在防潮层位置铺设 60 mm 厚 C20 细石混凝土，内配 3φ6 或 3φ8 钢筋以抗裂。由于混凝土密实性好，有一定的防水性能，并与砌体结合紧密，故适用于整体刚度要求较高的建筑中，如图 3-12(c)所示。

4) 当墙体中设有地圈梁时，也可起水平防潮层的作用，如图 3-12(b)所示。

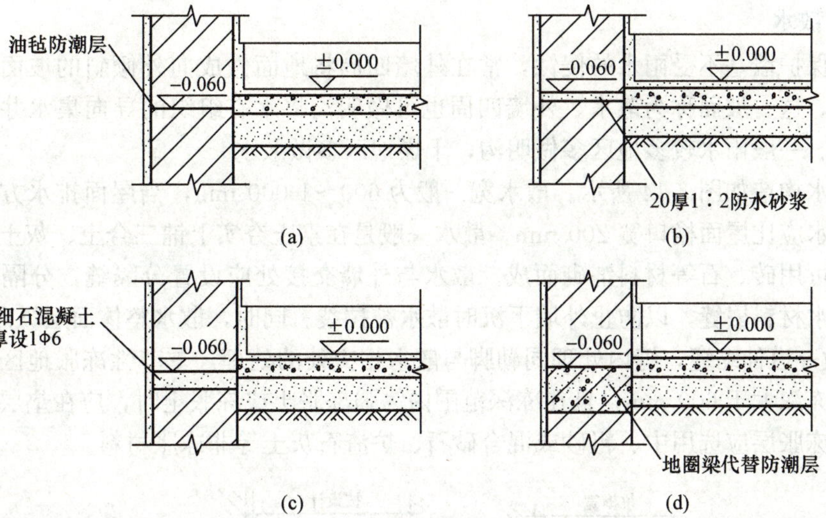

图 3-12　墙身水平防潮层

2. 墙身垂直防潮层

在有些情况下，建筑物室内地坪会出现高差或室内地坪低于室外地面的标高，这时要求按地坪高差的不同，在墙身与之相适应的部位设置两道水平防潮层，而且还应对有高差的部分的垂直墙面采取垂直防潮措施，如图 3-13 所示。

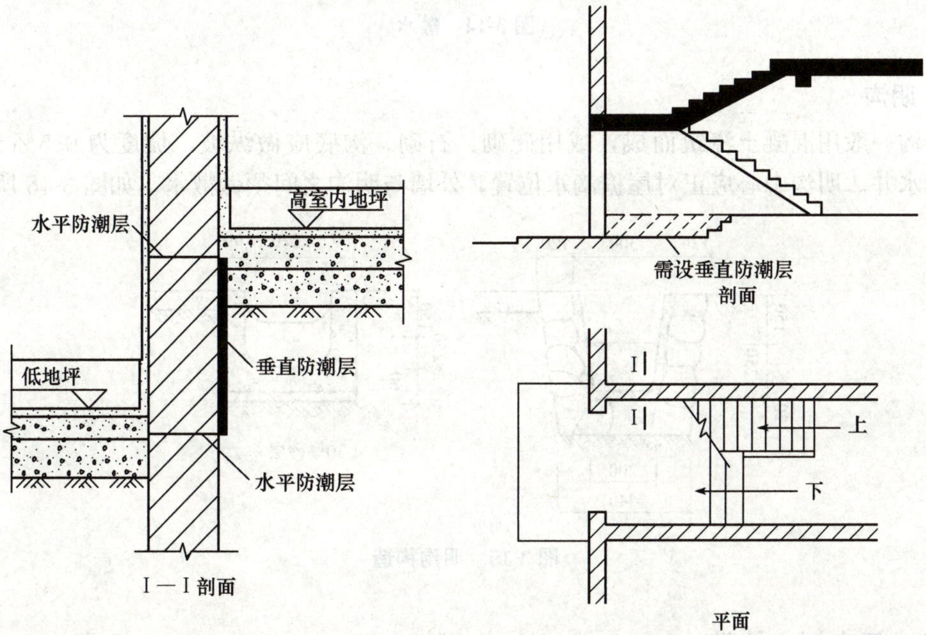

图 3-13　墙身垂直防潮层

在需设垂直防潮层的墙面(靠回填土一侧)先用水泥砂浆抹面，刷上冷底子油一道，再刷热沥青两道；也可以采用掺有防水剂的砂浆抹面的做法。

(三)散水和明沟

1. 散水

为保护墙基不受雨水的侵蚀，常在外墙四周将地面做成向外倾斜的坡面，以将屋面雨水排走，这一坡面称为散水。外墙四周也可做明沟将水有组织的导向集水井，然后流入排水系统。一般雨水较多地区多做明沟，干燥地区多做散水。

散水构造如图 3-14 所示。散水宽一般为 600～1 000 mm，当屋面排水方式为自由排水时，散水应比屋面檐口宽 200 mm。散水一般是在素土夯实上铺三合土、灰土、混凝土等材料，也可用砖、石等材料铺砌而成。散水与外墙交接处应设置分隔缝，分隔缝内应用有弹性的防水材料嵌缝，以防止外墙下沉时散水被拉裂。同时，散水整体面层纵向距离每隔 6～12 m 做一道伸缩缝，缝内处理同勒脚与散水相交处的处理。季节性冻胀地区的散水，当土壤标准冻深大于 600 mm，且在冻深范围内为强冻胀土或冻胀土时，应在垫层下加设防冻胀层。防冻胀层应选用中、粗砂或混合砂石、炉渣石灰土等非冻胀材料。

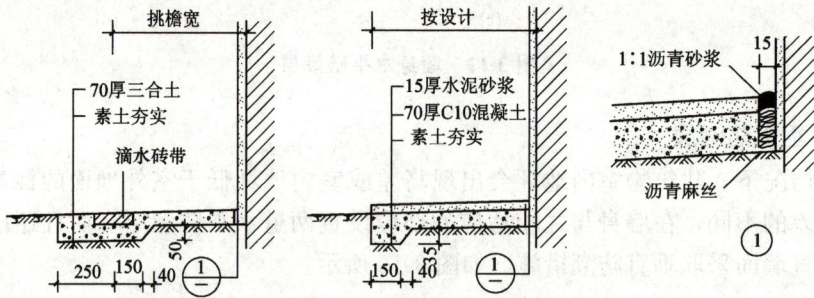

图 3-14　散水

2. 明沟

明沟一般用混凝土浇筑而成，或用砖砌、石砌。沟底应做纵坡，坡度为 0.5%～1%，坡向集水井。明沟中心应正对屋檐滴水位置，外墙与明沟之间须做散水，如图 3-15 所示。

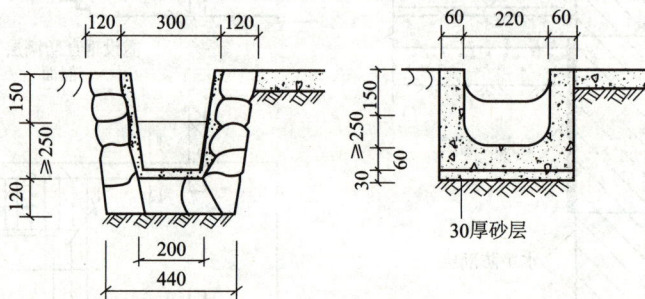

图 3-15　明沟构造

二、门窗洞口构造

(一)窗台

窗台是指窗洞口下部的排水和防水构造，同时也是建筑立面重点处理的部位。窗台构造做法可分为外窗台和内窗台两个部分。外窗台应设置排水构造，其目的是防止雨水积聚在窗下、侵入墙身和向室内渗透；内窗台一般水平放置，通常结合室内装修做成水泥砂浆抹灰、木板或理石板等多种饰面形式。

外窗台应有不透水的面层，并向外形成不小于 20％ 的坡度，以利于排水。外窗台有悬挑窗台和不悬挑窗台两种。处于阳台等处的窗不受雨水冲刷，可不必设悬挑窗台；外墙面材料为贴面砖时，也可不设悬挑窗台。悬挑窗台常采用顶砌一皮砖出挑 60 mm 或将一砖侧砌并出挑 60 mm，也可采用钢筋混凝土窗台。挑窗台底部边缘处抹灰时应做宽度和深度均不小于 10 mm 的滴水线或滴水槽。砌块墙体窗台的厚度通常为 100 mm。窗台构造详图做法如图 3-16 所示。

墙体细部构造设计

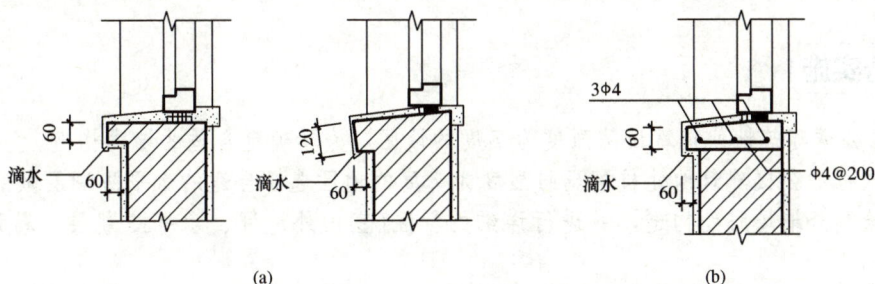

图 3-16　窗台构造

(a)砖砌窗台；(b)钢筋混凝土窗台

(二)洞口上过梁

过梁是门窗洞口上部承重构件，其作用是为了承担门窗洞口上部荷载，并将它传递到两侧构件上。过梁的形式较多，常见的有砖拱、钢筋砖过梁和钢筋混凝土过梁等。目前最为常见的为钢筋混凝土过梁。

钢筋混凝土过梁一般不受跨度的限制。过梁的宽与墙体同厚，过梁的高与所用砌块材料有一定的关系，否则影响整个墙面的继续砌筑。如普通砖墙中过梁高应与砖的皮数相适应，如 60 mm、120 mm、180 mm、240 mm 等。在洞口两侧伸入墙内的长度也应做同样考虑，过梁应不小于 240 mm、300 mm 等。为了防止雨水沿门窗过梁向外墙内侧流淌，过梁底部的外侧抹灰时要做滴水。

过梁的断面形式有矩形和 L 形。矩形多用于内墙和混水墙；L 形多用于外墙和清水墙。钢筋混凝土过梁形式，如图 3-17 所示。

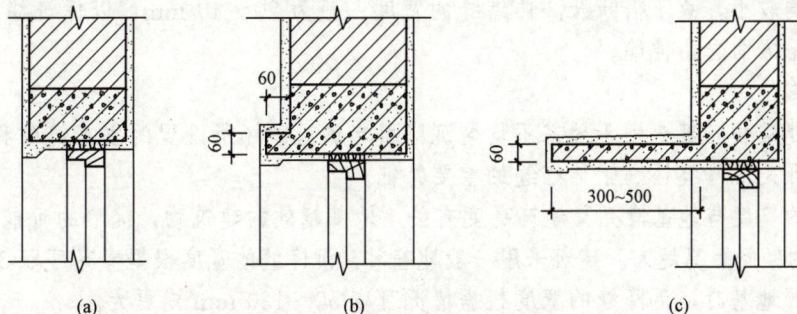

图 3-17　砖墙中钢筋混凝土过梁

(a)平墙过梁；(b)带窗套过梁；(c)带窗楣过梁

在寒冷地区，为防止钢筋混凝土过梁产生热桥问题，也可将外墙洞口的过梁断面做成L形，如图 3-18 所示。

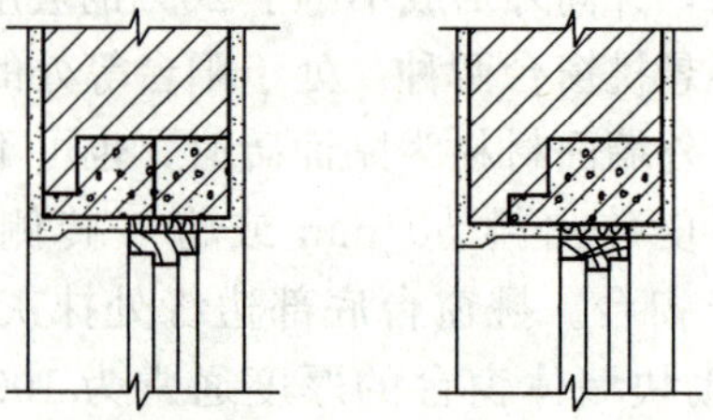

图 3-18　寒冷地区钢筋混凝土过梁

🔧 任务实施

1. 办公楼建筑地处抗震设防烈度为 7 度的地区，为其确定合适的墙脚构造。

(1) 根据办公楼建筑地处抗震设防烈度为 7 度的地区选择合适的水平防潮层做法。

(2) 绘制外墙墙脚处构造，并进行详细的标注（室内外地坪、水平防潮层、勒脚、散水在一个图）。

(3) 内墙两侧地面有高差时，内墙脚详图。

2. 某办公楼建筑窗洞口处构造。

(1) 根据教师给定的条件选择合适的外窗台及内窗台做法。

(2) 绘制窗洞口处构造详图（窗台、过梁在一个图）。

📖 知识拓展

一、变形缝的分类

变形缝是为防止建筑物在外界因素（温度变化、地基不均匀沉降及地震）作用下产生变形，导致开裂甚至破坏而人为设置的适当宽度的缝隙。

变形缝包括伸缩缝、沉降缝和防震缝三种类型。

1. 伸缩缝

为防止建筑构件因温度变化而产生热胀冷缩，使房屋出现裂缝，甚至破坏，沿建筑物长度方向每隔一定距离设置的垂直缝隙称为伸缩缝，也称温度缝。

伸缩缝要求把建筑物的墙体、楼板层、屋顶等地面以上部分全部断开，基础部分因受温度变化影响较小，故不需断开。伸缩缝的宽度一般为 20～40 mm，以保证缝两侧的建筑构件能在水平方向自由伸缩。

2. 沉降缝

为防止建筑物各部分由于地基不均匀沉降引起房屋破坏所设置的垂直缝隙称为沉降缝。基础必须断开是沉降缝区别于伸缩缝的重要特征。

沉降缝的宽度与地基情况及建筑高度有关，地基越软的建筑物，沉陷的可能性越高，沉降后所产生的倾斜距离越大。建筑采用一般地基时，沉降缝的宽度根据情况可取 30～70 mm；建筑采用软弱地基时，沉降缝的宽度根据情况可取 50～120 mm 或更大。

3. 防震缝

建造在抗震设防烈度为 6～9 度地区的房屋，为避免破坏，按抗震要求设置的垂直缝隙即防震缝。为防止建筑物各部分在地震时相互撞击引起破坏而设置的缝隙。

防震缝应沿建筑物全高设置，一般情况下，基础可不断开，但在平面复杂的建筑中，或建筑相邻部分刚度差别很大时，则需要将基础断开。多层砌体房屋防震缝缝宽应根据烈度和房屋高度确定，通常可采用50～100 mm；钢筋混凝土房屋需要设置防震缝时，防震缝最小宽度应不小于70 mm。

二、墙体变形缝的构造

1. 伸缩缝

根据墙体的材料、厚度及施工条件，伸缩缝可做成平缝、错口缝、企口缝等形式，如图3-19所示。

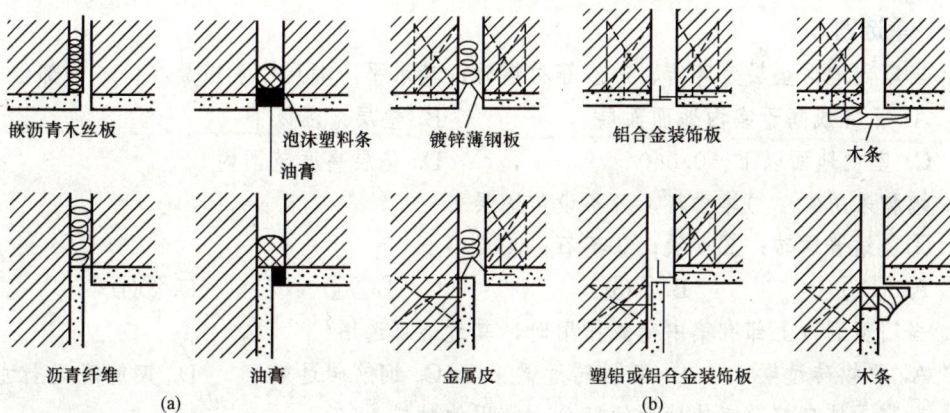

图3-19　墙体伸缩缝的形式
(a)平缝；(b)错口缝；(c)企口缝

外墙伸缩缝内应填塞具有防水、保温和防腐性能的弹性材料，如沥青麻丝、泡沫塑料条、橡胶条、油膏等，如图3-20(a)所示。内侧缝口通常用具有一定装饰效果的木质盖缝条、金属片或塑料片遮盖，仅一边固定在墙上，如图3-20(b)所示。

图3-20　墙身伸缩缝构造
(a)外侧缝口；(b)内侧缝口

2. 沉降缝

沉降缝一般兼起伸缩缝的作用，其构造与伸缩缝构造基本相同，只是调节片或盖缝板在构造上应保证两侧墙体在水平方向和垂直方向均能自由变形。

一般外侧缝口宜根据缝的宽度不同，采用两种形式的金属调节片盖缝，如图3-21所示。内墙沉降缝及外墙内侧缝口的盖缝同伸缩缝。

3. 防震缝

防震缝构造与伸缩缝、沉降缝构造基本相同。考虑防震缝宽度较大，构造上更应注意盖缝的牢固、防风、防雨等，寒冷地区的外缝口还须用具有弹性的软质聚氯乙烯泡沫塑料、聚苯乙烯泡沫塑料等保温材料填实，如图3-22所示。

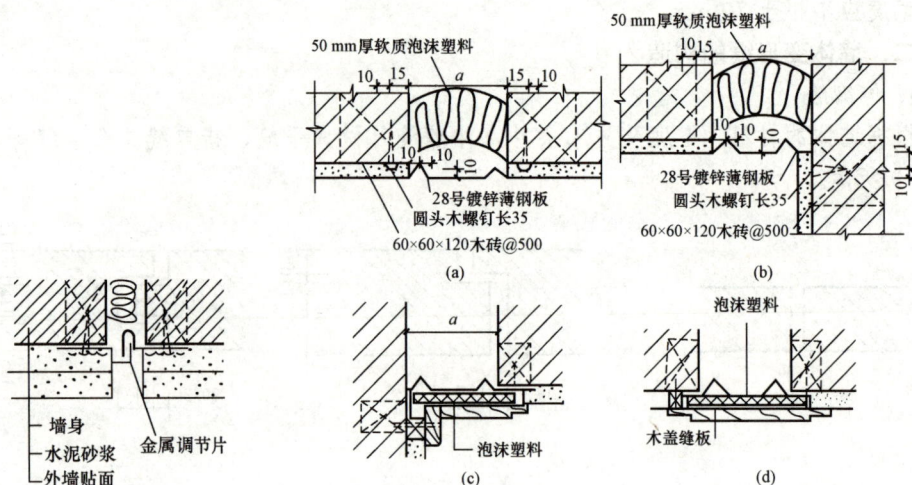

图 3-21 外墙沉降缝构造

图 3-22 墙体防震缝构造

(a)外墙平缝；(b)外墙转角；(c)内墙转角；(d)内墙平缝

能力训练

一、单选题

1. 当室内地面垫层为碎砖、矿渣等材料时，其水平防潮层位置应放在（　　）部位。

   A. 平齐或高于室内地面面层　　　　　　　B. 垫层范围以下

   C. 室内地面以下−0.060　　　　　　　　D. 垫层高度范围内

2. 墙脚采用（　　）等材料，可不设防潮层。

   ①烧结普通砖；②砌块；③条石；④混凝土

   A. ①③④　　　　　　B. ②③　　　　　　C. ①②④　　　　　　D. ③④

3. 当门窗洞口上部有集中荷载作用时，其过梁可选用（　　）。

   A. 平拱砖过梁　　　B. 弧拱砖过梁　　　C. 钢筋砖过梁　　　D. 钢筋混凝土过梁

4. 勒脚是墙身接近室外地面的部分，常用的材料为（　　）。

   A. 混合砂浆　　　　B. 水泥砂浆　　　　C. 纸筋灰　　　　　D. 膨胀珍珠岩

5. 对于7度抗震设防地区的建筑，其墙身水平防潮层不宜采用（　　）。

   A. 防水砂浆　　　　　　　　　　　　　B. 细石混凝土(配3φ6)

   C. 防水卷材　　　　　　　　　　　　　D. 圈梁

6. 关于散水的构造做法，下列不正确的是（　　）。

   A. 在素土夯实上做60～100 mm厚混凝土，其上再做5%的水泥砂浆抹面

   B. 散水宽度一般为600～1 000 mm　　　C. 散水与墙体之间应整体连接，防止开裂

   D. 散水宽度比采用自由落水的屋顶檐口多出200 mm左右

二、简答题

1. 常见的勒脚做法有哪几种？

2. 墙体中为什么要设置水平防潮层？它应设置在什么位置？什么情况下要设置垂直防潮层？

3. 什么叫作散水？散水宽度有何规定？

4. 钢筋混凝土过梁的构造要点有哪些？

三、实践题

参观校园内建筑的散水、明沟、勒脚、窗台处的做法。

任务三　墙体加固

任务描述

某砖混结构小学教学楼，从房屋构造角度怎样提高其整体性和抗震能力？

知识储备

对于多层砖混结构的承重墙，出于抗震和承受可能的上部集中荷载的要求，以及开洞口等因素造成墙体的强度和稳定性有所降低的考虑，需要对墙身采取加固措施。墙身加固措施主要有设置圈梁和构造柱。

一、设置圈梁

圈梁是沿外墙四周及部分内墙设置的连续闭合的梁。圈梁可以提高建筑的空间刚度、整体性，增强墙体的稳定性，减少由于地基不均匀沉降而引起的墙身开裂。

圈梁通常设置在基础墙处、楼板处和檐口处，尽量与楼板结构连成整体。圈梁的具体数量应满足《建筑抗震设计规范（2016 年版）》（GB 50011—2010）的相关规定，具体见表 3-4。当屋面板、楼板与门窗洞口间距较小，而且抗震设防等级较低时，也可设在门窗洞口上部，兼起过梁作用。

表 3-4　多层砌体房屋现浇钢筋混凝土圈梁设置

墙类	烈度		
	6 度、7 度	8 度	9 度
外墙和内纵墙	屋盖处及每层楼盖处	屋盖处及每层楼盖处	屋盖处及每层楼盖处
内横墙	同上；屋盖处间距不应大于 4.5 m；楼盖处间距不应大于 7.2 m；构造柱对应部位	同上；各层所有横墙，且间距不应大于 4.5 m；构造柱对应部位	同上；各层所有横墙

圈梁有钢筋砖圈梁和钢筋混凝土圈梁两种，多采用钢筋混凝土圈梁。钢筋混凝土圈梁宽度一般与墙同厚。当墙厚大于 240 mm 时，圈梁的宽度可以比墙体厚度小，但不应小于

2/3 墙厚。严寒、寒冷地区圈梁宽度不应贯通整个墙厚，并应局部做保温处理。圈梁高度一般不小于 120 mm，常见的为 180 mm、240 mm。当采用混凝土小型空心砌块墙体时，圈梁的高度可取 200 mm、300 mm，最大不超过 400 mm。

钢筋混凝土圈梁常用强度等级为 C20 的混凝土现浇，最小配筋量为纵向钢筋不宜少于 4Φ10，箍筋 Φ6@250，具体配筋见表 3-5。圈梁的构造如图 3-23 所示。

表 3-5　圈梁配筋

配筋	地震设防烈度		
	6 度、7 度	8 度	9 度
最小纵筋	4Φ10	4Φ12	4Φ14
箍筋最大间距	Φ6@250 mm	Φ6@200 mm	Φ6@150 mm

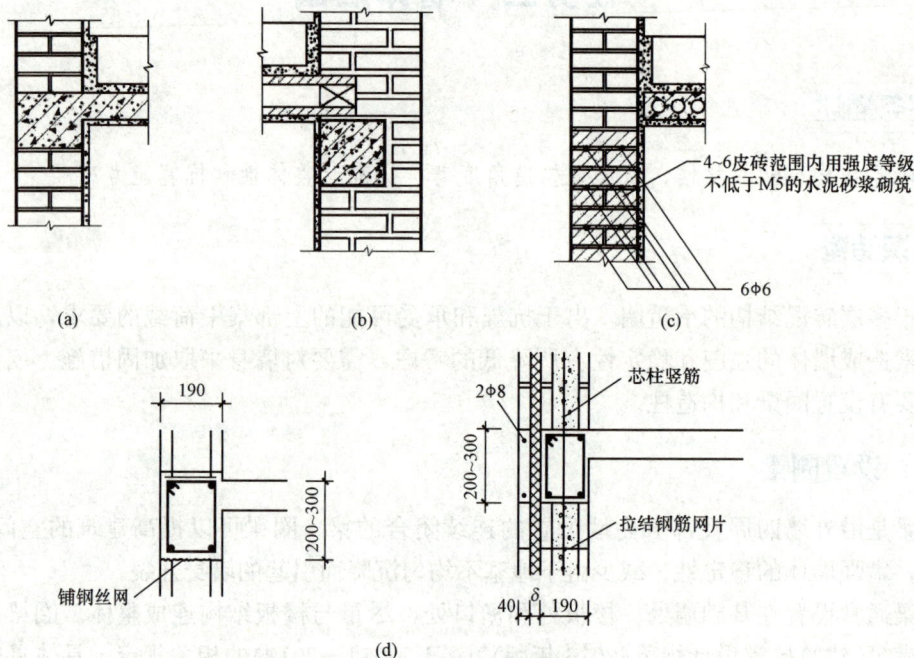

图 3-23　圈梁的构造

（a）钢筋混凝土板平圈梁；（b）钢筋混凝土板底圈梁；（c）钢筋砖圈梁；（d）混凝土小型空心砌块墙圈梁

二、设置构造柱

在多层砌体结构房屋规定部位，按构造配筋并按先砌墙后浇筑混凝土柱的施工顺序制成的混凝土柱，通常称为钢筋混凝土构造柱，简称构造柱。在抗震设防地区，设置钢筋混凝土构造柱是多层砌体建筑重要的抗震措施，因为钢筋混凝土构造柱与圈梁形成了具有较大刚度的空间骨架，从而增强了建筑物的整体刚度，提高了墙体抗变形能力。

构造柱一般设置在建筑物转角、楼梯间的四角，内外墙交接处，较大洞口两侧，其间距应满足《建筑抗震设计规范（2016 年版）》（GB 50011—2010）的相关规定。表 3-6 为多层砖砌体房屋构造柱设置要求。

表 3-6　多层砖砌体房屋构造柱设置要求

层数				设置部位	
6 度	7 度	8 度	9 度		
四、五	三、四	二、三		楼、电梯间四角，楼梯斜梯段上下端对应的墙体处； 外墙四角和对应转角； 错层部位横墙与外纵墙交接处； 大房间内外墙交接处； 较大洞口两侧	隔 12 m 或单元横墙与外纵墙交接处； 楼梯间对应的另一侧内横墙与外纵墙交接处
六	五	四	二		隔开间横墙(轴线)与外墙交接处； 山墙与内纵墙交接处
七	六	≥五	≥三		内墙(轴线)与外墙交接处； 内墙的局部较小墙垛处； 内纵墙与横墙(轴线)交界处

构造柱的最小截面尺寸为 240 mm×180 mm；竖向钢筋多用 4Φ12，箍筋间距不大于 250 mm，在距离圈梁上下不小于 1/6 层高或 500 mm 范围内，箍筋需加密至间距 100 mm；随建筑抗震设防烈度和层数的增加，建筑四角的构造柱可适当加大截面和钢筋等级。构造柱的施工方式是先砌墙成马牙状，后浇筑混凝土，并沿墙每隔 500 mm 设置 2Φ6 拉结钢筋，伸入墙体不小于 1 m。构造柱做法如图 3-24 所示。构造柱可不单独设置基础，但应深入室外地面以下 500 mm，或锚入浅于 500 mm 的基础圈梁内。

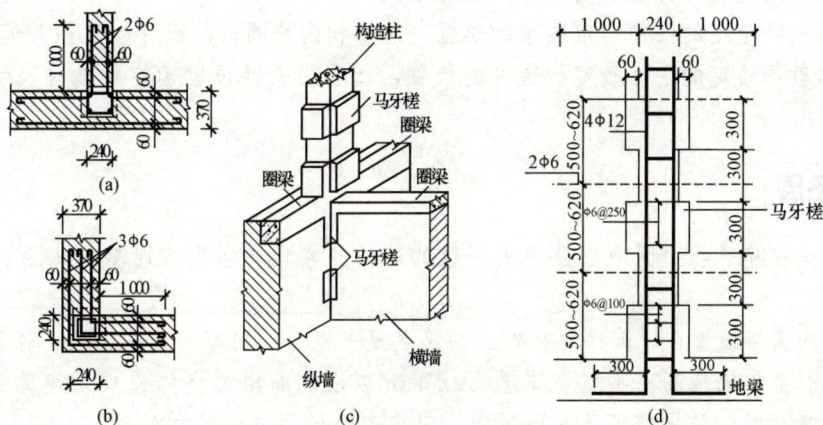

图 3-24　砖墙与构造柱

(a)外墙转角处构造柱；(b)内外墙交接处构造柱；
(c)构造柱示意；(d)某砖砌体建筑构造柱实例

混凝土小型空心砌块构造柱(芯柱)截面不宜小于 190 mm×190 mm；混凝土强度等级不应低于 Cb20；图 3-25 所示为砌块墙设构造柱示意。

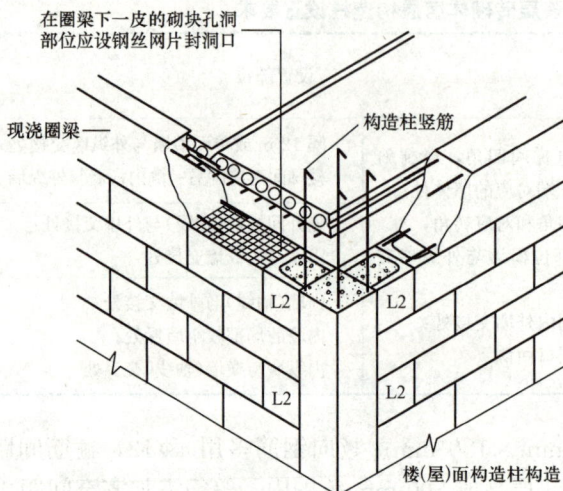

图 3-25　砌块墙设构造柱示意

墙体加固设计

任务实施

1. 讨论汶川地震时砖混结构破坏严重部位。

2. 根据教师给定的条件确定圈梁的位置，外墙和内墙圈梁的尺寸、配筋并绘图。

3. 根据教师给定的条件确定构造柱的位置，选取代表性位置确定构造柱尺寸、配筋并绘图。

知识拓展

防火墙是在建筑物平面中划分防火分区的墙体。它具有在火灾时截断火源，隔阻火势蔓延的作用。

防火墙应直接设置在建筑物的基础或钢筋混凝土框架、梁等承重结构上，轻质防火墙体可不受此限。防火墙应高出不燃烧体屋面 0.4 m 以上，高出燃烧体或难燃烧体屋面 0.5 m 以上。其他情况时，防火墙可不高出屋面，但应砌至屋面结构层的底面。

当建筑物的外墙为难燃烧体时，防火墙应凸出墙的外表面 0.4 m 以上，且在防火墙两侧的外墙应为宽度不小于 2.0 m 的不燃烧体，其耐火极限不应低于该外墙的耐火极限。当建筑物的外墙为不燃烧体时，防火墙可不凸出墙的外表面。紧靠防火墙两侧的门、窗洞口之间最近边缘的水平距离不应小于 2.0 m；但装有固定窗扇或火灾时可自动关闭的乙级防火窗时，该距离可不限。

建筑物内的防火墙不宜设置在转角处。如设置在转角附近，内转角两侧墙上的门、窗洞口之间最近边缘的水平距离不应小于 4.0 m。

防火墙上不应开设门窗洞口，当必须开设时，应设置固定的或火灾时能自动关闭的甲级防火门窗。

一、填空题

1. 圈梁的作用可提高 ＿＿＿＿＿＿＿＿＿＿＿＿＿＿，增强 ＿＿＿＿＿＿＿＿＿＿＿＿＿，减少＿＿＿＿＿＿＿＿＿＿＿＿。

2. 构造柱截面最小＿＿＿＿＿＿，竖向钢筋多用＿＿＿＿＿＿，墙与柱之间沿墙每＿＿＿＿＿＿拉结钢筋，每边伸入墙内＿＿＿＿＿＿。

3. 防火墙上如开设门窗应采用＿＿＿＿＿＿级防火门窗。防火墙高出非燃烧屋顶＿＿＿＿＿＿，燃烧屋顶＿＿＿＿＿＿。

二、实践题

分析某砖混结构建筑的圈梁和构造柱的布置情况。

任务四　墙体节能处理

🎯 任务描述

我国地域广阔，气候条件差异大，根据气候条件不同选择合适的墙体节能措施，并绘图表示外墙构造层次及做法。

📖 知识储备

一、建筑节能

1. 建筑节能途径

建筑物的总得热包括采暖设备供热、太阳辐射得热和建筑物内部得热（包括炊事、照明、家电和人体散热）。这些热量在通过围护结构的传热和通过门窗缝隙的空气向外渗透热损失向外散失。建筑物的总失热包括围护结构的传热热损失（占 70%～80%）和通过门窗缝隙的空气渗透热损失（占 20%～30%）。当建筑物的总得热和总失热达到平衡时，室内温度得以保持。因此，对于建筑物来说，节能的主要途径应是充分利用太阳辐射得热和建筑物内部得热的同时，尽可能减少建筑物总失热，最终达到节约采暖供能的目的。

2. 建筑节能要点

(1)选择有利于节能的建筑朝向，充分利用太阳能。

(2)选择有利于节能的建筑平面和体型。在体积相同的情况下，建筑物的外表面积越大，采暖制冷负荷也越大。因此，尽可能取最小的外表面积。

(3)改善外围护构件的保温性能，并尽量避免热桥。这是建筑构造中的一项主要节能措施。

(4)改进门窗设计。通过提高门窗的气密性，采用适当的窗墙面积比，增加窗玻璃层数，采用百叶窗帘、窗板等措施来提高门窗的保温隔热性能。

(5)重视日照调节与自然通风。理想的日照调节是夏季在确保采光和通风的条件下，尽量防止太阳热进入室内，冬季尽量使太阳热进入室内。

（6）采暖系统的节能。城市供暖实行城市集中供暖和区域供暖，可以大大提高热效率。在管网系统中，安设平衡阀，可以使管网系统达到水力平衡，与未安设平衡阀的不平衡系统相比，在保证所有房间满足规定室温的条件下，可以相对降低所供暖区域的平均室内温度，从而节约能源。

表3-7为我国的建筑热工分区及其建筑设计要求，做好墙体的节能需要先考虑建筑物所处的热工分区，然后确定墙体应采取的保温、隔热措施及合适的墙体构造层次。

表3-7　建筑热工分区及设计要求

分区名称	严寒地区	寒冷地区	夏热冬冷地区	夏热冬暖地区	温和地区
设计要求	必须充分满足冬季保温要求，一般可不考虑夏季防热	应满足冬季保温要求，部分地区兼顾夏季防热	必须满足夏季防热要求，适当兼顾冬季保温	必须充分满足夏季防热要求，一般不考虑冬季保温	部分地区应注意冬季保温，一般可不考虑夏季防热

二、墙体保温

（一）墙体保温措施

对于冬季有保温要求的建筑外墙应有足够的保温能力。寒冷地区冬季室内温度高于室外，热量从高温一侧向低温一侧传递。为减少热损失，可以从以下几个方面采取措施。

建筑节能设计

（1）通过对材料的选择，提高外墙保温能力，减少热损失。第一，增加墙体厚度，使传热过程缓慢，从而提高墙体保温能力，但是墙体加厚，会增加结构自重，占用建筑面积，是一种不经济、不实用的做法；第二，选择导热系数小的材料，如泡沫混凝土、加气混凝土、膨胀珍珠岩、膨胀蛭石、矿棉、木丝板、稻壳等构成墙体，但这些墙体强度不高，不能承受较大的荷载，一般用于框架填充墙；第三，采用复合保温墙体，解决保温和承重双重问题，但增加了施工难度和工程造价。

（2）采取隔蒸汽措施，防止外墙出现冷凝水。冬季，室内空气的温度和绝对湿度都比室外高，因此，在围护结构两侧存在着水蒸气压力差，水蒸气分子由压力高的一侧向压力低的一侧扩散，这种现象叫作蒸汽渗透。在渗透过程中，水蒸气遇到露点温度时，蒸汽含量达到饱和，并立即凝结成水，称为结露。当结露出现在围护结构表面时，会使内表面出现脱皮、粉化、发霉，影响人们的身体健康；结露出现在保温层内时，则使材料内饱含水分，使得保温材料降低保温效果，缩短使用年限。为避免这种情况产生，常在墙体保温层靠高温一侧，即蒸汽渗入的一侧，设置隔汽层。以防止水蒸气内部凝结。隔汽层一般采用卷材、隔汽涂料、薄膜及铝箔等防潮、防水材料。

（3）防止外墙出现空气渗透。墙体材料一般都不够密实，有很多微小的孔洞，墙体上设置的门窗等构件，因安装不密封或材料收缩等，会产生一些贯通性的缝隙。由于这些孔洞和缝隙的存在，在风压差及热压差的作用下，使空气由高压处通过围护构件流向低压处的现象称为空气的渗透。为了防止空气渗透造成热损失，一般采取的措施有：选择密实度高的墙体材料；墙体内外加抹灰层；加强构件间的密缝处理。

（4）热桥部位的保温。由于结构上的需要，外墙中常嵌有钢筋混凝土柱、梁、圈梁、过梁等构件，钢筋混凝土的传热系数大于砖的传热系数，热量很容易从这些部位传出去。因此，它们的内表面温度比主体部分的温度低，这些保温性能低的部位通常称为冷桥（或热桥），如图 3-26（a）所示。为避免和减少热桥的影响，应避免嵌入构件内外贯通，采取局部保温措施；如在寒冷地区，外墙中的钢筋混凝土过梁可做成 L 形，并在外侧加保温材料；对于框架柱，当柱子位于外墙内侧时，可根据需要进行保温处理，如图 3-26（b）所示。

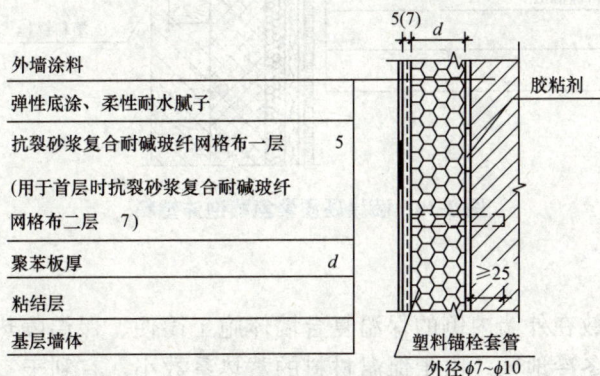

图 3-26 热桥及热桥保温处理
（a）热桥现象；（b）热桥保温处理

（二）墙体保温做法

1. 外墙外保温

外墙外保温是一种将保温隔热材料放在外墙外侧（即低温一侧）的复合墙体，它具有较强的耐候性、防水性和防蒸汽渗透性。同时，具有绝热性能优越，能消除热桥，减少保温材料内部凝结水的可能性，便于室内装修等优点。但是，由于保温材料做在室外，直接受到阳光照射和雨雪的侵袭，因而对此种墙体抗变形能力和防止材料脱落及防火安全等方面的要求更高。

常见的外墙外保温做法有聚苯板薄抹灰系统（图 3-27）、胶粉聚苯颗粒保温浆料系统（图 3-28）、模板内置聚苯板现浇混凝土系统（图 3-29）、喷涂硬质聚氨酯泡沫塑料系统（图 3-30）等。

图 3-27 聚苯板薄抹灰系统

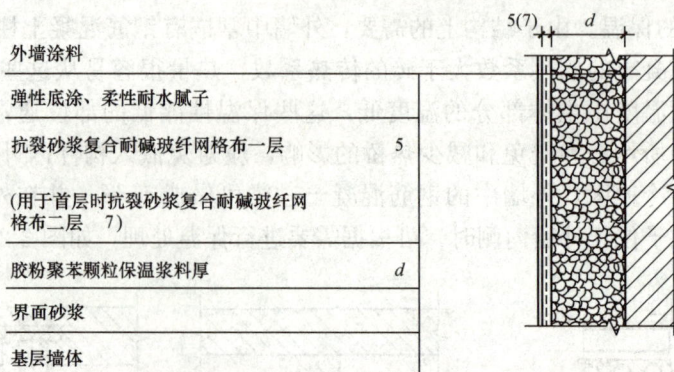

图 3-28　胶粉聚苯颗粒保温浆料系统

外墙涂料

弹性底涂、柔性耐水腻子

抗裂砂浆复合耐碱玻纤网格布一层　　　　5

（用于首层时抗裂砂浆复合耐碱玻纤网格布二层　7）

胶粉聚苯颗粒保温浆料厚　　　　　　　d

界面砂浆

基层墙体

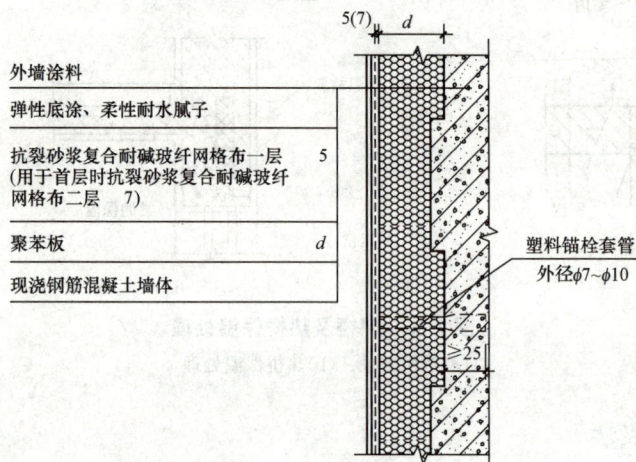

图 3-29　模板内置聚苯板现浇混凝土系统

外墙涂料

弹性底涂、柔性耐水腻子

抗裂砂浆复合耐碱玻纤网格布一层　5
（用于首层时抗裂砂浆复合耐碱玻纤网格布二层　7）

聚苯板　　　　　　　　　　d

现浇钢筋混凝土墙体

塑料锚栓套管
外径φ7~φ10

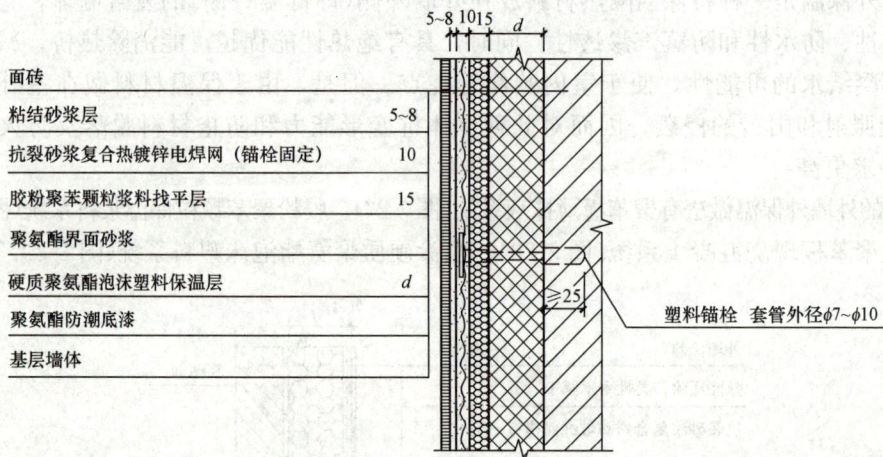

图 3-30　喷涂硬质聚氨酯泡沫塑料

面砖

粘结砂浆层　　　　　　　　　　5~8

抗裂砂浆复合热镀锌电焊网（锚栓固定）　10

胶粉聚苯颗粒浆料找平层　　　　　15

聚氨酯界面砂浆

硬质聚氨酯泡沫塑料保温层　　　　d

聚氨酯防潮底漆

基层墙体

塑料锚栓　套管外径φ7~φ10

2. 外墙内保温

　　将保温隔热材料放在外墙内侧的保温复合墙体施工简便、保温隔热效果好、综合造价低，特别适用于夏热冬冷地区。由于保温材料的蓄热系数小，有利于室内温度的快速升高或降低，适用范围广泛。

常见的内保温做法有增强粉刷石膏聚苯板系统(图 3-31)、胶粉聚苯颗粒保温浆料系统(图 3-32)。

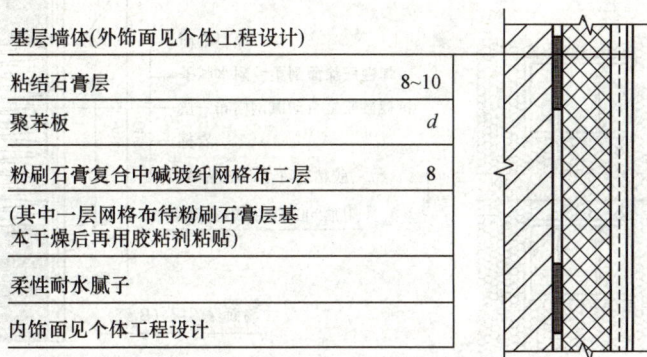

基层墙体(外饰面见个体工程设计)	
粘结石膏层	8~10
聚苯板	d
粉刷石膏复合中碱玻纤网格布二层	8
(其中一层网格布待粉刷石膏层基本干燥后再用胶粘剂粘贴)	
柔性耐水腻子	
内饰面见个体工程设计	

图 3-31　增强粉刷石膏聚苯板系统

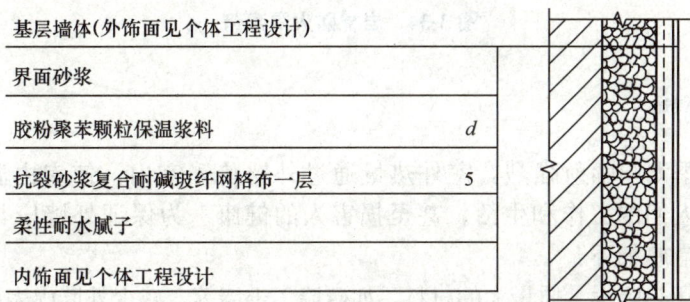

基层墙体(外饰面见个体工程设计)	
界面砂浆	
胶粉聚苯颗粒保温浆料	d
抗裂砂浆复合耐碱玻纤网格布一层	5
柔性耐水腻子	
内饰面见个体工程设计	

图 3-32　胶粉聚苯颗粒保温浆料系统

3. 外墙夹心保温

在复合墙体保温形式中，为了避免蒸汽由室内高温一侧向室外低温一侧渗透，在墙内形成凝结水，或为了避免受室外各种不利因素的袭击，常采用半砖或其他预制板材加以处理，使外墙形成夹心构件，即双层结构的外墙中间放置保温材料，或留出封闭的空气间层。外墙夹心保温构造举例，如图 3-33 所示。

保温墙体防火的主要要求如下：

(1)设置人员密集场所的建筑，其外保温材料的燃烧性能应为 A 级。

图 3-33　外墙夹心保温构造

1—90 装饰混凝土小砌块；
2—空气层；3—挤塑聚苯板；
4—190 混凝土小砌块；5—内抹灰层

(2)除设置人员密集场所的建筑外，与基层墙体、装饰层之间有空腔的建筑外墙外保温系统，其保温材料应符合：建筑高度大于 24 m 时，保温材料的燃烧性能；建筑高度不大于 24 m 时，保温材料的燃烧性能不应低于 B 级的规定。

(3)保温材料的燃烧性能为 B_1、B_2 级时，保温材料两侧的墙体应采用不燃材料且厚度不应小于 50 mm。

(4)保温材料的燃烧性能为 B_1、B_2 级时，应在保温系统中每层设置防火隔离带，防火隔离带应采用燃烧性能应为 A 的材料，防火隔离带的高度不小于 300 mm，如图 3-34 所示。

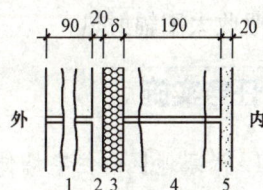

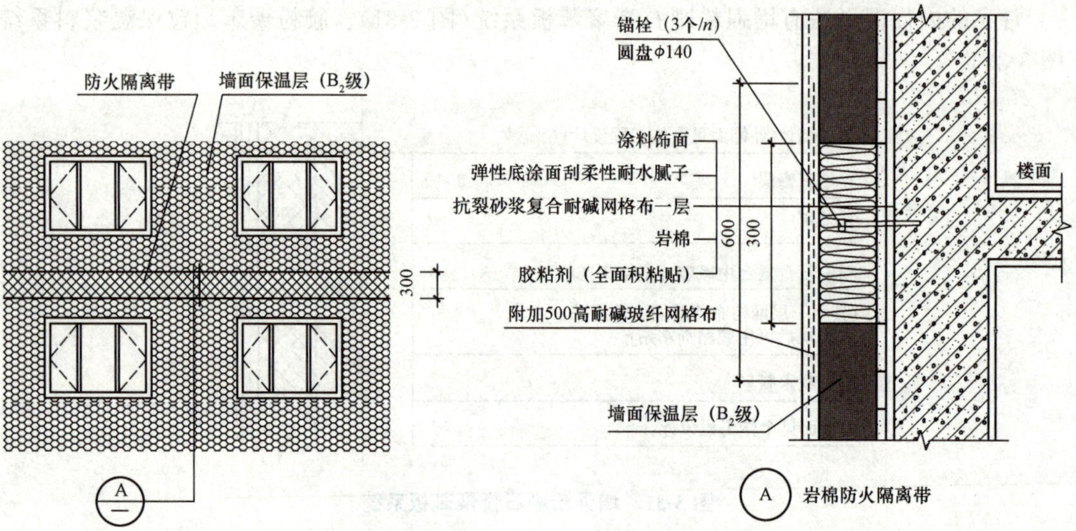

图 3-34 岩棉防火隔离带

三、墙体隔热

炎热地区夏季太阳辐射强烈，室外热量通过外墙传入室内，使室内温度升高，产生过热现象，影响人们的工作和生活，甚至损害人的健康。为保证外墙应具有足够的隔热能力，应采取的措施如下：

(1)外墙宜选用热阻大、质量大的材料，如砖墙、土墙等，减少外墙内表面的温度波动。

(2)外墙表面应选用光滑、平整、浅色的材料，以增加对太阳光的反射。

(3)在外墙内部设置通风间层，利用空气的流动带走热量降低外墙内表面温度。

在建筑设计过程中也可采用降低墙体周围室外温度的方法：如在窗口外侧设置遮阳设施，以遮挡太阳光直射室内；在外墙外表面种植攀绿植物，利用植物的遮挡、蒸发、光合作用吸收太阳辐射热。

⚙ 任务实施

1. 严寒地区的住宅墙体的节能处理。

(1)分析墙体主要应采取保温措施还是隔热措施。

(2)如需保温，需要从哪些方面入手。

(3)如采用保温复合墙体，选择合适的类型并绘图表示其构造层次及做法。

2. 夏热冬冷地区的住宅墙体的节能处理。

(1)分析墙体主要应采取保温措施还是隔热措施。

(2)如采用保温复合墙体，选择合适的类型并绘图表示其构造层次及做法。

(3)如采取隔热措施分析应从哪些方面入手。

📖 知识拓展

建筑墙体节能材料的发展现状

在建筑中，墙体、屋面等围护结构材料的热工性能决定着整个结构的热损耗量，因此，建筑墙体的改革与墙体节能技术的发展、应用是建筑节能的一个最重要的环节，发展外围护结构的保温技术及推广应用节能材料是建筑节能的主要实现方式。自1973年全球能源危机以来，世界上许多国家加紧了建筑节能标准、法规和法令的制定与实施，使用了大量的保温绝热材料，并取得了显著的节能效益。我国原建设部、原国家计经委和国家建材局于1987年发出关于实施《民用建筑节能设计标准》中，明确提出新建住宅建筑要普遍采用保温材料，提高墙体及屋面的热阻，使建筑保温节能材料得到一定程度的应用，但由于过分追求降低建筑的一次性投资，至今推广甚慢。

国内外墙体材料改革的一个重要趋势是将结构材料与高效保温材料组成复合墙体及屋面，以较少的能耗获得最大的经济、社会和环境效益。我国自墙体改革以来，轻质墙、加气混凝土、石膏板、石膏空心条板、纸面石膏板、空心砌块、空心砖的推广应用取得一定的节能效益。多年来，已发展了多种轻质大板材料及结构，如GRC板、夹芯板、彩钢泡沫夹芯板、岩棉及玻璃棉夹芯板、水泥聚苯板等，实践表明各有特色。但由于存在价格高、防火等级差，吸潮、吸湿、吸水率大，结构设计及施工规范不配套等诸多不足，目前建筑设计标准往往无法接受。屋面保温仍较多采用传统的水泥珍珠岩、加气混凝土块、沥青，也有采用聚苯板等有机泡沫保温。

外墙保温根据保温层位置的不同可分为外墙外保温、外墙内保温和中空夹芯复合墙体保温三种。此外，憎水珍珠岩及硅酸盐复合绝热涂料作墙体与屋面保温，取得较好的使用效果及节能效益。国内外建筑节能保温材料的发展趋势是一致的，在节能的同时，更应注重绿色建材，强调环保效益。我国是一个人口大国，对能源的消耗很大，加强环保节能材料的研制工作是一个必然趋势，加强对粉煤灰等废弃物的利用，开发生态水泥等环保材料，加快节能环保的步伐。总之，我国在加快发展建筑保温材料及技术的开发和应用的同时，还应大力推广绿色材料。

能力训练

一、单选题

1. 提高外墙保温能力，可采用（　　）。

①选用热阻较大的材料作外墙；②选用质量大的材料作外墙；③选用孔隙率高、密度小（轻）的材料作材料；④防止外墙产生凝结水；⑤防止外墙出现空气渗透

    A. ①③④   B. ①②⑤

    C. ②⑤   D. ①③④⑤

2. 为提高墙体的保温与隔热性能，不可采取的做法是（　　）。

    A. 增加外墙厚度   B. 采用组合墙体

    C. 在靠室外一侧设隔汽层   D. 选用浅色的外墙装修材料

二、实践题

绘制典型墙体保温构造图。

任务五　隔墙构造认知

任务描述

根据不同的建筑功能和标准选择恰当的隔墙类型，并作出隔墙节点构造图，包括隔墙墙身构造、隔墙与上下楼板的连接等。

知识储备

隔墙是建筑中不承受任何外来荷载，只起分隔室内空间作用的墙体。

一、隔墙的要求

根据不同的使用要求，各类隔墙的构造有不同的特点。
(1)质轻，有利于减轻楼板的荷载；
(2)厚度薄，增加建筑的有效空间；
(3)有一定的隔声能力，避免各房间干扰；
(4)便于拆装，能随着使用要求的改变而变化；
(5)根据使用部位不同还需满足，如防潮、防水、防火等要求。
常用隔墙有砌筑隔墙、骨架隔墙和条板隔墙三大类。

二、隔墙的构造

(一)砌筑隔墙

砌筑块材隔墙是指用普通砖、空心砖及各种轻质砌块砌筑的隔墙。常用的有普通砖隔墙和砌块隔墙两种。

1. 砖隔墙

砖隔墙有1/2砖隔墙和1/4砖隔墙之分。对1/2砖墙，当采用M2.5级砂浆砌筑时，其高度不宜超过3.6 m，长度不宜超过5 m。当采用M5级砂浆砌筑时，其高度不宜超过4 m，长度不宜超过6 m。否则，在构造上除砌筑时应与承重墙牢固搭接外，还应在墙身每隔1.2 m高处加2φ6拉结钢筋予以加固。另外，砖隔墙顶部与楼板或梁相接处，不宜过于填实，或使砖砌体直接接触楼板和梁，应将上两皮砖斜砌或留有30 mm的空隙，然后填塞墙与楼板间的空隙，以防止楼板或梁产生挠度致使隔墙被压坏，如图3-35所示。

对1/4砖墙，高度不应超过3 m，宜用M5级砂浆砌筑。一般多用于面积不大且无门窗的墙体。隔墙上有门时，要用预埋铁件或用带有木楔的混凝土预制块将砖墙与门框拉接牢固。砖隔墙坚固耐久，有一定的隔声能力，但质量大，施工速度慢。

2. 砌块隔墙

砌块隔墙是指采用各种空心砌块、加气混凝土块、粉煤灰硅酸盐块等砌筑的隔墙，大都具有质量轻、孔隙率大、保温隔热性能好、节省黏土等优点，但其吸水性强，一般应先在隔墙下部实砌3~5皮烧结实心砖，如图3-36所示。砌块较薄，也需采取措施，加强其稳定性。其方法与普通砖隔墙相同。

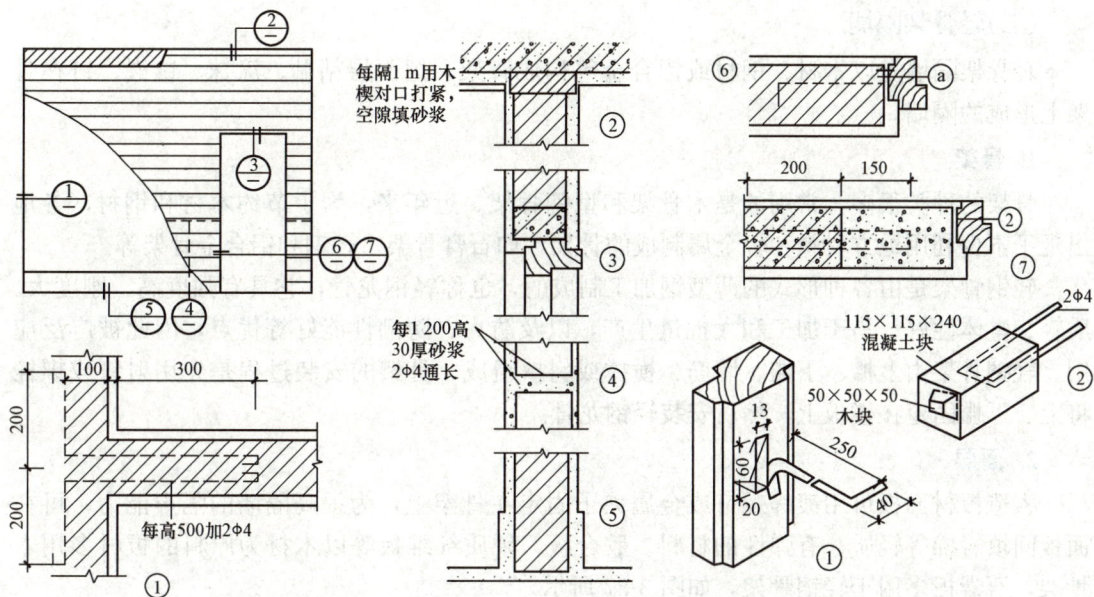

每隔1 m用木
楔对口打紧，
空隙填砂浆

每1 200高
30厚砂浆
2Φ4通长

115×115×240
混凝土块

50×50×50
木块

100 300

200

200

每高500加2Φ4

图 3-35 砖隔墙

墙高>4 m时设钢筋混凝土带

木楔挤紧

每1 200高
30厚砂浆
2Φ4通长

100 200

200

200

每隔三皮空心砖放2Φ4

400×180×115
水泥炉渣空心砖

图 3-36 砌块隔墙

(二)轻骨架隔墙

轻骨架隔墙是以木材、钢材或铝合金等构成骨架,把面层粘贴、涂抹、镶嵌、钉在骨架上形成的隔墙。

1. 骨架

骨架的种类很多,常用的是木骨架和型钢骨架。近年来,为了节约木材和钢材,各地出现了不少利用地方材料和轻金属制成的骨架,如石膏骨架、轻钢和铝合金骨架等。

轻钢骨架是由各种形式的薄型钢加工制成的,也称轻钢龙骨,它具有强度高、刚度大、质轻、整体性好、易于加工和大批量生产,以及防火、防潮性能好等优点,因此被广泛应用。轻钢骨架由上槛、下槛、墙筋、横撑或斜撑组成。骨架的安装过程是先用射钉或螺栓将上、下槛固定在楼板上,然后安装轻钢龙骨。

2. 面层

人造板材面板可用镀锌螺钉或金属夹子固定在骨架上,为提高隔墙的隔声能力,可在面板间填岩棉等轻质、有弹性的材料。胶合板、硬质纤维板等以木材为原料的板材多用木骨架,石膏板多用于轻钢骨架,如图 3-37 所示。

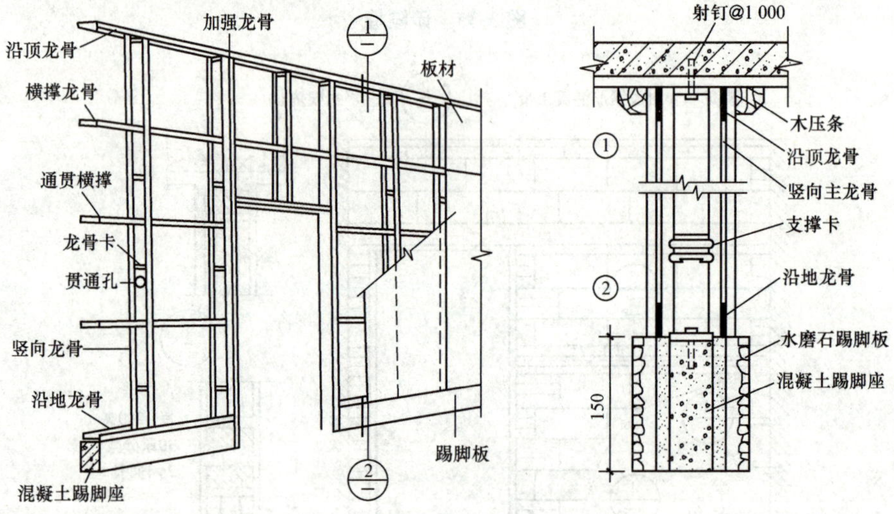

图 3-37　轻钢骨架隔墙

(三)条板隔墙

条板隔墙是采用工厂生产的制品板材,用粘结材料拼合固定形成的隔墙。条板隔墙单板相当于房间净高,面积较大,不依赖于骨架直接装配而成;它具有质量轻、安装方便、施工速度快、工业化程度高等特点。常见的条板有加气混凝土条板、石膏条板、碳化石灰板、泰柏板及各种复合板等。条板的厚度大多为 60~100 mm,宽度为 600~1 200 mm。为便于安装,条板长度略小于房间净高。安装时,板下留设 20~30 mm 缝隙,用小木楔顶紧,板下缝隙用细石混凝土堵严。条板安装完毕后,用胶泥刮平板缝后即可做饰面。图 3-38 所示为碳化石灰条板隔墙的举例。

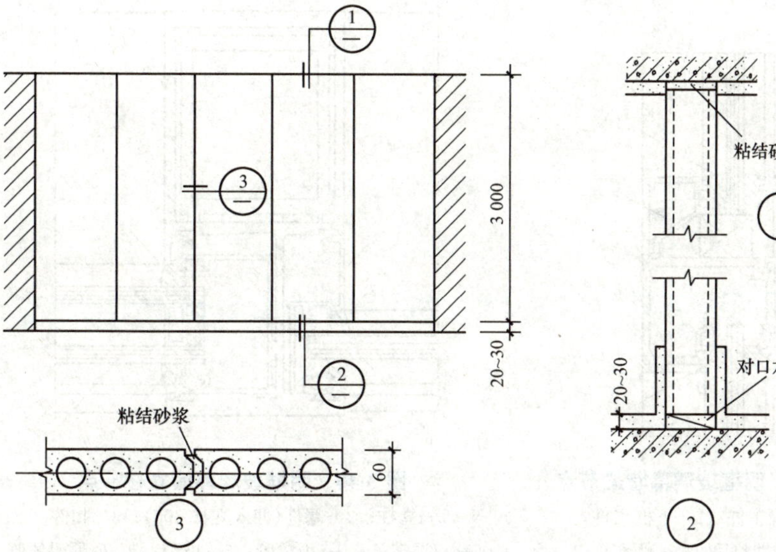

图 3-38 碳化石灰条板隔墙

⚙ **任务实施**

1. 确定砖混结构学生宿舍卫生间隔墙的材料及墙体厚度，并绘制隔墙与上部楼板的连接处的详图。

2. 绘制墙体材料为小型空心砌块的框架结构学生宿舍卫生间隔墙上下楼板连接处的详图。

隔墙构造

📖 **知识拓展**

幕墙通常是指悬挂在建筑物结构表面的非承重墙。幕墙按所用材料可分为玻璃幕墙、铝板幕墙、钢板幕墙、混凝土幕墙、塑料板幕墙和石材幕墙等。其中，应用最广泛的是玻璃幕墙。

玻璃幕墙主要是应用玻璃饰面材料覆盖建筑物的表面。玻璃幕墙的质量及受到的风荷载通过连接件传递到建筑物的结构上。玻璃幕墙质量轻、用材单一、更换性强、效果独特。但考虑到能源损耗、光污染等问题，故不能滥用。

玻璃幕墙所用材料，基本上有幕墙玻璃、骨架材料和填缝材料三种。幕墙玻璃主要有热反射玻璃（镜面玻璃）、吸热玻璃（染色玻璃）、双层中空玻璃及夹层玻璃、夹丝玻璃、钢化玻璃等品种。玻璃幕墙的骨架主要由构成骨架的各种型材，以及连接与固定用的各种连接件、紧固件组成。填缝材料一般是由填充材料、密封材料与防水材料组成的。

1. 有骨架玻璃幕墙

(1)外露骨架玻璃幕墙。外露骨架玻璃幕墙的玻璃板镶嵌在铝框内，成为四边有铝框的幕墙构件。幕墙构件镶嵌在横框及立柱上，形成框、立柱均外露，铝框分格明显。横框和立柱本身兼龙骨及固定玻璃的双重作用。横梁上有固定玻璃的凹槽，不用其他配件。图 3-39、图 3-40 所示为外露骨架玻璃幕墙的节点构造。

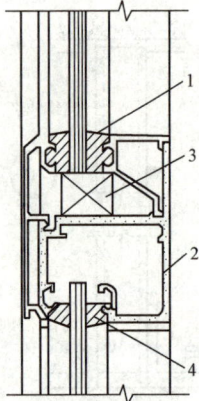

图 3-39　明框玻璃幕墙梁节点

1—上框主件；2—下框主件；
3—弹性垫块；4—耐候胶

图 3-40　明框玻璃幕墙立柱节点

1—立柱；2—塞件(伸入立柱300)；3—扣件；
4—双层玻璃；5—丙烯胶；6—玻璃；7—硅酮耐候胶

　　(2)隐蔽骨架玻璃幕墙。隐蔽骨架玻璃幕墙是指玻璃用结构胶直接粘固在骨架上，外面不露骨架的幕墙。玻璃安装简单，幕墙的外观简洁大方。图 3-41 所示为隐蔽骨架玻璃幕墙的节点构造。

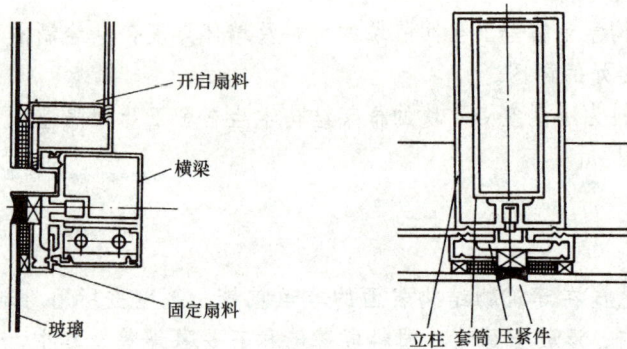

图 3-41　隐蔽骨架玻璃幕墙节点

　　2. 无骨架玻璃幕墙

　　无骨架玻璃幕墙也称为全玻璃幕墙，它由面玻璃和肋玻璃组成，面玻璃与肋玻璃相交部位应留出一定的间隙，用以注满硅酮系列密封胶，做法如图 3-42 所示。全玻璃幕墙所用的玻璃，多为钢化玻璃和夹层钢化玻璃。在建筑物底层及旋转餐厅，为满足游览观光需要，有时需要采取完全透明，无遮挡的全玻璃幕墙。

　　3. 点式玻璃幕墙

　　点式玻璃幕墙全称为金属支承结构点式玻璃幕墙，是采用计算机设计的现代结构技术和玻璃技术相结合的一种全新建筑空间结构体系，幕墙骨架主要由无缝钢管、不锈钢拉杆(或再加拉索)和不锈钢爪件所组成，它的面玻璃在角位打孔后，用金属接驳件连接到支承结构的全玻璃幕墙上。玻璃是用不锈钢爪件穿过玻璃上预钻的孔得以可靠固定的，如图 3-43 所示。

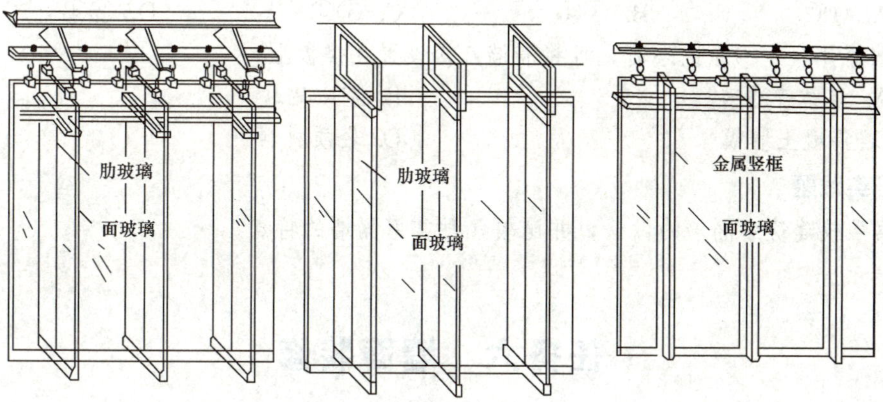

图 3-42　全玻璃幕墙支承系统

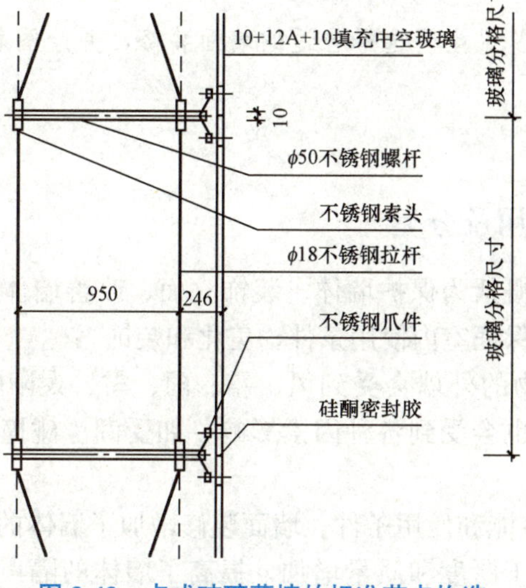

图 3-43　点式玻璃幕墙的标准节点构造

能力训练

一、单选题

1. 半砖墙的顶部与楼板交接处应连接紧密, 在构造措施上常在顶部采用(　　)方法进行处理。

　　A. 浇筑细石混凝土　　　　　　　　B. 抹水泥砂浆

　　C. 立砖斜砌　　　　　　　　　　　D. 半砖顺砌

2. 隔墙自重由(　　)承受。

①柱; ②墙; ③楼板; ④小梁; ⑤基础

　　A. ①③　　　　　B. ③④　　　　　C. ③　　　　　D. ①⑤

3. 在下列隔墙中, 适用于卫生间隔墙的有(　　)。

①轻钢龙骨纸面石膏板隔墙; ②砖砌隔墙; ③木龙骨灰板条隔墙; ④轻钢龙骨钢板网抹灰隔墙

A. ①②　　　　B. ③④　　　　C. ①④　　　　D. ②④

4. 当采用（　　　）做隔墙时，可将隔墙直接设置在楼板上。

A. 烧结普通砖　　　　　　　　B. 空心砌块

C. 混凝土墙板　　　　　　　　D. 轻质材料

二、实践题

观察学校建筑中隔墙的做法，并比较几种常用隔墙的特点。

任务六　墙面装修

任务描述

为住宅的客厅、卧室、卫生间选择合适的墙面装修，并绘图表示相应构造。

知识储备

一、墙面装修的作用及分类

外墙饰面的作用可以概括为保护墙体、装饰立面、改善墙体物理性能。内墙饰面的作用可以概括为保护墙体，保证室内使用条件，美化和装饰。

（1）保护墙体。建筑物的外墙会受到风、霜、雨、雪、太阳辐射等各种不利因素的侵袭，而内墙在使用过程中也会受到各种因素影响，如受潮、碰撞等。因此，应对墙面装修保护墙体。

（2）改善墙体的物理性能和使用条件。墙面装修增加了墙体的厚度及密封性，提高了墙体的保温性能。同时，由于厚度和质量增加，提高了墙体的隔声能力；光洁、平整、浅色的墙体可以增加对光线的反射，提高室内照度。同时，经过装修的墙面容易清洁，有助于改善室内的卫生环境。

（3）美化和装饰。进行墙面装修，可根据室内外环境的特点，合理运用不同建筑饰面材料的质地色彩，通过巧妙组合，创造出优美和谐的室内外环境，给人以美的感受。

墙面装修按其位置不同，可分为外墙面和内墙面装修两大类。按材料和施工方法，可分为抹灰类、贴面类、涂料类、裱糊类、铺钉类。其中，裱糊类仅适用于室内墙面，其他几类室内外均可。

二、墙面装修的构造

（一）抹灰类墙面装修

抹灰类装修包括各种灰浆抹面及小石子饰面等，可以通过各种工艺直接形成饰面层，广泛应用于内墙和外墙的装修。其材料来源广泛、施工操作简便、造价低，通过改变工艺可获得不同的装饰效果，因此，在墙面装修中应用广泛。其缺点是耐久性低，易干裂、变色，多为手工湿作业施工，工效较低。该类装修属中低档装饰，可用于室内外墙面。

1. 抹灰墙面的层次

抹灰墙面的组成与基本做法墙面抹灰通常由三层构成，即底层、中层、面层，如图 3-44 所示。

(1)底层主要起与基层的粘结及初步找平的作用。底层的选用与基层材料有关，对砖、石墙可采用水泥砂浆或混合砂浆打底，当基层为板条基层时，应采用石灰砂浆作底灰，并在砂浆中掺入麻刀或其他纤维。轻质混凝土砌块墙的底灰多用混合砂浆或聚合物砂浆。对混凝土墙或湿度大的房间或有防水、防潮要求的房间，底灰宜选用水泥砂浆。

图 3-44 抹灰墙面的层次

基层
10~15厚底层
5~12厚中层
3~5厚面层

(2)中层抹灰主要起找平作用，其所用材料与底层基本相同，也可以根据装修要求选用其他材料。

(3)面层抹灰主要起装修作用，要求表面平整、色彩均匀、无裂缝，可以做成光滑、粗糙等不同质感的表面。

抹灰按质量要求和主要工序划分为普通抹灰、中级抹灰、高级抹灰。普通抹灰由 1 层底层和 1 层面层组成，适用于简易宿舍、仓库等。中级抹灰由 1 层底层、1 层中层、1 层面层组成，适用于住宅、办公楼、学校、旅馆及高标准建筑物中的附属房间。高级抹灰由 1 层底层、数层中层、1 层面层组成，适用于公共建筑、纪念性建筑，如剧院、展览馆等。

2. 常见抹灰种类、做法

抹灰可分为一般抹灰和装饰抹灰两类。一般抹灰有石灰砂浆抹灰、混合砂浆抹灰、水泥砂浆抹灰、聚合物水泥砂浆、纸筋灰等；装饰抹灰有水刷石、干粘石、斩假石等。常见做法如图 3-45 所示。

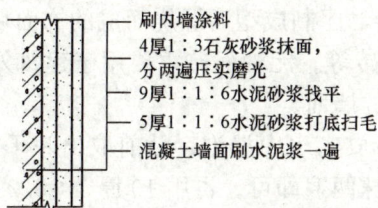

刷内墙涂料
4厚1:3石灰砂浆抹面，分两遍压实磨光
9厚1:1:6水泥砂浆找平
5厚1:1:6水泥砂浆打底扫毛
混凝土墙面刷水泥浆一遍

(a)

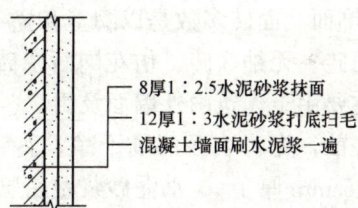

8厚1:2.5水泥砂浆抹面
12厚1:3水泥砂浆打底扫毛
混凝土墙面刷水泥浆一遍

(b)

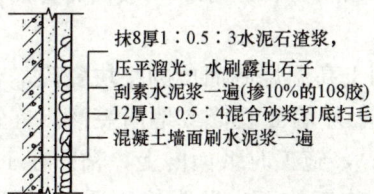

抹8厚1:0.5:3水泥石渣浆，压平溜光，水刷露出石子
刮素水泥浆一遍(掺10%的108胶)
12厚1:0.5:4混合砂浆打底扫毛
混凝土墙面刷水泥浆一遍

(c)

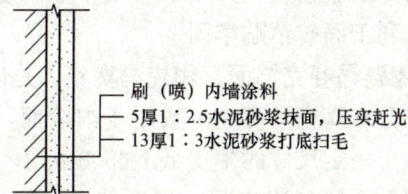

刷（喷）内墙涂料
5厚1:2.5水泥砂浆抹面，压实赶光
13厚1:3水泥砂浆打底扫毛

(d)

图 3-45 几种常见的内墙抹灰做法

(a)混凝土内墙抹石灰砂浆；(b)混凝土外墙抹水泥砂浆；(c)混凝土外墙水刷石；(d)砖内墙抹水泥砂浆

外墙抹灰要先对墙面进行分格，以防止面层开裂，便于施工接槎或对墙面进行立面处

理。分格设缝的方法有凹线(图 3-46)、凸线和嵌线三种形式。缝宽以不小于 20 mm 为宜。

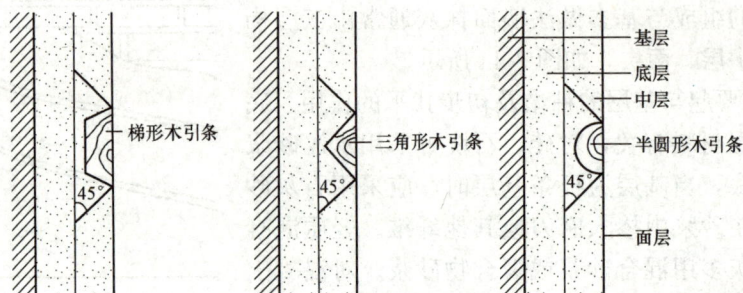

图 3-46 墙面凹线脚作法

由于室内抹灰材料强度较差,内墙阳角、门窗洞口、柱子四角等处需用强度较高的 1:2 水泥砂浆抹出护角,如图 3-47 所示。

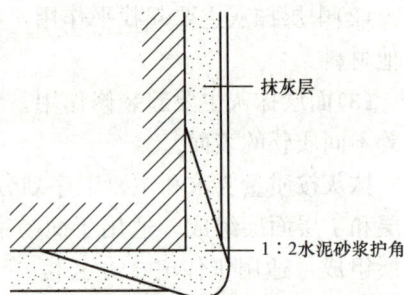

图 3-47 护角做法

(二)贴面类墙面装修

贴面类装修是以天然石材或人工石材镶贴在墙面上的装修方法。贴面类装修能充分利用各种材料的特点,用以改善房屋的使用条件和观感效果。由于饰面制品是预制的,给施工创造了缩短工期、保证质量、提高工厂化程度的条件。

1. 直接镶贴饰面

直接镶贴饰面由找平层、结合层、面层组成。找平层为底层砂浆;结合层为粘结砂浆;面层为块状材料。用于直接之间镶贴的材料有陶瓷制品(陶瓷马赛克、釉面砖等)、小块天然大理石或人造大理石、碎拼大理石、玻璃马赛克等。

(1)面砖饰面。面砖多数是以陶土和瓷土为原料,压制成型后煅烧而成的饰面块。常见的面砖有釉面砖、无釉面砖、仿花岗石瓷砖、劈离砖等。无釉面砖主要用于建筑外墙面装修;釉面砖主要用于建筑内外墙面及厨房、卫生间的墙面。

面砖安装前,先将表面清洗干净,然后将面砖放入水中浸泡,贴前取出晾干或擦干。安装时先抹 15 mm 厚 1:3 水泥砂浆做底层,分层抹两遍即可。再用 10 厚 1:0.2:2.5 水泥石灰膏砂浆或用掺有 108 胶(水泥用量的 5%~10%)的 1:2.5 水泥砂浆满刮于面砖背面,然后将面砖贴于墙上,并用 1:1 水泥细砂浆填缝,如图 3-48 所示。一般面砖背面有凹凸纹路,更有利于面砖粘贴牢固。

(2)陶瓷马赛克饰面。陶瓷马赛克,是以优质陶土高温烧制而成的小块瓷砖,有挂釉和不挂釉之分。陶瓷马赛克一般用于内墙面,也可用于外墙面装修或地面装修。首先,将其正面粘贴于一定尺寸的牛皮纸上(500 mm×500 mm),施工时纸面向上,粘贴在 1:1 水泥细砂砂浆上,待砂浆半凝,将纸洗去,校正缝隙,修正饰面。此类饰面质地坚硬、耐磨、耐酸碱、不易变形,价格便宜,但较易脱落。

(3)大规格陶板饰面。厚度在 10 mm 以内的轻质陶板,可采用水泥砂浆粘贴。采用缝隙为 10 mm×10 mm 或 20 mm×10 mm 的分格缝粘贴,粘贴构造同面砖。

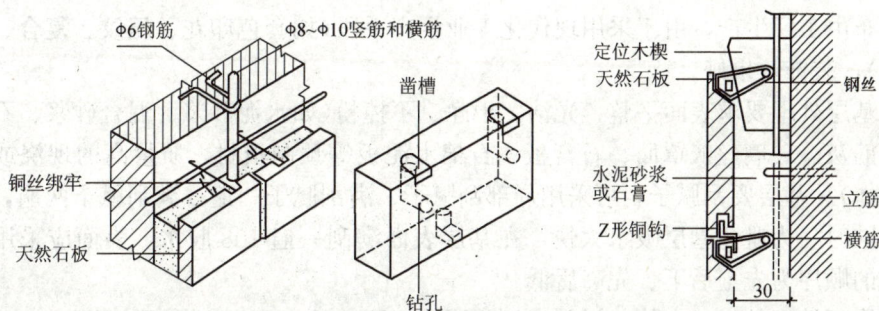

图 3-48　面砖饰面做法

基层
15厚1:3水泥砂浆打底
10厚1:0.2:2.5水泥石灰混合砂浆
面砖贴面
1:1水泥砂浆勾缝

面砖
粘结砂浆　背部凹槽

2. 贴挂类饰面

板材厚度较大，尺寸规格较高的石板安装方法可分为湿挂法（或称贴挂整体法）和干挂法（或称钩挂件固定法）。湿挂法由于石材背面需灌注砂浆，易污染板面，板面易泛碱，影响装饰效果；干挂石材法是用一组高强度耐腐蚀的金属连接件，将饰面石材与结构可靠地连接，其间不做灌浆处理。它具有装饰效果好、施工不受季节限制、无湿作业、施工速度快、效率高等优点。

（1）湿挂法。湿挂法由于石板面积大，质量重，为保证石板饰面的坚固和耐久，一般应先在墙身或柱内预埋外露 50 mm 以上并弯钩的钢筋，间距约为 500 mm。在φ6 钢筋内立 φ8～φ10 竖筋和横筋，形成钢筋网，再用双股铜线穿过事先在石板上钻好的孔眼，将石板绑扎在钢筋网上。上下两块石板用 Z 形铜钩或不锈钢卡销固定。石板与墙之间一般有 30 mm 左右缝隙，上部用定位活动木楔做临时固定，校正无误后，在板与墙之间分层浇筑 1：2.5 或 1：3 水泥砂浆，灌浆高度不宜太高，一般少于此块板高的 1/3，待其凝固后，再灌注上一层，依次施工，如图 3-49 所示。

φ6钢筋　　φ8～φ10竖筋和横筋
凿槽
铜丝绑牢
天然石板
钻孔

定位木楔
天然石板
钢丝
水泥砂浆或石膏
立筋
Z形铜钩
横筋
30

图 3-49　大理石贴面构造

（2）干挂法。干挂法挂件与主体结构的固定有两种方法：一种通过膨胀螺栓或预埋铁件直接将挂件固定，通常用于可以承重的墙体或柱；另一种通过安装金属骨架（型钢骨架和铝材骨架）使挂件固定，通常用于框架填充墙等非承重墙体。图 3-50 所示为干挂法直接固定挂件的构造做法示意。

(三)涂料类墙面装修

涂料类装修是采用石灰浆、大白浆、水泥浆及各种涂料涂刷墙面，是装修面层做法中较简便的一种方式。其优点是省工、省料、工期短、工效高、质轻、更方便和造价低；缺点是耐久年限短。

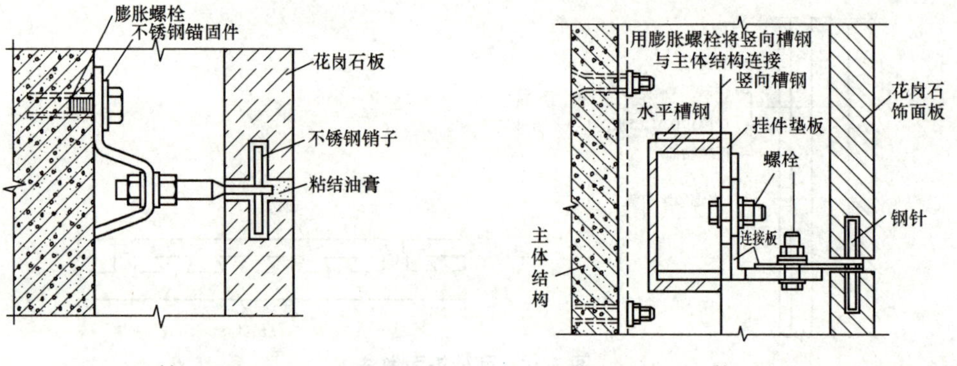

图 3-50 干挂法构造做法示意

(a)直接固定；(b)设有骨架

常用于外墙的涂料有苯乙烯-丙烯酸酯乳液涂料、丙烯酸酯系外墙涂料、聚氨酯系外墙涂料、合成树脂乳液砂浆状涂料等；常用于内墙的涂料有聚乙烯醇水玻璃涂料、聚醋酸乙烯乳液涂料、醋酸乙烯-丙烯酸酯有光乳液涂料、多彩涂料等。

建筑涂料的施涂方法一般可分为刷涂、滚涂和喷涂三种。施涂溶剂型涂料时，后一遍涂料必须在前一遍涂料干燥后进行，否则易发生皱皮、开裂等质量问题。施涂水溶性涂料时，要求与做法同上。每遍涂料均应施涂均匀，各层应结合牢固。在湿度较大，特别是遇明水部位的外墙和厨房、卫生间、浴室等房间内施涂涂料时，应选用耐洗刷性较好的涂料和耐水性能好的腻子材料(如聚醋酸乙烯乳液水泥腻子等)。用于外墙的涂料不仅应具有良好的耐水性、耐碱性，还应具有良好的耐洗刷性、耐冻融循环性、耐久性和耐粘污性。

(四)裱糊类墙面装修

裱糊类墙面多用于内墙面的装修，是将各种装饰壁纸或壁布裱糊在墙面上的装修方法。壁纸或壁布由工厂生产，由于采用现代化工业生产手段(如套色印花、压纹、复合、织造等各种工艺)，装饰效果好。

墙纸基层处理要求表面平整、光洁、干净、不掉粉(如水泥砂浆、混合砂浆、石灰砂浆抹面，纸筋灰、玻璃丝灰罩面、石膏板、石棉水泥板等预制板材，质量高的现浇或预制的混凝土墙体)。基层要刮腻子，可采用局部刮腻子、满刮腻子一遍、满刮腻子两遍，再用砂纸磨平。同时，为避免基层吸水太快，在基层表面满刮一遍 108 胶水。表面应采用整幅裱糊，裱糊的顺序为先上后下、先高后低。

墙布饰面裱糊的方法大体与纸基墙纸相同。不同之处主要有不能吸水膨胀，直接裱糊；用聚醋酸乙烯乳液调配成的胶粘剂黏结；当基层颜色较深时，在胶粘剂中掺入白色涂料(如白色乳胶漆等)；裱糊时，将胶粘剂刷在基层上，墙布背面不要刷。

(五)铺钉类墙面装修

铺钉类墙面装修(图 3-51)是将各种天然或人造薄板镶钉在墙面上的饰面作法，这种装修做法污染小。铺钉类装饰因所用材料质感细腻，装饰效果好，给人以亲切感。同时，材料多为薄板结构或多孔性材料，对改善室内音质效果有一定作用。但防潮、防火性能欠佳，一般多用作宾馆、大型公共建筑大厅如候机室、候车室及商场等处的墙面或墙裙的装饰。铺钉类装饰由骨架和面板两部分组成。

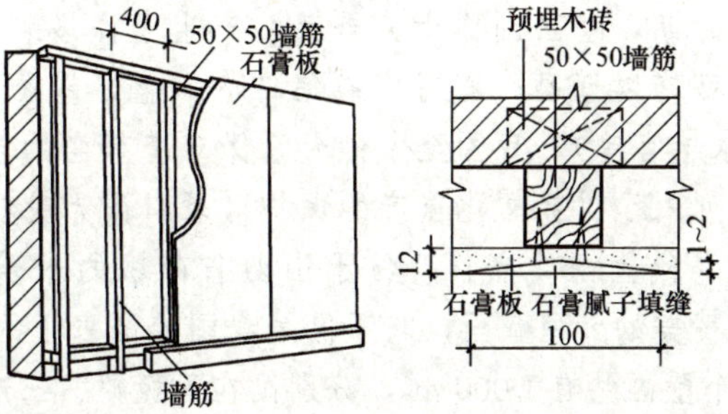

图 3-51 铺钉类墙面装修

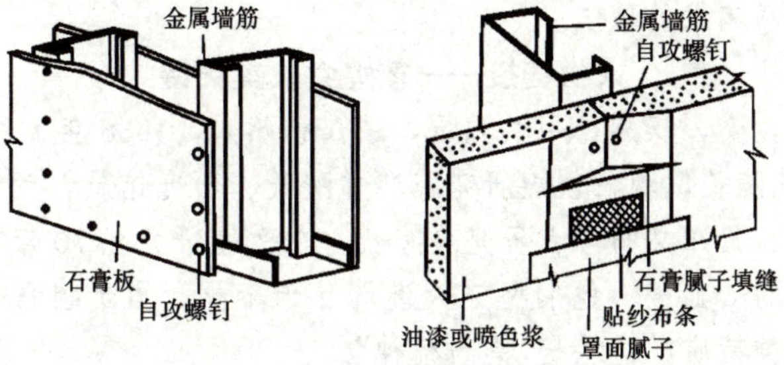

(a)木骨架；(b)金属骨架

1. 为住宅卧室内墙面选择合适的装修

(1)分析卧室内墙面的使用要求。

(2)分析确定合理的内墙面装修。

2. 为公共建筑卫生间选择合适的装修

(1)分析卫生间内墙面的使用要求。

(3)分析确定合理的内墙面装修。

3. 为某仓库外墙面选择合适的装修

(1)分析卫生间内墙面的使用要求。

(2)分析确定合理的内墙面装修。

知识拓展

墙壁上的艺术——壁画

壁画是墙壁上的艺术，即人们直接画在墙面上的画。作为建筑物的附属部分，壁画的装饰和美化功能使它成为环境艺术的一个重要方面。壁画为人类历史上最早的绘画形式之一。

早在汉朝就有在墙壁上作画的记载，多是在石窟、墓室或是寺观的墙壁上作画，到了现代结合现代工艺和文化气息，墙壁作画越来越多元、个性地发展，更多地被人们在装修时应用。

壁画是最古老的绘画形式之一。如原始社会人类在洞壁上刻画各种图形，以记事表情，这便是流传最早的壁画。至今，埃及、印度、巴比伦、中国等文明古国保存了不少古代壁画。在意大利文艺复兴时期，壁画创作十分繁荣，产生了许多著名的作品。我国自周代以来，历代宫室乃至墓室都饰以壁画；随着宗教信仰的兴盛，壁画又广泛应用于寺观、石窟（如敦煌莫高窟、芮城永乐宫等）。我国至今仍大量保存着著名的佛教壁画和道教壁画遗迹。这些遗迹有部分已经被列入了世界文化遗产的保护名录，作为我们古代文明的见证。

永乐宫壁画是中国古代壁画的杰作，位于山西省芮城的永乐宫（又名大纯阳万寿宫），其艺术价值最高的首推精美的大型壁画，它不仅是我国绘画史上的重要杰作，在世界绘画史上也是罕见的巨制。整个壁画共有 1 000 m²，分别画在无极殿、三清殿、纯阳殿和重阳殿。其中，三清殿是座主殿，殿内壁画共计 403.34 m²。画面高为 4.26 m，全长为 94.68 m。永乐宫壁画是我国古代绘画艺术的瑰宝。

人物链接——敦煌女儿樊锦诗

樊锦诗（图 3-52），女，汉族，中共党员，浙江杭州人，1938 年 7 月出生于北平（今北京市）。曾任敦煌研究院院长，现任敦煌研究院名誉院长、研究馆员、兰州大学兼职教授、敦煌学专业博士生导师、长江文明考古研究院院长。在敦煌研究院 70 年事业发展的背后，凝聚的是几代莫高窟人的心血——他们坚守大漠，甘于奉献，勇于担当，开拓进取。这是属于莫高窟人独有的精神特质，这就是"莫高精神"。

樊锦诗视敦煌石窟的安危如生命，她是我国文物有效保护的科学探索者和实践者，长期扎根大漠，潜心石窟考古研究，完成了敦煌莫高窟北朝、隋、唐代前期和中期洞窟的分期断代。在全国率先开展文物保护专项法规和保护规划建设，探索形成石窟科学保护的理论与方法，为世界文化遗产敦煌莫高窟永久保存与永续利用做出重大贡献。

舍半生，给茫茫大漠。从未名湖到莫高窟，守住前辈的火，开辟明天的路。半个世纪的风沙，不是谁都经得起吹打。一腔爱，一洞画，一场文化苦旅，从青春到白发。心归处，是敦煌。

思政案例

图 3-52　樊锦诗

能力训练

一、填空题

1. 墙面装修按材料和施工方法，可分为＿＿＿＿＿＿、＿＿＿＿＿＿、＿＿＿＿＿＿、

_____、_____。按部位不同可分为_____、_____。

2. 抹灰装修层由_____、_____、_____组成。厚度_____。

3. 抹灰类装修按照质量要求分为三个等级，即_____、_____和_____。

二、实践题

分别确定住宅、办公楼、教学楼、医院、商场的内外墙面装修，并说明原因。

模块总结

```
                          ┌── 墙体的作用
                          ├── 墙体的类型
                          ├── 墙体的设计要求
           墙体的          │                      ┌── 砖
           初步认知 ───────┤── 墙体材料 ──────────┤── 常见砌块
                          │                      ├── 墙体板材
                          │                      └── 砂浆
                          │                      ┌── 砖墙的组砌
                          └── 墙体的砌筑方式 ─────┤── 砖块墙的砌筑方式

                                                  ┌── 勒脚
           墙体节点        ┌── 墙脚构造 ──────────┤── 墙身防潮层
           构造选择 ───────┤                      └── 散水和明沟
                          │   门窗洞口            ┌── 窗台
                          └── 构造 ──────────────┤── 洞口上过梁

墙体构造                   墙体加固 ──────────────┬── 设置圈梁
认知与表达 ────────────────│                      └── 设置构造柱

                                                  ┌── 建筑节能的途径
           墙体节能        ┌── 建筑节能 ──────────┤── 建筑节能要点
           处理 ──────────┤                      ┌── 墙体的保温措施
                          │── 墙体的保温 ────────┤── 墙体的保温做法
                          └── 墙体的隔热

                                                  ┌── 砌筑隔墙
           隔墙构造        ┌── 隔墙的要求          ├── 轻骨架隔墙
           认知 ──────────┤── 隔墙的构造 ─────────┤── 条板隔墙

                          ┌── 墙面装修的作用及分类
                          │                      ┌── 抹灰类墙面装修
           墙面装修 ───────┤                      ├── 贴面类墙面装修
                          └── 墙面装修的构造 ─────┤── 涂料类墙面装修
                                                  ├── 裱糊类墙面装修
                                                  └── 铺钉类墙面装修
```

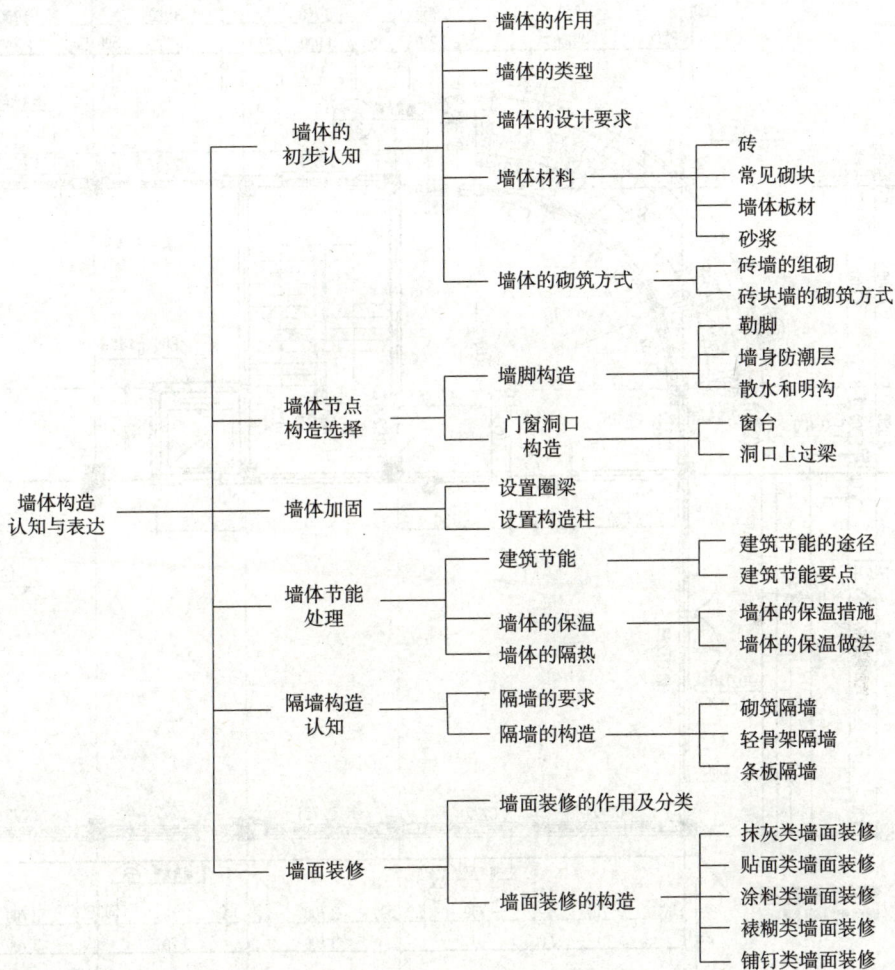

岗课赛证融通训练

一、单选题

根据图 3-53、图 3-54 完成以下单选题。

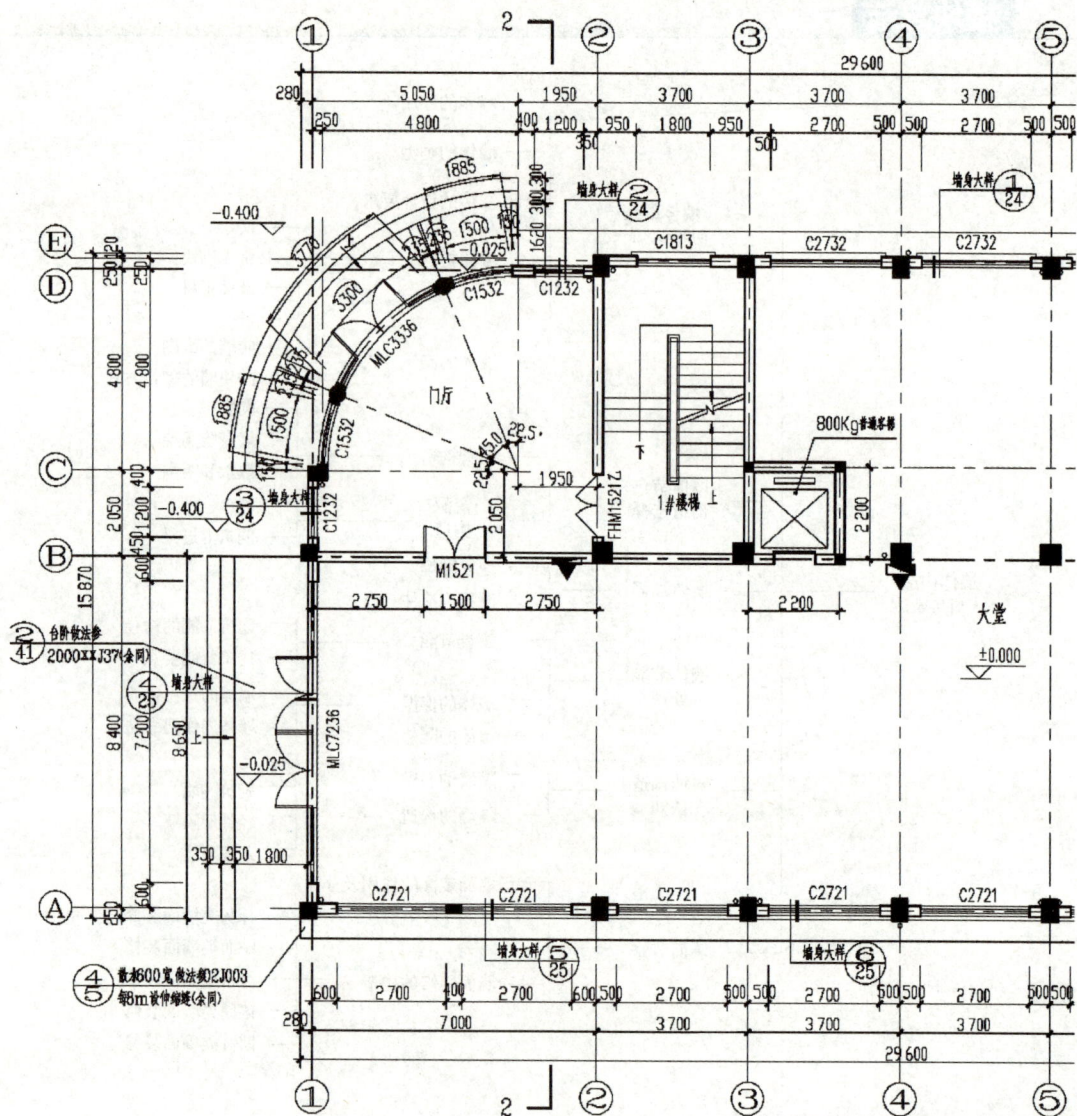

图 3-53　门垛

图 3-54　墙体相关图纸

（a）

（a)部分一层平面图

1、本工程外墙墙体为烧结页岩多孔砖.

2、本工程外墙厚度为240,内墙实线部分为厚度240及120.图中虚线内墙为用户自理轻质隔墙.

3、钢筋混凝土墙上留洞见结施图和设备施工图纸,非承重墙预留洞见建施图和设备施工图纸.

4、凡水、电、暖、风,管道穿墙及楼板时,均需预留孔或预留套管,不得现凿,为保证设备管道留洞正确,大于Φ300的预留孔均在结构图标注位置,请土建密切配合安装,核对各专业图纸预留或预埋.

5、凡不同墙体交接处以及墙体中嵌有设备箱、柜预留洞不穿越防火分区时,粉刷前在交接处及箱体背面加铺钉一层编织钢丝网(内墙面为纤维网格布),周边宽300,以保证粉刷质量;当跨越防火区间时,其背后须再衬符合耐火时间要求的防火板.

6、预留洞的封堵:混凝土墙留洞的封堵见结施,其余砌筑墙留洞待管道设备安装完毕后,用C20细石混凝土填实.变形缝处双墙留洞的封堵,应在双墙分别增设套管,套管与穿管之间用与墙体同标号砂浆嵌堵,防火墙上留洞用C25混凝土封堵.

7、凡柱边门垛尺寸小于等于120时,采用同等级素混凝土与墙、柱整体浇筑,构造配筋同结施.卫生间四周墙体下部(门洞处除外)离本层楼地200高用与墙同宽的C20混凝土浇捣.

8、所有砌块砌筑的管道井内壁用15厚1:3水泥砂浆抹面,压实赶光.无法二次抹灰的竖井,均用砂浆随砌随抹平.

9、所有管道井(除风井外)待管道安装后,在楼板处用后浇板作防火分隔.管道穿过隔墙、楼板时,应采取防火封堵.

10、凡地下室车库独立柱四角及车行驶易碰撞的阳角处应设成品橡胶防撞条包角保护,高度为1 000.

(b)

1.填充墙与框架柱应有可靠连接,按图七施工;墙高>4m时,墙中设圈梁如图八;当墙长>5m时,应在墙中设置构造柱GZ如图九,柱顶在上层梁底处设虚缝30mm柱纵筋锚入梁内.构造柱与墙体应作成马牙槎连接.

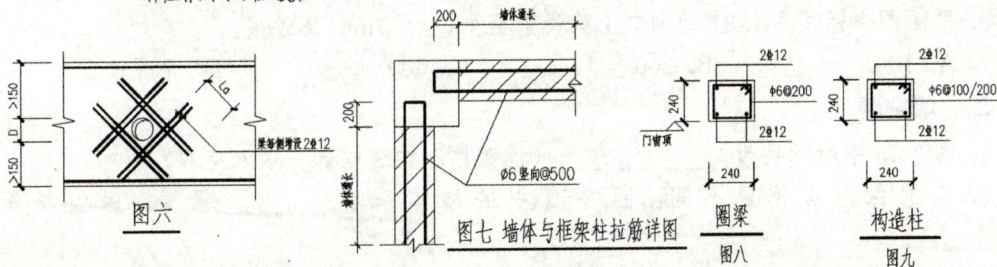

图六

图七 墙体与框架柱拉筋详图

圈梁 图八

构造柱 图九

2.门窗过梁: 凡在结构平面图中未注明的门窗过梁均为预制钢筋混凝土过梁,根据门窗洞口的大小按照如(图十)三种规格施工,洞口位置详见建筑平面图.
    <1>: 当洞口宽 $L<=900$ 时采用GL-1,过梁长为 $L+500$
    <2>: 当洞口宽在 $900<L<=2\ 400$ 采用GL-2,过梁长 $L+500$
    <3>: 当洞口宽在 $2\ 400<L<=3\ 300$ 时采用GL-3,过梁长 $L+500$

3.当洞顶离结构梁.圈梁底的高度小于过梁的高度时,则过梁与结构梁.圈梁(或板)浇成整体.如图十一.

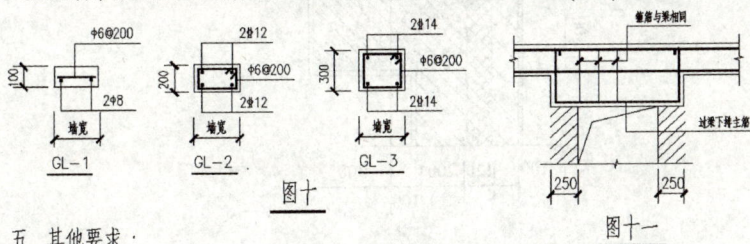

GL-1　GL-2　GL-3

图十

图十一

五、其他要求:

(c)

图 3-54　墙体相关图纸(续)
(b)部分建筑设计说明;(c)部分结构设计说明

1. 当墙上开设的门窗洞口处于两墙转角处或丁字墙交接处时，为保证墙体的承载能力及稳定性和便于门框的安装，应设门垛，门垛的尺寸不应小于 120 mm，如图 3-53 所示。施工时，一层平面图中 FHM1521 乙的门垛尺寸为（   ）。

    A. 60 mm   B. 120 mm

    C. 240 mm   D. 图中未明确

2. ①轴的墙体属于（   ）。

    A. 外墙   B. 纵墙   C. 横墙   D. 山墙

3. 本工程中一层平面图中①轴墙体属于（   ）。

    A. 剪力墙   B. 承重墙   C. 填充墙   D. 不能确定

4. 本工程室外散水（   ）mm 宽，（   ）m 设置伸缩缝。

    A. 800，8   B. 800，10   C. 600，8   D. 600，10

5. 本工程外墙的主要墙体材料为（   ）。

    A. 蒸压砂加气混凝土砌块   B. 页岩多孔砖

    C. 轻质隔墙   D. 烧结普通砖

6. 外墙的厚度为（   ）mm。

    A. 370   B. 240   C. 420   D. 360

7. 内墙不可能采用（   ）砌筑方式。

    A. 一顺一丁式   B. 每皮丁顺相间式

    C. 全顺式   D. 两平一侧式

8. 平面图中标注 M1521 的洞口上需设置至少（   ）mm 高过梁。

    A. 100   B. 200   C. 300   D. 无须设置

二、填空题

1. 图 3-55 中所示柱为＿＿＿＿＿＿＿＿＿（框架柱、构造柱选一填入空内）。

2. 根据保温层位置不同，图 3-55 中的墙体采用＿＿＿＿＿＿＿保温。保温层厚度为＿＿＿＿＿＿＿。

3. 图 3-55 中柱的截面尺寸为＿＿＿＿＿＿＿，墙体的厚度为＿＿＿＿＿＿＿。

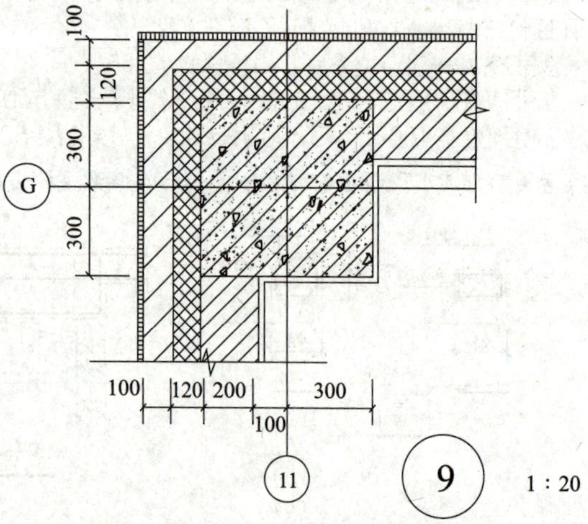

图 3-55 填空题图

模块四

楼地层构造认知与表达

学习目标

[知识目标]

(1)掌握钢筋混凝土楼板的类型，熟练掌握现浇钢筋混凝土楼板的类型、基本构造及应用情况。

(2)掌握楼地面防潮、防水和保温做法。

(3)掌握常见的楼地面装修方法。

(4)掌握阳台和雨篷的基本构造。

[能力目标]

(1)能根据所掌握的楼板类型、特点、要求及适用范围为实际工程选择楼板。

(2)能知晓楼地面及顶棚的做法，并结合具体因素进行选择。

(3)能对楼地面进行防潮、防水和保温构造处理。

(4)能识读和绘制楼地层构造详图，会查阅相关标准图集。

[素质目标]

(1)培养自觉学习和自我发展的能力。

(2)培养团结协作能力、创新能力和专业表达能力。

(3)培养独立分析与解决问题的能力。

(4)树立严谨的工作作风和爱岗敬业的工作态度及良好的职业道德。

学习重点

(1)现浇钢筋混凝土楼板的基本构造。

(2)常用的楼地面装修做法。

(3)阳台、雨篷的基本构造。

任务一 钢筋混凝土楼板选择

任务描述

确定办公楼、教学楼、住宅等常见民用建筑楼板类型及构造做法，并绘图表示出楼板的构造层次。

知识储备

一、楼板的作用及要求

楼板是房屋主要的水平承重构件和水平支撑构件，它将荷载传递到墙、柱，同时，又对墙体起着水平支撑作用，以减少水平风荷载和地震水平荷载对墙面的作用。楼板还具有一定的隔声、保温、隔热等能力。楼板设计时应满足以下要求。

1. 强度和刚度要求

任何房屋的楼板层均应有足够的强度，在能够承受自重的同时又能承受不同要求的使用荷载而不致损坏。楼板还应有足够的刚度，避免在规范规定荷载的作用下，发生超过规定的挠度变形。

2. 热工和防火要求

在不采暖的建筑中地面应采用吸热指数小的材料；在采暖建筑中，在首层地面、地下室楼板等处设置保温隔热材料，尽量减少热量散失。楼板还应尽量采用不燃烧体材料制造，符合建筑物的耐火等级对其燃烧性能和耐火极限的要求。

3. 隔声要求

楼板应具有一定的隔声能力，提高楼板隔声能力可选用空心构件来隔绝空气传声；在楼板面铺设弹性面层，如橡胶、地毡等；在面层下铺设弹性垫层；在楼板下设置吊顶棚等。

4. 防水、防潮要求

对于厨房、厕所、卫生间等一些地面潮湿、易积水的房间，应处理好楼地层的防水、防潮问题。

5. 经济要求

一般楼板占建筑物总造价的20%～30%，选用楼板时，应考虑就地取材和提高装配化的程度，以降低楼板部分的造价。

二、楼板的类型及特点

按使用材料的不同，楼板可分为木楼板、钢筋混凝土楼板、压型钢板组合楼板等类型，如图4-1所示。

楼板类型及设计要求

1. 木楼板

木楼板在我国古建筑中很常见，是我国的传统做法。它是在木搁栅之间设置剪刀撑，形成有足够整体性和稳定性的骨架，并在木搁栅上下铺钉木板所形成的楼板。这种楼板具

有质量轻、构造简单等优点，但其耐火性、耐久性、隔声能力较差，为了节约木材和满足防火要求，现在已经很少采用。

2. 钢筋混凝土楼板

钢筋混凝土楼板的强度高，刚度好，具有较强的耐久性、防火性能和良好的可塑性，便于工业化生产和机械化施工，是目前我国房屋建筑中广泛采用的一种楼板形式。

3. 压型钢板组合楼板

压型钢板组合楼板是在钢筋混凝土墙板基础上发展起来的，这种组合体系是利用凹凸相间的压型薄钢板作衬板与现浇混凝土浇筑在一起而形成的钢衬板组合楼板，既提高了楼板的强度和刚度，又加快了施工进度。近年来主要用于大空间、高层民用建筑和大跨度工业厂房中。

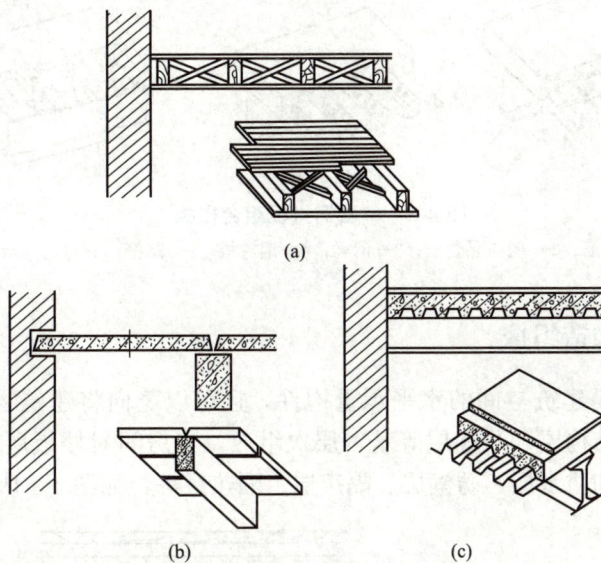

图 4-1　楼板的类型
（a）木楼板；（b）钢筋混凝土楼板；（c）压型钢板组合楼板

压型钢板组合楼板是利用凹凸相间的压型薄钢板做衬板与现浇混凝土浇筑在一起支承在钢梁上构成的整体型楼板，又称钢衬板组合楼板。其实质是钢与混凝土组合楼板。

压型钢板组合楼板主要由楼面层、组合板和钢梁三部分组成。组合板包括混凝土和钢衬板。另外，还可根据需要设置吊顶棚。压型钢板的跨度一般为 $2\sim3$ m，铺设在钢梁上，与钢梁之间用栓钉连接。上面浇筑的混凝土厚度为 $100\sim150$ mm，如图 4-2 所示。

压型钢板组合楼板中的压型钢板承受施工时的荷载，也是楼板的永久性模板。这种楼板简化了施工程序，加快了施工进度，并且具有较强的承载力、刚度和整体稳定性，但耗钢量较大、造价高，适用于较大空间的多、高层的框架或框架-剪力墙结构建筑中。

压型钢板组合楼板构造形式较多，根据压型钢板形式的不同有单层钢衬板组合楼板和双层钢衬板组合楼板之分。单层钢衬板组合楼板的构造比较简单，只设置单层钢衬板，如图 4-3 所示。双层钢衬板组合楼板通常是由两层截面相同的压型钢板组合而成的，也可由一层压型钢板和一层平钢板组成。双层压型钢板楼板的承载能力更好，两层钢板之间形成的空腔便于设备管线敷设。

图 4-2 压型钢板组合楼板组成

图 4-3 单层钢衬板组合楼板

1—钢筋；2—现浇混凝土；3—钢梁；4—钢衬板；5—凹槽；6—抗剪栓钉

三、楼板层的构造组成

楼板层是用来分隔建筑空间的水平承重构件，且可以竖向将建筑物分成许多个楼层。楼板层一般由面层、结构层和顶棚层等基本层次组成，当房间对楼板层有特殊要求时，可加设相应的附加层，如防水层、防潮层、隔声层、隔热层等，如图 4-4 所示。

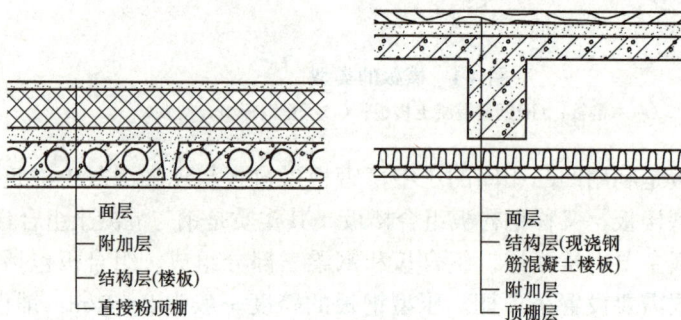

图 4-4 楼板层的基本构成

楼地层构成概述

1. 面层

面层又称楼面，是楼板层上表面的构造层，也是室内空间下部的装修层。面层对结构层起着保护作用，使结构层免受损坏，同时，也起着装饰室内的作用。根据各房间的功能要求不同，面层有多种不同的做法。

2. 结构层

结构层通常称为楼板，位于面层和顶棚层之间，是楼板层的承重部分，包括板、梁等构件。结构层承受整个楼板层的全部荷载，并对楼板层的隔声、防火等起着主要作用。

3. 顶棚层

顶棚层是楼板层下表面的构造层，也是室内空间上部的装修层。顶棚的主要功能是保护楼板、安装灯具、装饰室内空间及满足室内的特殊使用要求。

4. 附加层

附加层通常设置在面层和结构层之间，有时也布置在结构层和顶棚层之间，主要有管线敷设层、隔声层、防水层、保温或隔热层等。管线敷设层是用来敷设水平设备暗管线的构造层；隔声层是为隔绝撞击声而设的构造层；防水层是用来防止水渗透的构造层；保温或隔热层是改善热工性能的构造层。

四、钢筋混凝土楼板

钢筋混凝土楼板根据施工方法的不同，可分为现浇整体式、预制装配式、装配整体式三种类型。

(一)现浇钢筋混凝土楼板

现浇钢筋混凝土楼板是在施工现场进行支模板、绑扎钢筋、浇筑并振捣混凝土、养护、拆模等工序而将整个楼板浇筑而成整体。这种楼板的整体性好、抗震性强、防水抗渗性好，适应各种建筑平面形状的变化，但现场湿作业量大、模板用量多，施工速度较慢，施工工期较长。现浇钢筋混凝土楼板根据受力和传力情况不同，可分为板式楼板、梁板式楼板、无梁式楼板等。

(1)板式楼板。板式楼板在墙体承重建筑中，当房间尺寸较小，楼板上的荷载直接由楼板传递给墙体，这种楼板称板式楼板。板式楼板的底面平整，便于支模施工，但当楼板跨度大时，需增加楼板的厚度，耗费材料较多，所以，板式楼板主要适用于平面尺寸较小的房间，如居住建筑中的厨房、卫生间及公共建筑的走廊等。板的厚度通常为跨度的 $1/40 \sim 1/30$，且不小于 60 mm。

(2)梁板式楼板。当房间的平面尺寸较大时，为使楼板结构的受力与传力较为合理，常在楼板下设梁以增加板的支点，从而减小了板的跨度，这样楼板上的荷载是先由板传递给梁，再由梁传递给墙或柱，这种楼板结构称为梁板式结构。梁有主梁与次梁之分。梁板式楼板如图 4-5 所示。

楼板结构的经济尺度如下：

主梁的跨度一般为 $5 \sim 9$ m，最大可达到 12 m，主梁高度为跨度的 $1/14 \sim 1/8$；次梁跨度即主梁间距，一般为 $4 \sim 6$ m，次梁高为次梁跨度的 $1/18 \sim 1/12$。梁的宽与高之比一般为 $1/3 \sim 1/2$，其宽度常采用 250 mm、300 mm。

板的跨度即次梁(或主梁)的间距，一般为 $1.8 \sim 3.6$ m，双向板不宜超过 5 m$\times 5$ m。板的厚度根据施工和使用要求，一般板厚为 $80 \sim 160$ mm，一般为板跨的 $1/40 \sim 1/35$。

对于一些公共建筑的门厅或大厅，当房间的形状近似方形，长短边比例 $L_2/L_1 \leqslant 2$，且跨度在 10 m 或 10 m 以上时，常沿两个方向等尺寸地布置构件，形成井格形梁板结构形式，这种结构称为井式梁板。

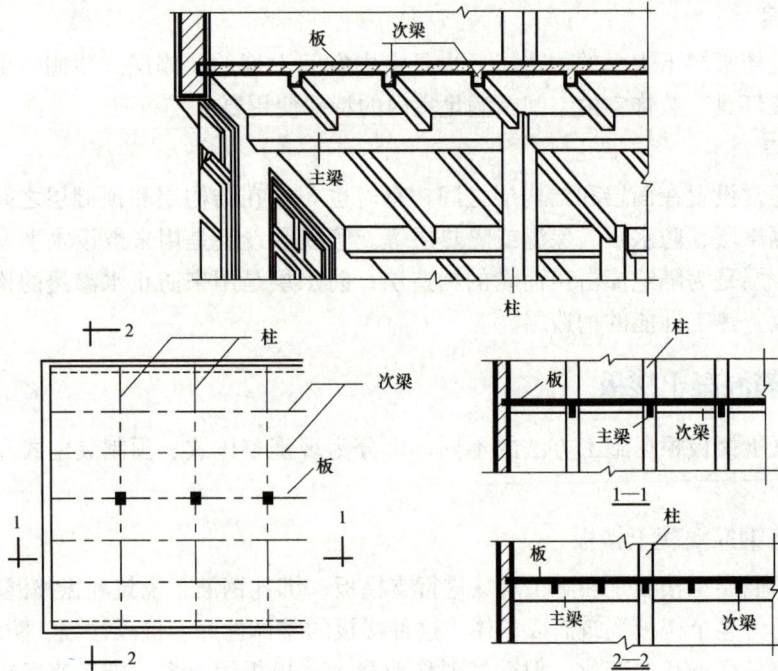

图 4-5　梁板式楼板

井式楼板是梁板式楼板的一种特殊形式，其特点是不分主梁、次梁，梁双向布置、断面等高且同位相交，梁之间形成井字格。梁的布置既可正交正放也可正交斜放，其跨度一般为 10～30 m，梁间距一般为 3 m 左右，如图 4-6 所示。

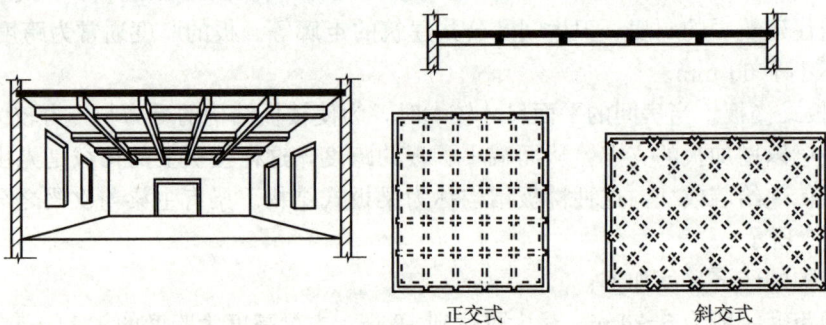

正交式　　　　斜交式

图 4-6　井式楼板

井式楼板外形规则、美观，而且梁的截面尺寸较小，相应提高了房间的净高。其适用于建筑平面为方形或近似方形的大厅。

（3）无梁式楼板。对平面尺寸较大的房间或门厅，有时楼板层也可以不设梁，直接将板支承于柱上，这种梁板称为无梁楼板。无梁楼板可分为无柱帽和有柱帽两种类型。当荷载较大时，为避免楼板太厚，应采用无柱帽楼板。无梁楼板的柱网应尽量按方形网格布置，跨度在 6 m 左右较为经济，呈方形布置。由于板的跨度较大，故板厚不宜小于 150 mm，一般为 160～200 mm，如图 4-7 所示。

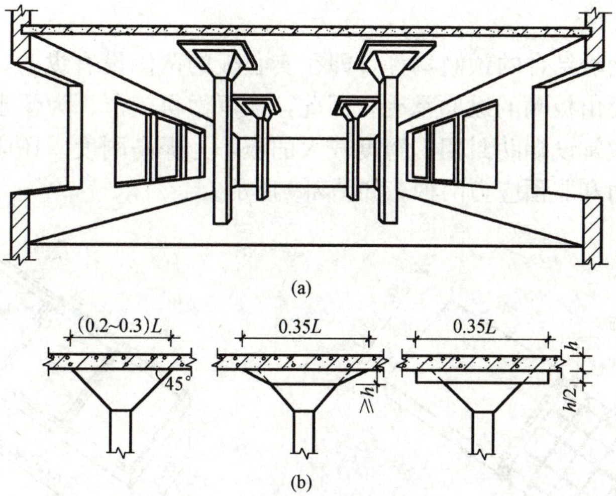

(a)

(b)

图 4-7　无梁楼板

无梁楼板的板底平整，室内净空高度大，采光、通风条件好，便于采用工业化的施工方式。其适用于楼面荷载较大的公共建筑(如商店、仓库、展览馆等)和多层工业厂房。

(二)预制装配式钢筋混凝土楼板

预制装配式钢筋混凝土楼板是把楼板分成若干构件，在预制加工厂或施工现场外预先制作，然后运到施工现场进行安装的钢筋混凝土楼板。这样可节省模板、缩短工期，提高施工工业化的水平，但整体性较差，一些抗震要求较高的地区不宜采用，所以，近年来在实际工程中的应用逐渐减少。

现浇钢筋
混凝土楼板

按楼板的构造形式，预制装配式钢筋混凝土楼板可分为实心平板、槽形板和空心板三种。

1. 实心平板

预制实心平板的板面较平整，规格较小，其跨度一般不超过 2.4 m，板厚为 60～100 mm，宽度为 600～1 000 mm。由于板的厚度较小，且隔声效果差，故一般不用作使用房间的楼板，两端常支承在墙或梁上，一般用作楼梯平台、走道板、隔板、阳台栏板、管沟盖板等，如图 4-8 所示。

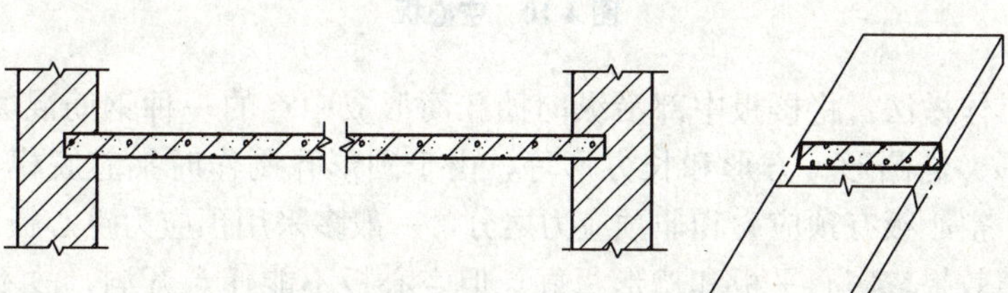

图 4-8　预制钢筋混凝土平板

2. 槽形板

槽形板是一种肋板结合的预制构件，即在实心板的两侧设有纵肋，构成Ⅱ形截面，作用在板上的荷载主要由板侧的纵肋承受，因此，板可做得较薄。为便于搁置和提高板的刚度，通常在板的两端常设端肋封闭，跨度较大的板，为提高刚度，还应在板的中部增设横肋。槽形板有预应力和非预应力两种，如图4-9所示。

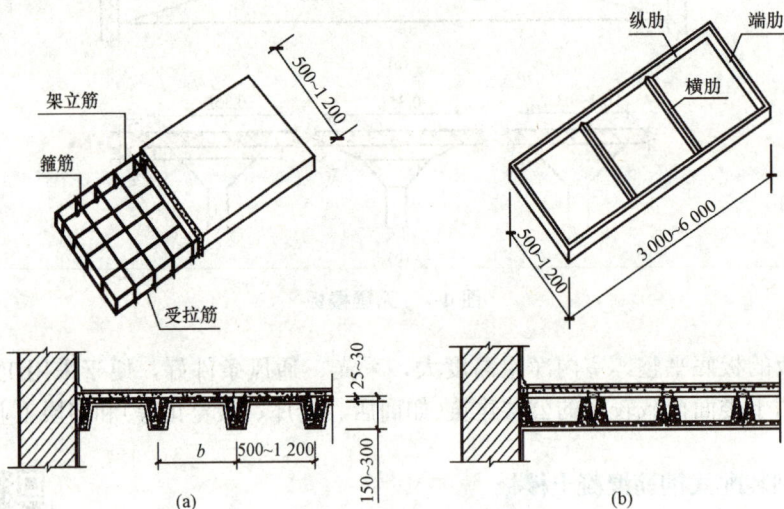

图 4-9　预制钢筋混凝土槽形板
(a)正置槽形板；(b)倒置槽形板

槽形板的设计减轻了板的自重，具有节省材料，便于在板上开洞等优点，但隔声效果差。为提高板的隔声性能，可在槽内填充隔声材料。

3. 空心板

空心板也是一种梁板结合的预制构件，其结构计算理论与槽形板相似，两者的材料消耗也相近，但空心板上下板面平整，且隔声效果优于槽形板，如图4-10所示。

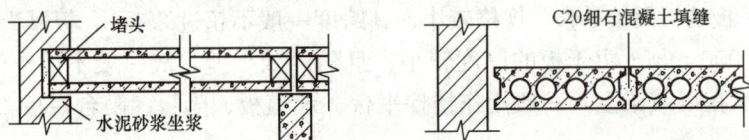

图 4-10　空心板

空心板的具体做法：将楼板中部沿纵向抽孔而形成中空的一种钢筋混凝土楼板。孔的断面形式有圆形、椭圆形、方形和长方形等，由于圆形孔制作时抽芯脱模方便且刚度好，故应用最普遍。空心板有预应力和非预应力之分，一般多采用预应力空心板。

空心板隔声效果较实心平板和槽形板好，但空心板不能任意开洞，故不宜用于管道穿越较多的房间。

(三)装配整体式钢筋混凝土楼板

装配整体式钢筋混凝土楼板是将楼板中的部分构件预制安装后，再通过现浇的部分连接成整体。这种楼板的整体性较好，又可节省模板，施工速度也较快。叠合楼板是装配整体式钢筋混凝土楼板中常见的一种类型。

叠合楼板是预制薄板（预应力）与现浇混凝土面层叠合而成的装配整体式楼板，又称预制薄板叠合楼板。预制板既是楼板结构的组成部分，又是现浇钢筋混凝土叠合层的永久性模板。现浇叠合层内应设置负弯矩钢筋，并可在其中敷设水平设备管线，如图 4-11 所示。

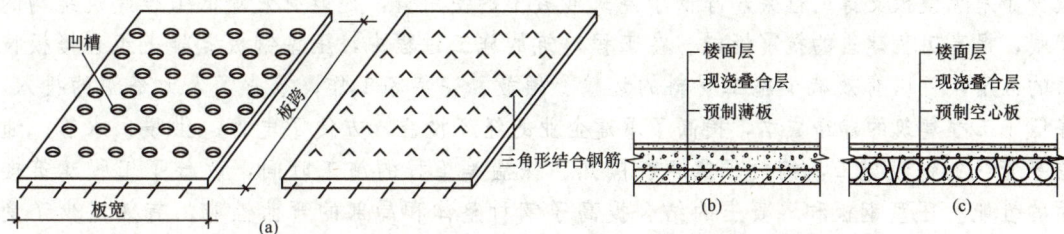

图 4-11　叠合楼板
(a)预制薄板的板面处理；(b)预制薄板叠合楼板；(c)预制空心板叠合楼板

叠合楼板的预制部分，可以采用预应力和非预应力实心薄板。板的跨度一般为 4～6 m，预应力薄板的跨度最大可达 9 m，通常以 5.4 m 以内较为经济。板的宽度一般为 1.1～1.8 m，板厚通常不小于 50 mm。叠合楼板的总厚度视板的跨度而定，以大于或等于预制板的两倍为宜，通常为 150～250 mm。为了保证预制薄板与叠合层有较好的连接，薄板上表面需做处理，常见的有两种：一种是在上表面作刻槽处理，刻槽直径为 50 mm，深为 20 mm，间距为 150 mm；另一种是在薄板表面露出较规则的三角形的结合钢筋等。

叠合楼板的预制板也可采用钢筋混凝土空心板。此时现浇叠合层的厚度较薄，一般厚度为 30～50 mm。

⚙ 任务实施

1. 办公楼的普通办公室
(1)分析办公楼的普通办公室的功能要求。
(2)从缩短工期角度选择钢筋混凝土楼板中合理的楼板类型。
2. 住宅楼的卫生间
(1)为满足使用要求选择钢筋混凝土楼板合理的楼板类型。
(2)绘图卫生间楼板构造层次图。
3. 教学楼的阶梯教室
根据教师给定的使用人数确定合理的楼板类型。
4. 确定某办公楼、教学楼、住宅等常见民用建筑楼板类型及构造做法，并绘图表示出楼板的构造层次。

预制钢筋
混凝土楼板

📖 知识拓展

一、压型钢板组合楼板新技术
随着城市进程的不断加快，压型钢板组合楼板施工技术在工业和民用建筑中的应用范围越来越广。使用压型钢板混凝土组合楼板结构进行施工建筑的厂房，不仅缩短了施工工期，还降低了施工要求，提高了工程承建单位的经济收益。使用压型钢板组合楼板施工技术取代传统的钢筋混凝土施工技术，可以有效提高工程建筑的质量。

使用压型钢板混凝土组合楼板技术进行施工，不仅可以节省许多临时性的组合楼板，减少了用于模板支撑的框架，降低了浇筑混凝土的使用量，还能有效降低工程建筑结构的荷载，提高工程建筑的抗震性能。在工程建筑的施工过程中，压型钢板混凝土组合楼板技术的应用，可以有效减少施工材料的运输、摆放、安装等工作，节省了人力资源的投入，降低了工程建筑的建造成本，提高了承建企业的经济收益，方便了电力、供暖、水管、通信等管线的铺设施工，缩短了隔声、隔热、保温等工程的施工时间，改善了工程建筑楼面的性能。压型钢板和混凝土的结合提高了钢材整体和局部的弯曲性能，有效减少了受拉钢筋的使用，降低了钢筋制作和安装的工作量，从而加快了施工进度缩短了工程建筑的施工工期。

二、地坪层

地坪层即地层，是建筑物底层与土壤相接的构件，它承受着底层地面上的荷载，并将荷载均匀地传递给地基。地坪层一般由面层、垫层、基层三个基本构造层次组成，对有特殊要求的地坪可在面层与垫层之间增设附加层，如图 4-12 所示。

1. 面层

面层是地坪层最上部分，也是人们经常接触的部分，直接承受物理、化学作用，所以，应具有耐磨、平整、易清洁、不起尘、防水、防潮要求。同时也具有装饰作用。

2. 垫层

垫层为面层与地基之间的找平层或填充层，主要起加强地基、传递荷载的作用。垫层有刚性垫层和非刚性垫层。刚性垫层一般采用 C10 厚 60～100 mm 的混凝土；非刚性垫层常用的有 50 mm 厚砂垫层、80～100 mm 厚碎石灌浆、50～70 mm 厚石灰炉渣等。垫层可以就地取材，如北方可以用灰土；南方多采用碎砖或道渣夯实作垫层，也有的采用三合土作垫层。

3. 基层

地面基层是垫层与土壤层之间的找平层或填充层，加强地基承受荷载能力，并起找平作用，可就地取材，通常为素土夯实或灰土、道渣、三合土、卵石等。

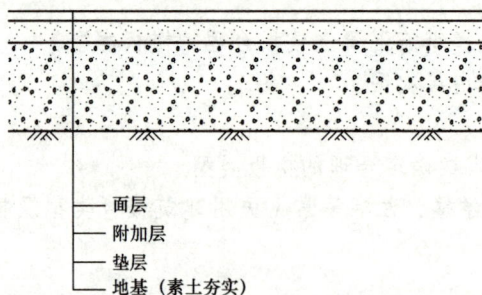

— 面层
— 附加层
— 垫层
— 地基（素土夯实）

图 4-12　地坪层的组成

一、填空题

1. 楼板层通常由_____、_____、_____组成。
2. 钢筋混凝土楼板根据施工方法不同可分为_____、_____、_____。
3. 地坪层由_____、_____、_____和_____构成。
4. 楼板层按材料可分为_____、_____、_____等。
5. 现浇钢筋混凝土楼板按受力情况不同有_____、_____、_____、_____。

二、实践题

分析学校建筑楼板类型的选择，写出分析报告。

任务二 楼地面及顶棚装修

任务描述

为学生宿舍的普通房间、盥洗室及住宅厨房确定合适的地面装修与顶棚做法，并绘图表示。

知识储备

一、楼地面装修的要求及分类

楼地面是对楼层地面和底层地面的总称，它是人们日常生活、工作、生产、学习时必须接触的部分，也是建筑中直接承受荷载，经常受到摩擦、清扫和冲洗的部分。楼地面的范围很大，对室内整体装饰设计起十分重要的作用，因此，楼地面装修必须满足以下要求：

（1）坚固方面的要求。即要求在各种外力作用下不易被磨损、破坏且要求表面平整、光洁、易清洁和不起灰。

（2）热工方面的要求。作为人们经常接触的地面，应给人们以温暖舒适的感觉，保证寒冷季节脚部舒适。

（3）隔声方面的要求。隔声要求主要在楼地面，在可能条件下，地面应采用能较大衰减撞击能量的材料和构造。

（4）防水、防潮、防火和耐腐蚀等要求。对有水作用的房间，地面应防潮防水；对有火灾隐患的房间，应满足防火要求；对有酸碱作用的房间，则要求具有耐腐蚀的能力等。

（5）经济方面的要求。设计地面时，在满足使用要求的前提下，要选择经济的材料和构造方案，尽量就地取材。

楼地面根据饰面材料的不同可分为水泥砂浆楼地面、水磨石楼地面、大理石楼地面、地砖楼地面、木地板楼地面、地毯楼地面等；根据构造方法和施工工艺的不同可分为整体式地面、块材式地面、木地面及人造软质制品铺贴式楼地面等。

楼地面装修

二、楼地面装修构造

(一)整体式楼地面

用现场浇筑的方法做成整片的地面称为整体地面。整体地面的面层无接缝，一般造价较低，施工简便，常用的有水泥砂浆地面、细石混凝土地面、水磨石地面、菱苦土地面等。

1. 水泥砂浆地面

水泥砂浆地面又称水泥地面，具有构造简单、坚固、防潮、防水、造价低廉等特点，但不耐磨，易起砂、起灰。水泥砂浆地面构造如图4-13所示。

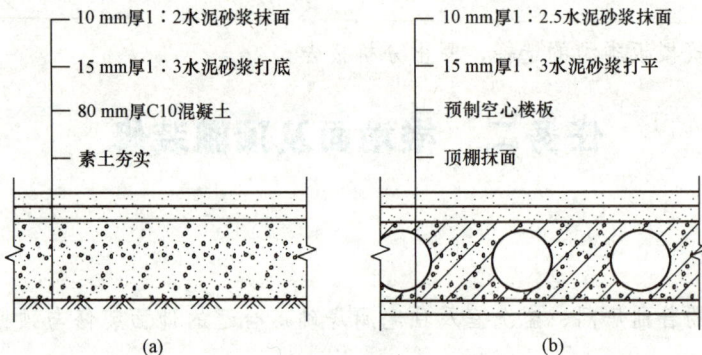

图4-13　水泥砂浆地面构造
(a)单层做法；(b)双层做法

2. 细石混凝土地面

细石混凝土地面的一般做法是在混凝土垫层或钢筋混凝土楼板上直接做30～40 mm厚的等级不小于C20细石混凝土，待混凝土初凝后用铁滚滚压出浆，待终凝前撒少量干水泥，用铁抹子不少于两次压光，其效果同水泥砂浆地面。

对防水要求高的房间，还可以在楼面中加做一层找平层，而后在其上做防水层，再做细石混凝土面层。

3. 现浇水磨石地面

现浇水磨石地面是在水泥砂浆垫层上按设计分格，用中等硬度石料(大理石、白云石等)的石屑与水泥拌和、抹平、硬化后，并经过补浆、细磨、打蜡后制成的楼地面。水磨石地面具有色彩丰富、图案组合多样、平整光洁、坚固耐用、整体性好、耐污染、耐腐蚀、易清洗等优点。

现浇水磨石地面的构造做法是先在基层上做10～20 mm厚1∶3水泥砂浆结合层兼起找平层，在找平层上常用1∶1水泥砂浆嵌固10～15 mm高的铜条、铝条、玻璃条进行分格，并用厚12～15 mm的1∶1.5～1∶2.5的各种颜色的水泥石渣浆注入预设的分格内，略高于分格条1～2 mm，并均匀撒一层石渣用滚筒压实，待浇水养护完毕后，经过三次打磨，在最后一次打磨前酸洗、修补，最后打蜡保护，如图4-14所示。分格的作用是防止地面开裂并将地面分成方格或做成各种图案。

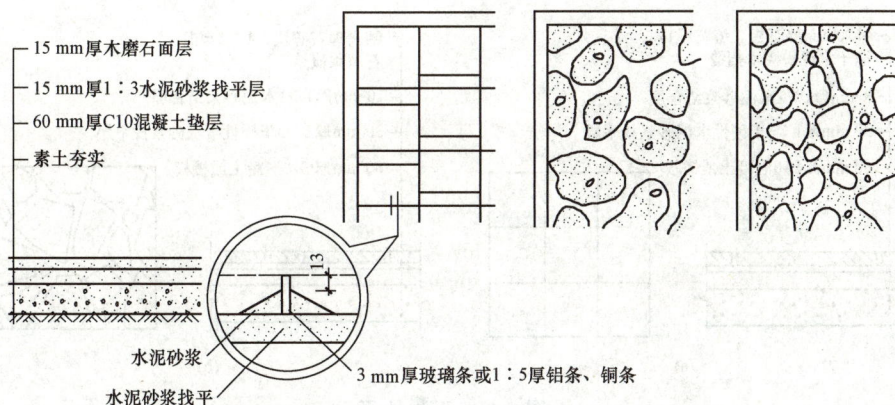

- 15 mm厚木磨石面层
- 15 mm厚1:3水泥砂浆找平层
- 60 mm厚C10混凝土垫层
- 素土夯实

水泥砂浆
水泥砂浆找平

3 mm厚玻璃条或1:5厚铝条、铜条

图 4-14　水磨石地面

(二)块材式地面

1. 陶瓷块材地面

陶瓷块材地面包括地砖、缸砖、劈离砖、瓷质彩胎砖(仿花岗石砖)、陶瓷马赛克等块材砖，它们具有面层薄、质量轻、造价低、美观耐磨、防水、耐酸碱、色泽稳定、耐污染、易清洗等优点，适用于有水及有腐蚀的房间。但它们没有弹性、不吸声、吸热性强，不宜用于人们长时间停留及要求安静的房间。陶瓷块材地面如图 4-15 所示。

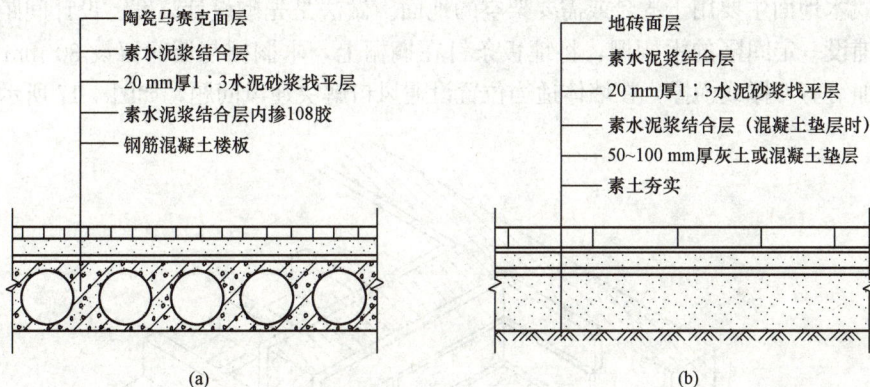

- 陶瓷马赛克面层
- 素水泥浆结合层
- 20 mm厚1:3水泥砂浆找平层
- 素水泥浆结合层内掺108胶
- 钢筋混凝土楼板

- 地砖面层
- 素水泥浆结合层
- 20 mm厚1:3水泥砂浆找平层
- 素水泥浆结合层(混凝土垫层时)
- 50~100 mm厚灰土或混凝土垫层
- 素土夯实

(a)　　　　　　　　　　　　　　(b)

图 4-15　陶瓷块材地面
(a)陶瓷锦砖楼层地面；(b)地砖底层地面

2. 石材地面

石材地面包括天然大理石、花岗石板、人造石板地面等。此类块材做法是在基层上洒水润湿，随即用20～30 mm厚1:3干硬性水泥砂浆作结合层铺贴石材，最后用一层水泥浆粘贴，并用橡胶锤锤击，以保证粘结牢固，板缝应不大于1 mm，撒干水泥粉，淋水扫缝，如图 4-16(a)所示。也可以利用天然石碎块，无规则地拼缝成天然石地面，如图 4-16(b)所示。

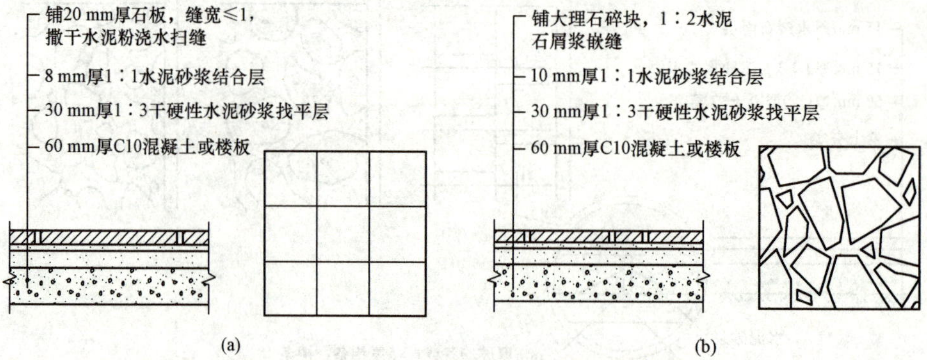

图 4-16 石板地面

(a)整石板地面；(b)碎石板地面

(三)木地面

木地面是指由木板铺钉或胶合而成的地面。它具有质量轻、弹性好、保温性好、易清洁、脚感舒适等优点。但它易随温、湿度的变化而引起裂缝和翘曲变形，易燃、易腐朽。因此，在无防水要求房间采用较多，也是目前广泛采用的地面。

木地面按构造形式与施工方法可分为空铺式、实铺式两种类型。

1. 空铺式木地面

空铺式木地面主要用于舞台或需要架空的地面。做法是先砌设计高度、设计间距的垄墙，在垄墙上铺设一定间隔的木搁栅，将地板条钉在搁栅上，木搁栅与墙间留设 30 mm 的缝隙，木搁栅间加钉剪刀撑或横撑，在墙体适当位置设通风口解决通风问题，如图 4-17 所示。

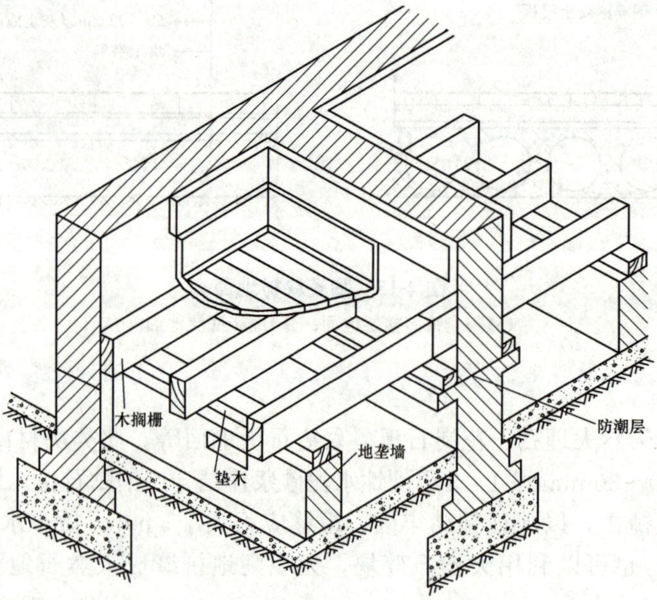

图 4-17 空铺式木地面

2. 实铺式木地面

实铺式木地面是直接在实体上铺设的地面。木搁栅在结构层上的固定方法有在结构层内预埋钢筋并用镀锌钢丝将木栅与钢筋绑牢，或预埋 U 形铁件嵌固木搁栅，也可用水泥钉直接将木搁栅钉在结构层上。木搁栅一般为 50 mm×50 mm，找平且上下刨光，中距依木、竹地板条长度等分，一般为 400～500 mm。每块地板条从板侧面钉牢在木搁栅上。对于高标准的房间地面，采用双层铺钉，在面层与搁栅间加铺一层 20 mm 厚斜向毛木板。房屋底层为防止地板受潮腐烂，通常做一毡二油防潮层或涂刷热沥青防潮层。在踢脚板处设通风口，保持地板下干燥，如图 4-18(a)、(b)所示。

粘贴式地面是在结构层上做 15～20 mm 厚 1∶3 水泥砂浆找平层，上刷冷底子油一道，然后做 5 mm 厚沥青玛琋脂(或其他胶粘剂)，在其上直接粘贴木板条，如图 4-18(c)所示。

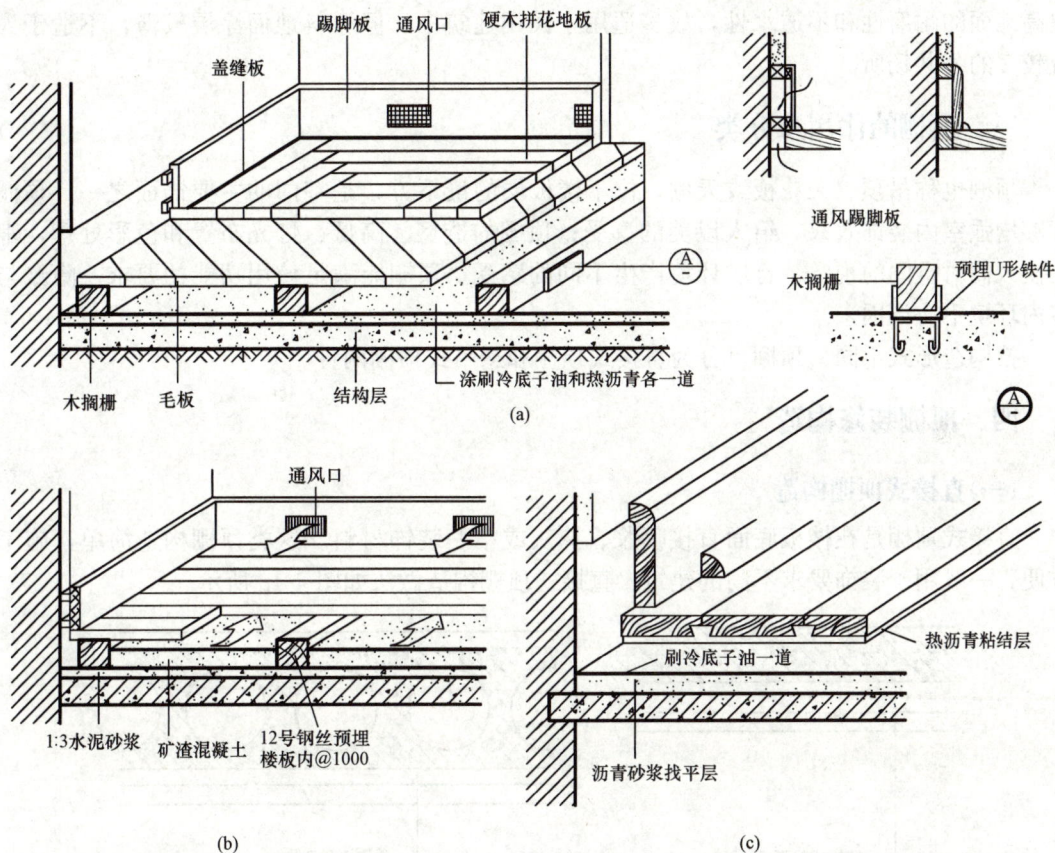

图 4-18　实铺式木地面

(a)双层铺钉式木地面；(b)单层铺钉式木地面；(c)粘贴式木地面

(四)其他地面

1. 塑料地面

塑料地面是选用人造合成树脂(如聚氯乙烯等塑化剂)加入适量填充料、掺入颜料、经热压而成，底面衬布。聚氯乙烯地面品种多样，有卷材和块材、软质和半硬质、单层和多层、单色和复色之分。塑料地面的施工方法有两种，即直接铺设和胶贴铺设。前一种可由不同色彩和形状拼成各种图案，施工时在清理基层后根据房间大小设计图案排料编号，在基层上弹线定位后，由中间向四周铺贴；后一种则是按设计弹线在塑料板底满涂胶粘剂 1～2 遍后进行铺贴。

2. 橡胶地面

橡胶地面是在橡胶中掺入一些填充料制成。橡胶地面有良好的弹性，耐磨、保温、消声性能，行走舒适。橡胶地面适用于展览馆、疗养院等公共建筑中。

3. 涂料类地面

涂料地面是水泥砂浆或混凝土地面的表面处理形式，它对改善水泥地面的使用起了重要作用。常见的涂料有氯-偏共聚乳液涂料、聚醋酸乙烯厚质涂料、聚乙烯醇缩甲醛胶水泥地面涂层、109 彩色水泥涂层及 804 彩色水泥地面涂层、聚乙烯醇缩丁醛涂料、H80 环氧涂料、环氧树脂厚质地面涂层及聚氨醇厚质地面涂层等。这些涂料施工方便，造价低，能提高地面的耐磨性和不透水性，故多适用于民用建筑中，但涂料地面涂层较薄，不适于人流较多的公共场所。

三、顶棚的作用及分类

顶棚也称吊顶、天花板或天棚，位于楼板层的最下方，是室内的主要饰面之一。顶棚能够增强室内装饰效果，给人以美的享受；顶棚的造型、高低、灯光布置和色彩处理，都会使人们对空间的视觉、音质环境产生不同的感受。顶棚能满足使用功能的要求，隐藏与室内环境不协调因素。

按构造形式不同，顶棚可分为直接式顶棚和悬吊式顶棚两种。

四、顶棚装修构造

(一)直接式顶棚构造

直接式顶棚是在楼板底面直接喷浆、抹灰或粘贴装饰材料。这类顶棚构造简单，施工方便，一般用于装饰要求不高的建筑。直接式顶棚构造做法如图 4-19 所示。

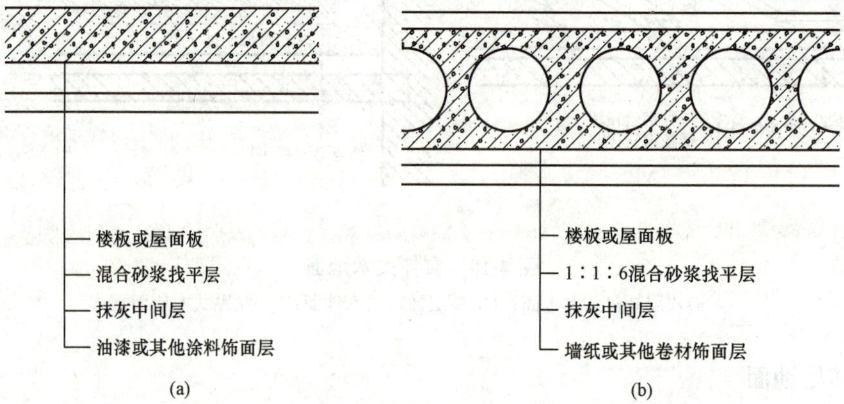

— 楼板或屋面板
— 混合砂浆找平层
— 抹灰中间层
— 油漆或其他涂料饰面层

(a)

— 楼板或屋面板
— 1：1：6混合砂浆找平层
— 抹灰中间层
— 墙纸或其他卷材饰面层

(b)

图 4-19　直接式顶棚构造做法
(a)直接喷浆；(b)粘贴装饰材料

(二)悬吊式顶棚构造

悬吊式顶棚简称吊顶，与楼板的下表面有一定的距离，通过悬挂物与主体结构连接在一起。悬吊式顶棚一般由吊杆或吊筋、龙骨或搁栅、面层三部分组成。

吊杆是连接龙骨与楼板的承重结构。龙骨与吊杆相连，并为面层提供节点，常见的有木龙骨、轻钢龙骨、铝合金龙骨。面层除装饰室内空间的作用外，还有吸声、反射等功能。常用的有各种装饰板材，如装饰石膏板、铝合金装饰板、纤维板等。面板可借用自攻螺钉固定在龙骨上或直接搁置于龙骨内，也可粘结于龙骨之上。图 4-20～图 4-23 所示为常见的几种悬吊式顶棚构造。

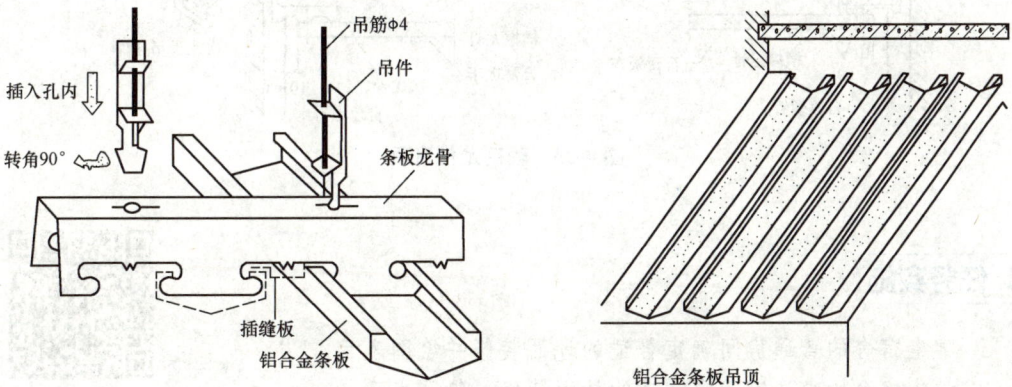

图 4-20　木质板材吊顶构造

(a)吊顶龙骨布置；(b)密缝；(c)斜槽缝；(d)立缝

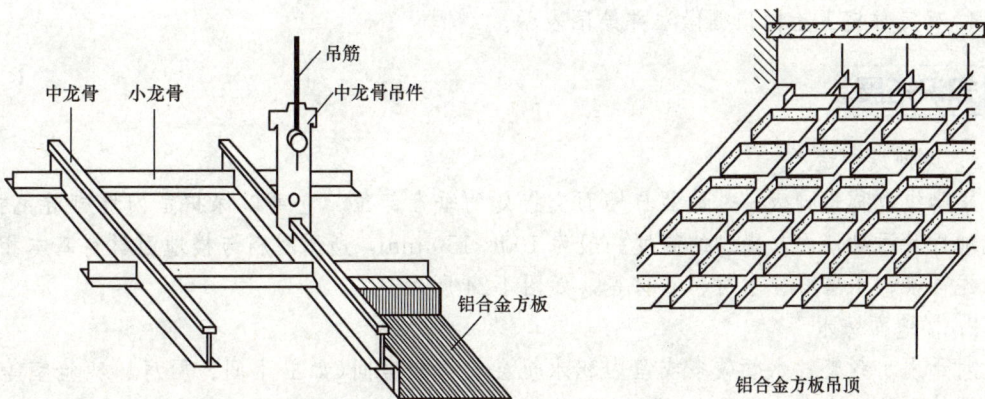

图 4-21　铝合金龙骨铝合金条板吊顶构造

图 4-22　铝合金龙骨铝合金方板吊顶

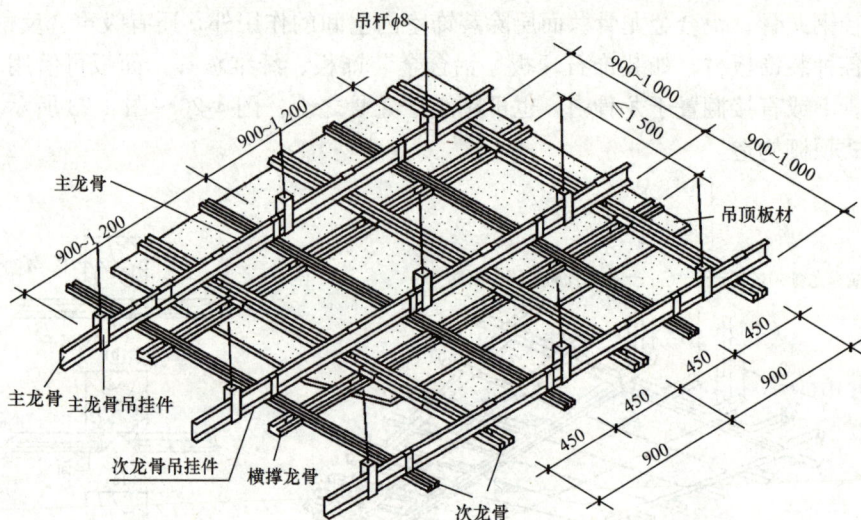

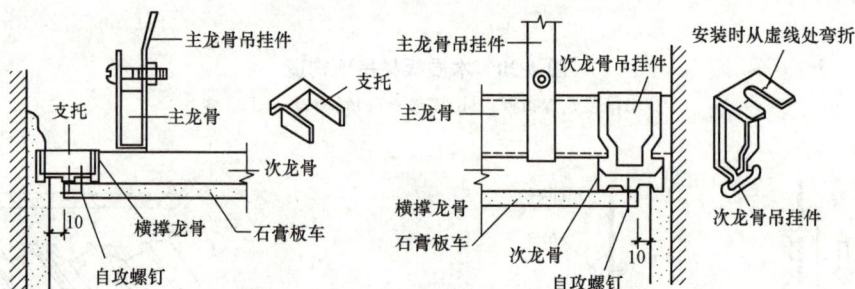

图 4-23 轻钢龙骨吊顶

1. 学生宿舍的普通房间确定合适的地面装修并绘图表示。
2. 学生宿舍的盥洗室确定合适的地面装修并绘图表示。
3. 确定普通办公室顶棚做法并绘图表示。
4. 确定住宅卫生间顶棚做法并绘图表示。

顶棚

知识拓展

1. 踢脚线构造

踢脚线也称踢脚板,是地面与墙面交接处的垂直部位。它可以保护室内墙脚避免扫地或拖地板时污染墙面。踢脚的高度一般为 100~150 mm,所用材料与楼地面材料基本相同,有水泥砂浆、水磨石、木材、石材等,如图 4-24 所示。

2. 楼地面防水

对于用水频繁、水管较多或室内积水机会较多的房间(如卫生间、厨房、实验室等)应做好楼地面的排水和防水。

为便于排水,地面应设置地漏,并用细石混凝土从四周向地漏找 0.5%~1% 的坡。同时为防止积水外溢，有水房间的地面应比其他房间或走道低 30～50 mm，或在门口设置 20～30 mm 高的门槛。

对积水机会较多的房间，楼板应采用现浇钢筋混凝土楼板。面层也宜采用水泥砂浆、水磨石地面或贴缸砖、瓷砖、陶瓷马赛克等防水性能好的材料。为确保防水质量，还可在楼板结构层与面层之间设置一道防水层，常见的防水材料有防水卷材、防水砂浆和防水涂料等。为防止水沿房间四周侵入墙身，应将防水层沿房间四周墙边向上延伸至踢脚内 100～150 mm。门口处，防水层应向外延伸 250 mm 以上，如图 4-25 所示。

当竖向管道穿越时，也容易产生渗透，一般有两种处理方法，如图 4-26 所示。对于冷水管道，一般在管道周围用 C20 干硬性细石混凝土密实填充，再用沥青防水涂料做密封处理；热力管道穿越楼板时，应在穿越处埋设套管(管径比热力管道稍大)，套管高出地面约 30 mm。

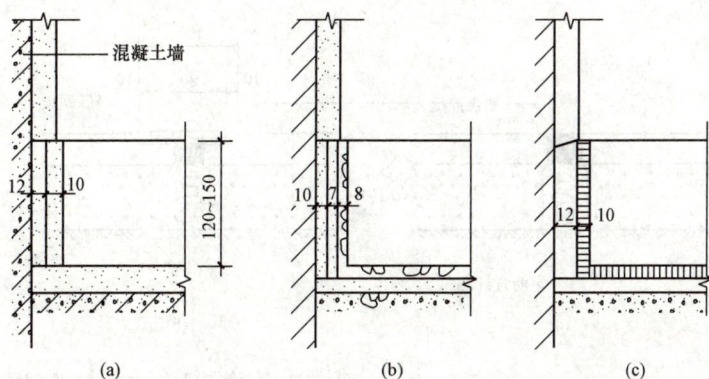

图 4-24 踢脚板构造

(a)水泥砂浆；(b)现浇水磨石；(c)陶板

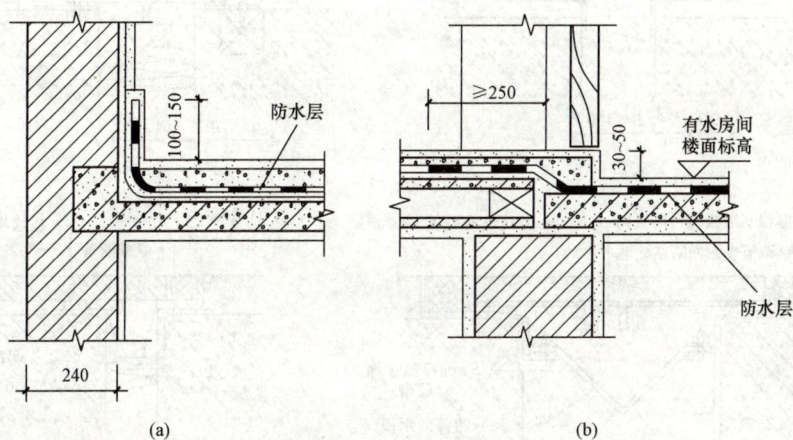

图 4-25 楼地面的排水和防水

(a)墙身防水；(b)地面降低

3. 楼地层的变形缝构造

楼地层变形缝的位置和宽度应与墙体变形缝一致。

变形缝一般贯通楼地面各层，缝内采用具有弹性的油膏、金属调节片、沥青麻丝等材料做嵌缝处理，面层和顶棚应加设不妨碍构件之间变形需要的盖缝板，盖缝板的形式和色彩应与室内装修协调，如图 4-27 所示。

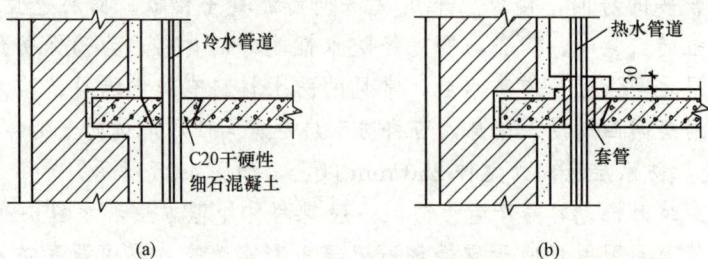

图 4-26　竖管穿楼板的处理方法
(a)冷水管道的处理；(b)热水管道的处理

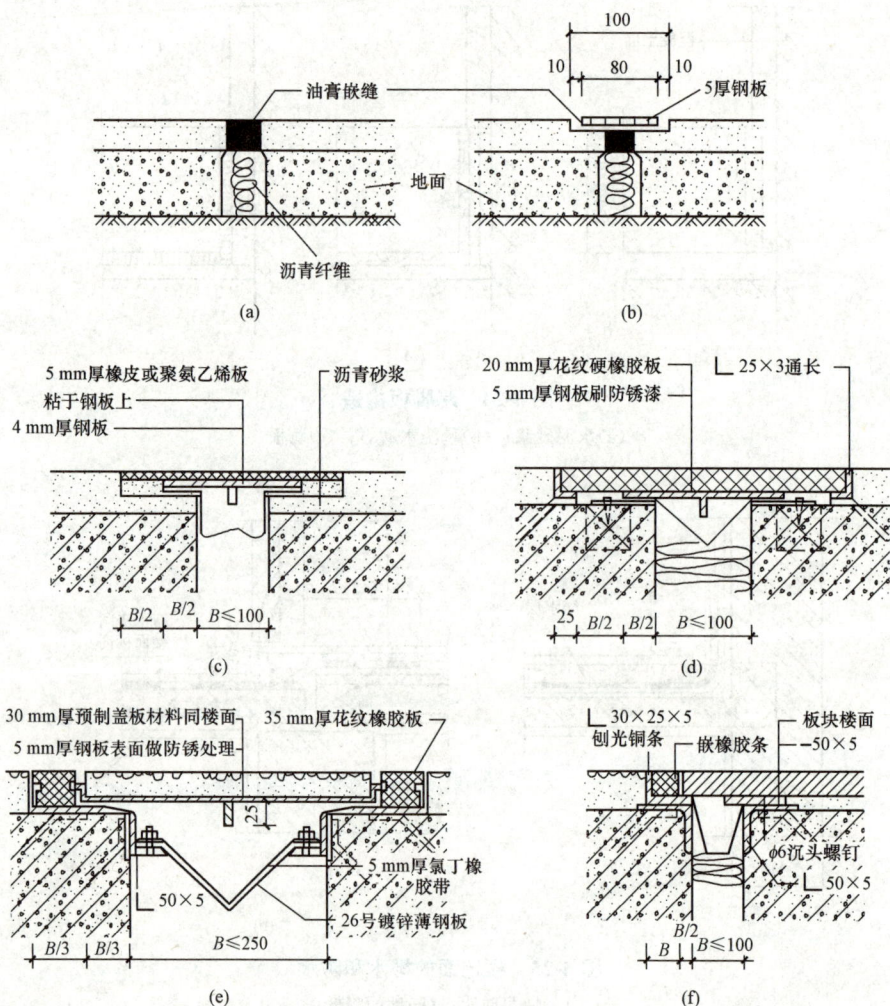

图 4-27　楼地面变形缝构造
(a)地面油膏嵌缝；(b)地面钢板盖缝；(c)楼面粘贴盖缝构造做法；(d)楼面搁置盖缝构造做法；
(e)采用与楼面面层同样材料盖缝构造做法；(f)单边挑出盖缝构造做法

一、单选题

1. 下列地面中，（   ）不适合做较高级餐厅楼地面面层。
   A. 马赛克　　　　　B. 水磨石　　　　　C. 水泥砂浆　　　　　D. 防滑地板

2. （   ）施工方便，但易结露、易起尘、导热系数大。
   A. 现浇水磨石地面　　　　　　　B. 水泥砂浆地面
   C. 木地面　　　　　　　　　　　D. 预制水磨石地面

3. 下列选项中为整体地面的是（   ）。
   ①细石混凝土地面；②花岗石地面；③水泥砂浆地面；④地毯地面
   A. ①③　　　　　B. ②③　　　　　C. ①④　　　　　D. ②④

4. 水磨石一般可用于（   ）部位的装修。
   A. 楼地面　　　　　B. 贴面顶棚　　　　　C. 墙裙　　　　　D. 勒脚

5. 陶瓷类板块地面一般适用于（   ）。
   A. 用水的及有腐蚀的房间　　　　　B. 有吸声、隔声要求的房间
   C. 有弹性要求的房间　　　　　　　D. 要求美观的房间

二、实践题

1. 介绍学校各建筑的楼板层与地坪层的装修类别。
2. 研究学校教室、礼堂的顶棚构造。

任务三　阳台及雨篷构造处理

任务描述

为某学生宿舍确定合适的阳台类型、尺寸，并绘制其细部构造详图。为该学生宿舍的次要出入口设计雨篷。

知识储备

一、阳台

(一)阳台的类型及设计要求

阳台是建筑物中各层与房间相连的室外平台，它是室内外空间的联系部分，可起到休息、眺望、晾晒、储物、装饰立面等作用。

1. 阳台的类型

阳台有生活阳台和服务阳台之分。生活阳台设在阳面或主立面，主要供人们休息、活动、晾晒衣物；服务阳台多与厨房相连，主要供人们从事家庭服务操作与存放杂务。阳台按其与外墙的相对位置分，有凸阳台、凹阳台和半凸半凹阳台，如图4-28所示。按阳台封

闭与否可分为封闭阳台和非封闭阳台。寒冷地区居住建筑宜将阳台(特别是北向阳台)周边用窗包围起来,形成封闭阳台。

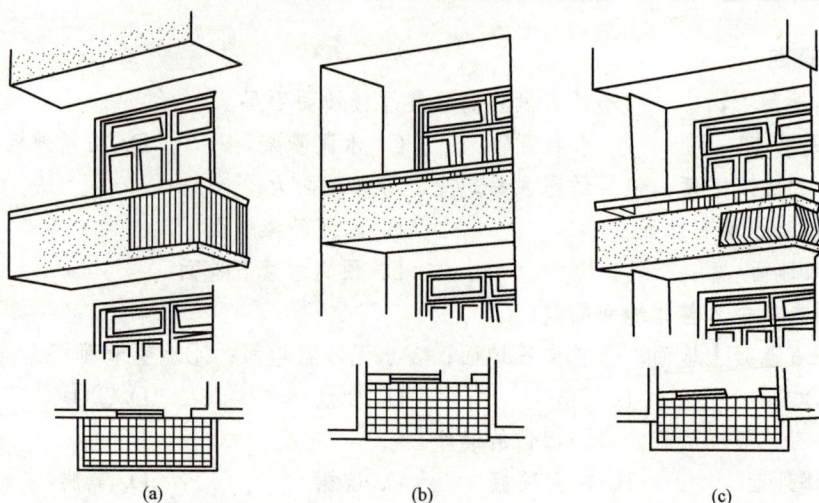

图 4-28 阳台的类型
(a)凸阳台；(b)凹阳台；(c)半凸半凹阳台

2. 阳台的设计要求

阳台由承重结构(梁、板)和栏杆组成。作为建筑特殊的组成部分,阳台应满足以下的要求:

(1)安全、坚固。阳台出挑部分的承重结构均为悬臂结构,所以,阳台挑出长度应满足结构抗倾覆的要求,以保证结构安全。阳台栏杆、扶手构造应坚固、耐久、高度不得低于1.05 m。

(2)适用、美观。阳台出挑根据使用要求确定,不能大于结构允许出挑长度,一般为1~1.5 m,阳台宽度一般同与之相连房间的开间一致。开敞阳台地面要低于室内地面,以免雨水倒流入室内,并做排水设施。封闭式阳台可不作此考虑。阳台造型应满足立面要求。

(二)阳台承重结构的布置

1. 挑板式

挑板式由楼板挑出的阳台板构成,出挑不宜过多,但阳台长度可任意调整,施工较烦琐。这种方式阳台板底平整,造型简洁,如图 4-29(a)所示。

2. 压梁式

压梁式阳台板与墙梁浇在一起,靠墙梁和梁上外墙的自重平衡(外墙不承重时),或靠墙梁和梁上支撑楼板荷载平衡,如图 4-29(b)所示。

3. 挑梁式

挑梁式从横墙上外挑梁,梁上搁

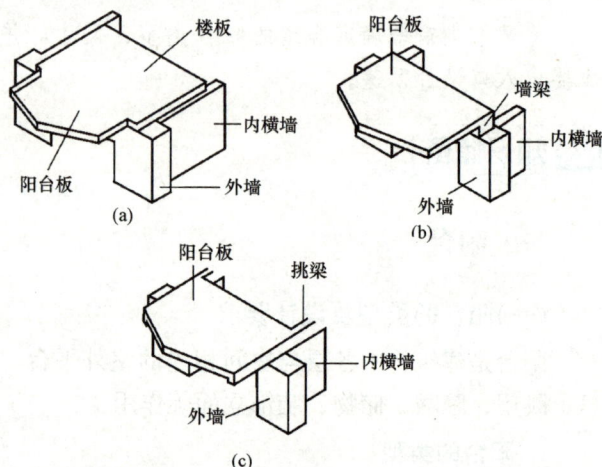

图 4-29 阳台承重结构的布置
(a)挑板式；(b)压梁式；(c)挑梁式

置板而成。挑梁通常与板整浇在一起，平衡挑梁靠两侧置于梁上的横墙的重量，如图 4-29 (c)所示。

(三)阳台的构造

1. 栏杆和栏板

阳台栏杆扶手是在阳台外围设置的、承担人们倚扶的侧向推力、保障人身安全并对建筑物起装饰作用的围护构件。因此，栏杆要考虑安全，其竖向净高不小于 1.05 m，中、高层建筑的栏杆高度应再适当提高，不低于 1.1 m 但也不宜高于 1.2 m，如图 4-30 所示。

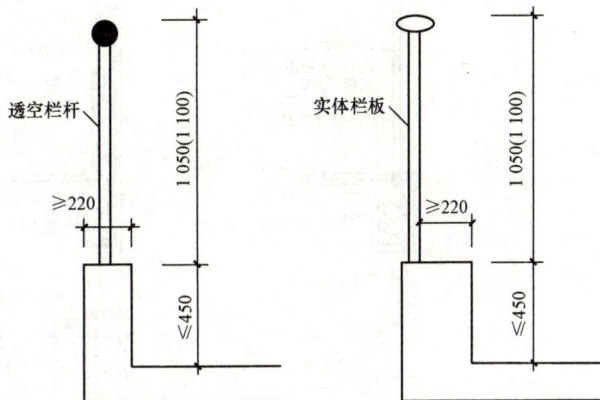

图 4-30　栏杆高度

从外形上，栏杆形式有空花栏杆、实心栏板及两者组合而成的组合式栏杆，实体栏杆又称栏板。中高层、高层及寒冷、严寒地区住宅的阳台宜采用实体栏板。从材料上，栏杆有金属栏杆和钢筋混凝土栏杆。

空花栏杆大多采用金属栏杆，如图 4-31(a)所示。金属栏杆一般采用圆钢、方钢、扁钢或钢管等。与金属扶手及阳台板(或面梁)的连接，可通过对应的预埋件焊接，或预留孔洞插接。扶手为非金属不便直接焊接时，可在扶手内设预埋件与栏杆焊接。

钢筋混凝土栏板可与阳台板整浇在一起，也可采用预制的钢筋混凝土栏板与阳台板连接。现浇混凝土栏板经立模、扎筋后，与阳台板或面梁、挑梁一同整浇，如图 4-31(b)所示。

预制钢筋混凝土栏杆端部的预留钢筋与阳台板的挡水板(高出阳台板 60～100 mm)现浇成一体，也可采用预埋件焊接或预留孔洞插接等方法，如图 4-31(c)所示。钢化平板玻璃栏板也可采用预埋件焊接的方法，如图 4-31(d)所示。

2. 阳台排水

对于非封闭阳台，为防止雨水从阳台进入室内，阳台地面标高应低于室内地面 30 mm 以上，并向排水口处找 0.5%～1% 的排水坡，以利于雨水的迅速排除。阳台一侧栏杆下应设排水孔，孔内埋设 $\phi40$ 或 $\phi50$ 镀锌钢管或塑料管，管口排水坡向外挑出至少 80 mm，以防排水时水溅到下层阳台，如图 4-32(a)所示。对于高层或高标准建筑在阳台板的外墙与端侧栏板相接处内侧设排水立管和地漏将水直接排出，使建筑立面保持美观、洁净，如图 4-32(b)所示。

二、雨篷

雨篷是建筑物入口处和顶层阳台上部用以遮挡风雨、保护外门免受雨水侵害和人们进出时不被滴水淋湿及空中落物砸伤的水平构件，它还有一定的装饰作用。雨篷按所用材料不同主要有玻璃雨篷、钢筋混凝土雨篷等。

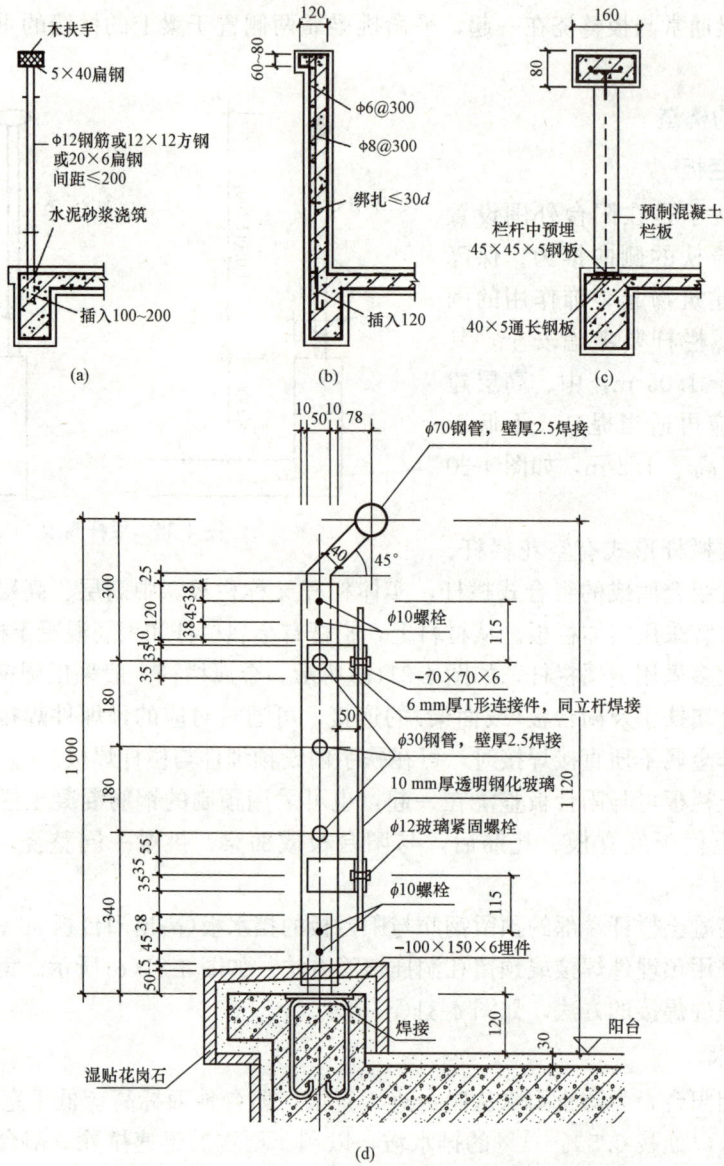

图 4-31 阳台栏杆、栏板构造举例

（a）金属栏杆；（b）现浇混凝土栏杆；（c）预制钢筋混凝土栏板；（d）钢化平板玻璃栏板

图 4-32 阳台排水构造

（a）排水坡向泄水管；（b）排水坡向地漏

常见的钢筋混凝土小型雨篷有板式和梁板式两种。板式雨篷多做成变截面，一般根部厚度不小于 70 mm，板的端部厚度不小于 50 mm；其悬挑长度一般为 1～1.5 m。雨篷挑出尺寸较大时，一般做成梁板式，为保证雨篷底部平整，常将雨篷的梁反倒上部，呈反梁结构。为防止雨篷产生倾覆，常将雨篷与入口处门洞口上过梁或圈梁浇在一起。雨篷的顶面应做好防水和排水处理，常采用防水砂浆抹面，并上翻至墙面不小于 250 mm 高形成泛水；沿排水方向做出 1‰排水坡。对于翻梁式梁板结构雨篷，根据立面排水需要，沿雨篷外缘做挡水边坎，并在一端或两端设置泄水管，如图 4-33 所示。

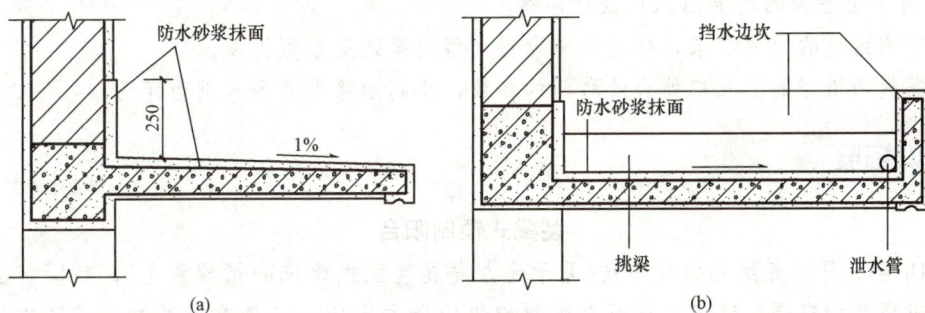

图 4-33 雨篷构造
(a)板式雨篷；(b)梁板式雨篷

钢构架金属和玻璃组合雨篷对建筑入口的烘托和建筑立面的美化有很好的作用，越来越受到人们的青睐，常见的有纯悬挑式、上拉压杆式、上下拉杆式三种类型。纯悬挑式钢构架玻璃雨篷，如图 4-34 所示，平面一中 W 为 1 500～1 800 mm，平面二中 W 为 2 100～3 000 mm，L 均为 1 200～1 800 mm，h 为 100～175 mm。

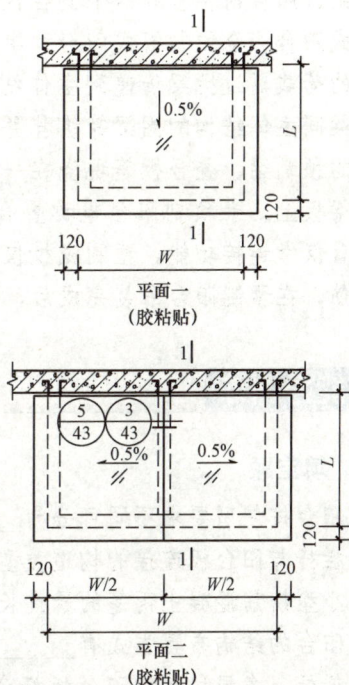

图 4-34 纯悬挑式钢构架玻璃雨篷

任务实施

1. 为某学生宿舍确定合适的阳台类型、尺寸，并绘制其细部构造详图。

(1)教师给定学生宿舍楼中某个房间的平面尺寸。

(2)分析所设置阳台应满足的要求，确定阳台类型及尺寸。

(3)绘制设有阳台的房间平面图和剖面详图。

2. 为学生宿舍的次要出入口设计雨篷。

分析该雨篷的使用要求，确定应该设置大型雨篷还是小型雨篷。

根据教师给定的出入口处台阶和门的参数，绘制雨篷平面图和剖面详图。

知识拓展

装配式预制阳台

2016年9月国务院办公厅印发《关于大力发展装配式建筑的指导意见》，我国装配式建筑发展出现新的机遇，装配式建筑在新建建筑中所占比例不断攀升，显著提高了建筑行业的建造水平。2020年12月，全国住房和城乡建设工作会议提出，2021年加快发展"中国建造"，推动建筑产业转型升级，完善装配式建筑标准体系，推动装配式建筑全产业链协同发展，进一步提高装配式建筑在新建建筑中的比例。装配式建筑相较于传统现浇施工具有节能、环保、施工效率高等优势，在国家及各省区市政策的指引下，装配式建筑必然成为当今建筑行业的发展趋势。

装配式预制阳台是装配式预制构件中的重要组成部分，主要由预制阳台底板、阳台底梁与侧梁、阳台前栏板和两个侧栏板及栏杆等部分构成。预制阳台按构件形式分类包括全预制梁式阳台、全预制板式阳台和半预制(叠合板)式阳台。全预制梁式阳台是指将阳台板及其上的荷载通过挑梁传递到主体结构的预制梁、预制墙体、预制柱等结构上，一般将底梁与侧梁同主体结构的圈梁等绑扎并焊接后进行现浇处理。全预制板式阳台在其根部与主体结构的预制梁、叠合板等现浇在一起，预制阳台板及其上的荷载通过悬挑板传递到主体结构的梁板上。半预制阳台也称叠合板式预制阳台，该类型阳台板，底板厚度设计较小，底梁布置仅做连接功能，预制底板仅做支撑作用，生产时按设计要求设计一定数量的外露分布钢筋，在预制阳台吊装完成后，在阳台底板上按设计要求布置受力筋，而后进行现浇。

能力训练

一、填空题

1. 阳台按使用要求不同可分为_____、_____。

2. 栏杆与阳台板连接的构造类型有_____、_____、_____三种。

3. 小型钢筋混凝土雨篷的悬挑长度一般为_____ m。

4. 阳台的结构布置方式有_____、_____、_____。

5. 低层、多层住宅的阳台栏杆净高不应低于_____ mm，中高层、高层住宅阳台栏杆净高不应低于_____ mm。

二、实践题

研究教师住宅楼的雨篷、阳台的类型、构造，并绘图表示雨篷、阳台的构造。

模块总结

```
                                    ┌─ 楼板的作用及要求
                                    │                      ┌─ 木楼板
                                    ├─ 楼板的类型 ──────────┼─ 钢筋混凝土楼板
                                    │   及特点              └─ 压型钢板组合楼板
                   ┌─ 钢筋混凝土     │                      ┌─ 面层
                   │   楼板选择      │                      ├─ 结构层
                   │                ├─ 楼板的 ─────────────┤
                   │                │   构造组成            ├─ 顶棚层
                   │                │                      └─ 附加层
                   │                │                      ┌─ 现浇整体式钢筋混凝土楼板
                   │                └─ 钢筋混 ──────────────┼─ 预制装配式钢筋混凝土楼板
                   │                    凝土楼板            └─ 装配整体式钢筋混凝土楼板
                   │
  楼地层构造        │                ┌─ 楼地面装修的要求及分类
  认知与表达 ──────┤                │                      ┌─ 整体式楼地面
                   │                │                      ├─ 块材式地面
                   ├─ 楼地面及 ─────┼─ 楼地面装修构造 ──────┤
                   │   顶棚装修      │                      ├─ 木地面
                   │                │                      └─ 其他地面
                   │                ├─ 顶棚的作用及分类
                   │                │                      ┌─ 直接式顶棚构造
                   │                └─ 顶棚装修构造 ────────┤
                   │                                       └─ 悬吊式顶棚
                   │                                       ┌─ 阳台的类型及设计要求
                   └─ 阳台及雨篷 ───┬─ 阳台 ───────────────┼─ 阳台的承重结构
                       构造处理      │                      └─ 阳台的构造
                                    └─ 雨篷
```

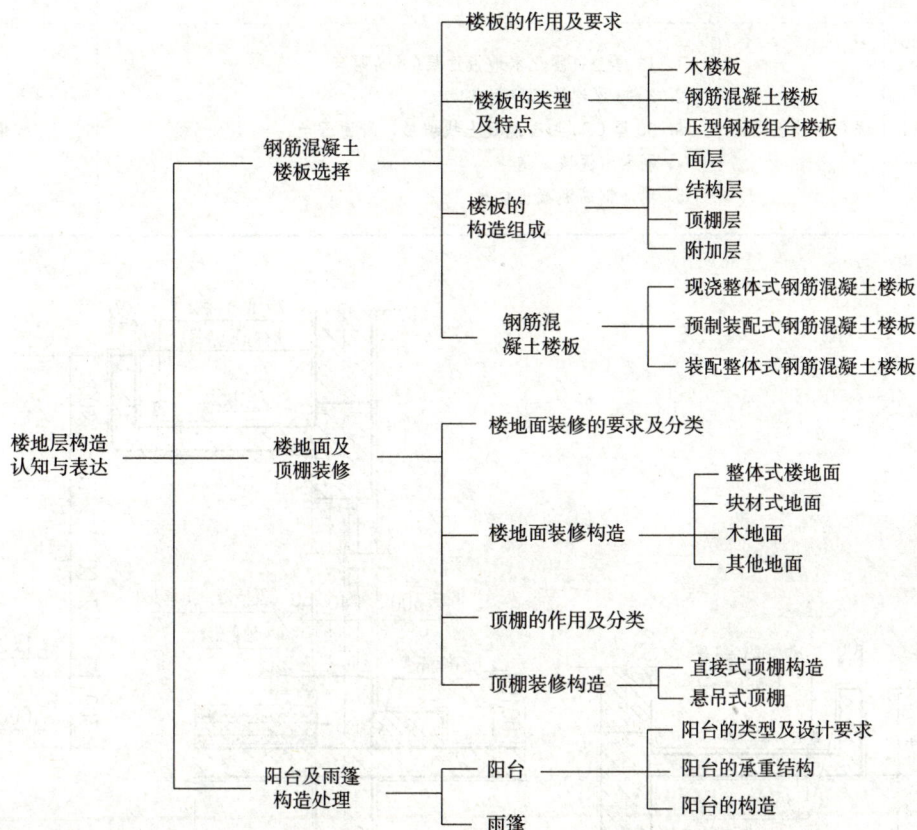

岗课赛证融通训练

根据表 4-1 和图 4-35 完成以下单项选择题。

表 4-1 楼面做法表

分类	编号	名称	工程做法	使用部位
楼面	楼 1	防滑地砖防水楼面	1. 10 厚缸砖面层，素水泥浆擦缝 2. 20 厚 1：2 水泥砂浆结合层，撒素水泥面 3. 水乳型橡胶沥青防水涂料一布（玻纤布）四涂防水层，撒砂一层粘牢 4. 30 厚 C25 细石混凝土找坡层 5. 刷素水泥浆一道 6. 100 厚轻骨料混凝土 7. 现浇钢筋混凝土楼板	（400×400）卫生间

分类	编号	名称	工程做法	使用部位
楼面	楼2	花岗岩楼面	1. 20厚花岗石面层(带防滑条)，素水泥浆擦缝 2. 20厚1:2水泥砂浆结合层，撒素水泥面 3. 素水泥浆结合层 4. 现浇钢筋混凝土楼板	大堂、商场、楼梯间(双边磨边)
	楼3	强化木地板楼面	1. 12厚企口强化木地板面层(成品踢脚) 2. 3~5厚泡沫塑料衬垫 3. 30厚C25细石混凝土找坡层，表面压光 4. 刷素水泥浆一道 5. 现浇钢筋混凝土楼板	包厢

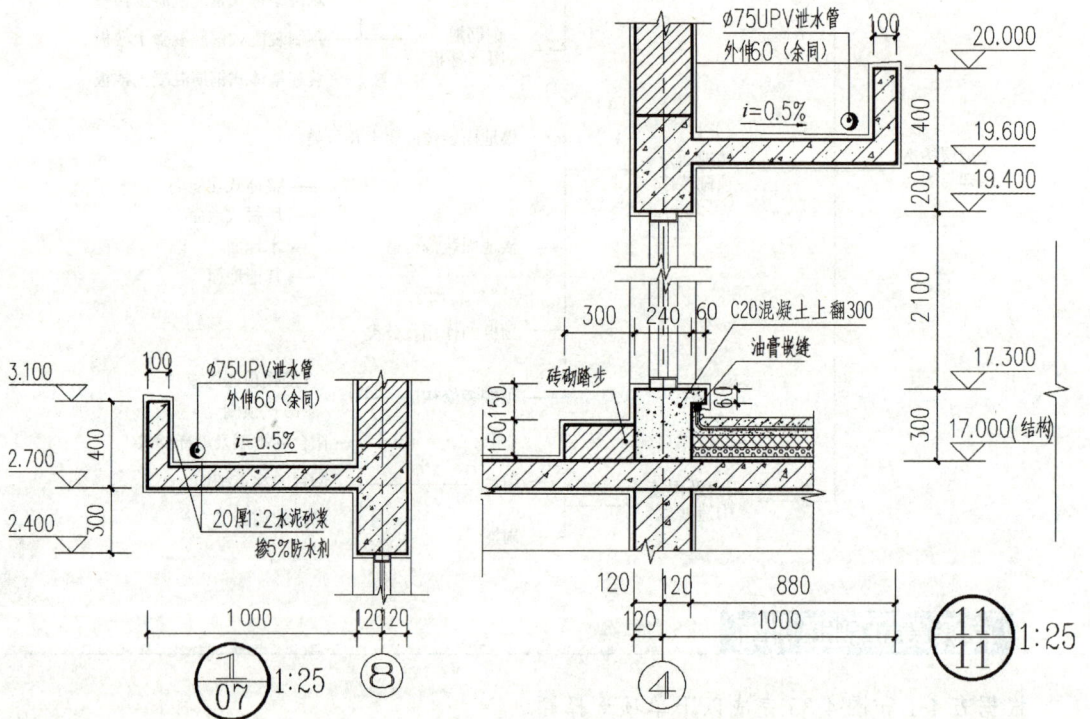

图 4-35　雨篷详图

1. 本工程大堂的楼面做法是(　　)。
   A. 磨光花岗石　　　　　　　B. 强化木地板
   C. 防滑地砖　　　　　　　　D. 图中未明确
2. 本工程卫生间采用(　　)防水。
   A. 防水涂膜
   B. 卷材
   C. 防水砂浆
   D. 水乳型橡胶沥青防水涂料一布(玻纤布)四涂

3. 本工程楼梯中间平台楼面采用(　　)。

    A. 防滑地砖防水楼面

    B. 防滑彩色釉面砖楼面

    C. 花岗岩楼面

    D. 水泥砂浆楼面

4. 本工程包厢的楼面做法是(　　)。

    A. 花岗石楼面　　　　　　　　B. 强化木地板楼面

    C. 防滑地砖楼梯　　　　　　　D. 图中未明确

5. 本工程卫生间的缸砖规格是(　　)mm。

    A. 300×300　　　　　　　　　B. 400×400

    C. 500×500　　　　　　　　　D. 200×200

6. 本工程中雨篷的排水方式是(　　)。

    A. 外排水　　　　　　　　　　B. 内排水

    C. 自由落水　　　　　　　　　D. 未说明

7. 本工程最高处雨篷的结构底标高为(　　)m。

    A. 19.400　　　　　　　　　　B. 19.600

    C. 20.000　　　　　　　　　　D. 20.600

8. 本工程小型的雨篷采用的防水材料是(　　)及悬挑尺寸是(　　)。

    A. 卷材，1 000　　　　　　　　B. 防水涂料，1 000和880

    C. 防水砂浆，1 000和880　　　D. 防水砂浆，16 000

9. 本工程雨篷的排水坡度(　　)。

    A. 1%　　　　　　　　　　　　B. 2%

    C. 0.5%　　　　　　　　　　　D. 以上答案都不对

10. 本工程小型雨篷的立面高度(只考虑结构尺寸)为(　　)mm。

    A. 300　　　　　　　　　　　　B. 400

    C. 500　　　　　　　　　　　　D. 600

楼梯构造认知与表达

学习目标

[知识目标]

(1)掌握楼梯的作用，了解楼梯的平面形式，掌握楼梯的组成及尺度要求。

(2)掌握钢筋混凝土楼梯的构造，了解楼梯细部构造的一般知识。

(3)了解建筑其他垂直交通设施。

[能力目标]

(1)能充分理解楼梯的尺度，能根据工程实际选择适合的楼梯尺度。

(2)能对楼梯及其细部进行构造处理。

(3)能确定建筑物出入口处的垂直高差解决措施。

(4)能识读和绘制楼梯、台阶、坡道构造详图，会查阅相关标准图集。

[素质目标]

(1)培养自觉学习和自我发展的能力。

(2)培养团结协作能力、创新能力和专业表达能力。

(3)培养独立分析与解决问题的能力。

(4)树立严谨的工作作风和爱岗敬业的工作态度及良好的职业道德。

学习重点

(1)常见楼梯的尺度、组成和平面形式。

(2)钢筋混凝土楼梯的细部构造。

(3)室外台阶及坡道的构造。

任务一　楼梯尺度运用

任务描述

根据建筑物的类型和特点选择楼梯的形式，明确楼梯各部分的尺度要求，确定楼梯的尺度。

一、楼梯的作用

在建筑中，楼梯是联系上下层的垂直交通设施。它的首要作用是联系上下交通通行、搬运家具设备和紧急情况下的安全疏散，其数量、位置、形式等均应符合有关规范和标准的规定；其次，楼梯作为建筑物的主体结构还起着承重的作用，所以，设计中要求楼梯要坚固、耐久、安全。除此之外，大多数的楼梯对建筑具有美观、装饰的作用，因此，应考虑楼梯对建筑整体空间效果的影响。设有电梯或自动扶梯等垂直交通设施的建筑物也必须同时设有楼梯作为安全疏散通道。

二、楼梯的组成

通常情况下，楼梯是由楼梯段、楼梯平台、栏杆（栏板）和扶手三部分组成的，如图 5-1 所示。

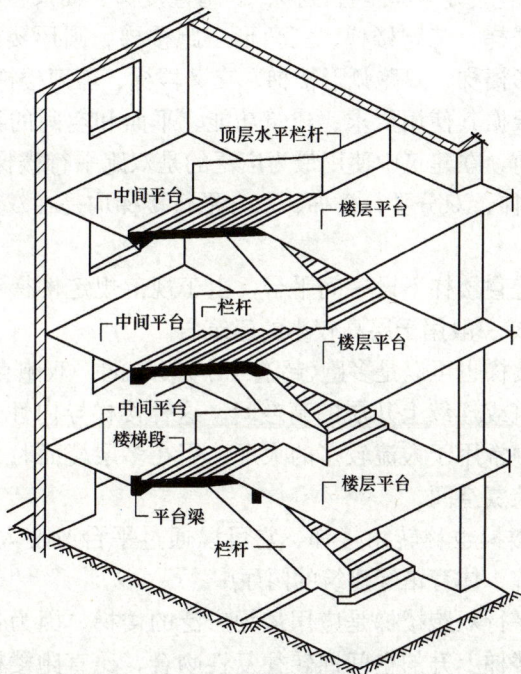

图 5-1　楼梯的组成

1. 楼梯段

楼梯段又称楼梯跑，是楼梯的主要使用和承重部分。它由若干个踏步组成。每个踏步一般由两个互相垂直的平面组成，供人们行走时踏脚的平面称为踏面，与踏面垂直的面称为踢面。踏面和踢面的尺寸关系决定了楼梯的坡度。为减少人们上下楼梯时的疲劳和适应人行的习惯，一个楼梯段的踏步数要求最多不超过 18 级，最少不少于 3 级。

2. 楼梯平台

平台是指两楼梯段之间的水平板，有楼层平台、中间平台之分。与楼层标高一致的平台称为楼层平台，位于两个楼层之间的平台称为中间平台。楼梯平台的主要作用在于缓解疲劳，让人们在连续上楼时可在平台上稍加休息，故又称休息平台。同时，楼梯平台还是梯段之间转换方向的连接处。

3. 栏杆(栏板)和扶手

大多数楼梯段至少有一侧临空，为了确保使用安全，应在楼梯段的临空一侧设置栏杆或栏板。栏杆或栏板上部供人们手扶的连续斜向配件称为扶手。栏杆(栏板)是楼梯段的安全设施，要求它必须坚固可靠，并保证有足够的安全高度。

三、楼梯的类型

建筑中楼梯的形式较多，一般按照以下原则对楼梯进行分类：

(1)按照楼梯所用的材料分为木楼梯、钢筋混凝土楼梯、钢楼梯、组合楼梯。

(2)按照楼梯的位置分为室外楼梯和室内楼梯。

(3)按照楼梯的使用性质分为主要楼梯、辅助楼梯、疏散楼梯、消防楼梯等。

(4)按照楼梯间的类型分为开敞楼梯间、封闭楼梯间、防烟楼梯间。

(5)按照楼梯的平面形式分为单跑直楼梯、双跑直楼梯、曲尺楼梯、平行双跑楼梯、双分转角楼梯、双分平行楼梯、三跑楼梯、三角形三跑楼梯、圆形楼梯、中柱螺旋楼梯、无中柱螺旋楼梯、单跑弧形楼梯、双跑弧形楼梯、交叉楼梯、剪刀楼梯等，如图5-2所示。

楼梯的平面形式是根据其使用要求、建筑功能、平面和空间的特点及楼梯在建筑中的位置等因素确定的。目前，在建筑中使用最为广泛的是双跑平行楼梯(简称双跑楼梯或两段式楼梯)，其他如三跑楼梯、双分平行楼梯、双合平行楼梯均是在双跑楼梯的基础上变化而成的。

1)单跑直楼梯。单跑直楼梯不设中间平台，由于规范规定楼梯一跑的踏步数不能超过18步，因此，单跑直楼梯一般用于层高较小的建筑内。

2)双跑直楼梯。直楼梯也可以是多跑(超过二个梯段)的。双跑直楼梯设一个中间平台，可以用于层高较大的建筑或连续上几层的高空间。这种楼梯导向性强，给人一种直接、顺畅的感受。在公共建筑中常用于人流较多的大厅。用在多层楼面时会增加交通面积并加长人流行走的距离，比较浪费空间。

3)曲尺楼梯。曲尺楼梯也称转角楼梯，它可以通过平台改变人流方向，导向较自由。通常用于一层楼的影剧院、体育馆等建筑的门厅中。

4)平行双跑楼梯。平行双跑楼梯是应用最为广泛的楼梯，因为这种楼梯上完一层楼刚好回到原起步方位，与楼梯上升的空间回转往复性吻合，比直跑楼梯省面积且大大缩短了人流行走的距离。

5)双分楼梯。双分楼梯是由双跑楼梯演变而来的，通常用在人流多，需要楼梯宽度较大时，如作办公建筑的主楼梯，双合楼梯与双分式楼梯相似。

6)三跑楼梯。三跑楼梯中部形成较大梯井，可用作电梯井的位置，因为有三跑梯段，踏步数量较多，适用于层高较大的公共建筑。

7)螺旋形楼梯。螺旋形楼梯通常是围绕一根单柱布置，平面呈圆形。其平台和踏步均为扇形平面，踏步内侧宽度很小，并形成较陡的坡度，行走时不安全，且构造较复杂。这种楼梯不能作为主要人流交通和疏散楼梯，但由于其流线型造型美观，常作为建筑小品布置在庭院或室内。

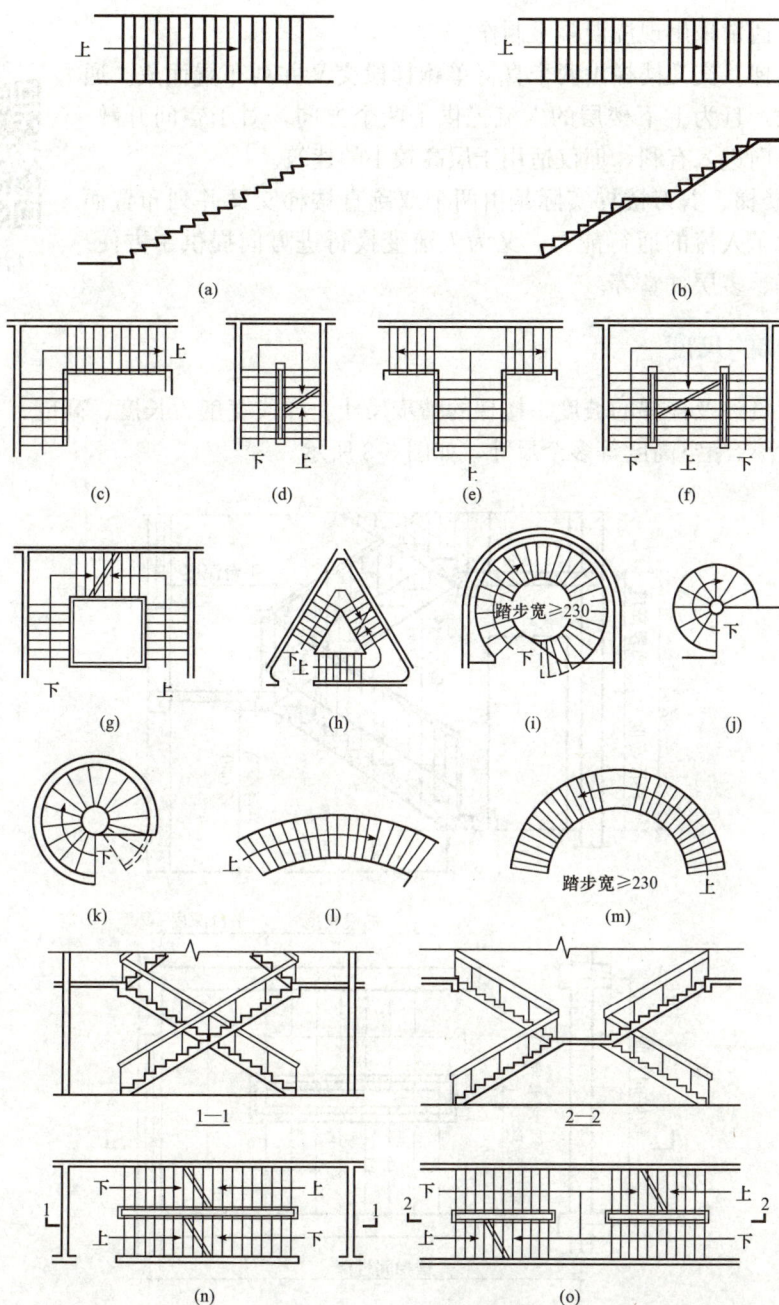

图 5-2 楼梯平面形式

(a)单跑直楼梯；(b)双跑直楼梯；(c)曲尺楼梯；(d)平行双跑楼梯；(e)双分转角楼梯；(f)双分平行楼梯；
(g)三跑楼梯；(h)三角形三跑楼梯；(i)圆形楼梯；(j)中柱螺旋楼梯；(k)无中柱螺旋楼梯；
(l)单跑弧形楼梯；(m)双跑弧形楼梯；(n)交叉楼梯；(o)剪刀楼梯

　　8)弧形楼梯。弧形楼梯与螺旋形楼梯的不同之处在于它围绕一较大的轴心空间旋转，未构成水平投影圆，仅为一段弧环，并且曲率半径较大。其扇形踏步的内侧宽度也较大（>220 mm），使坡度不至于过陡，可以用来通行较多的人流。弧形楼梯也是折行楼梯的演变形式。这种楼梯具有明显的导向性和优美轻盈的造型，可以作为疏散楼梯，通常用在大空间公共建筑的门厅里，用来通行一至二层之间较多的人流。但是，它的结构施工难度较大，成本高，通常采用现浇混凝土制作。

9)交叉楼梯。交叉楼梯由两个直行单跑梯段交叉并列布置而成。通行人流量较大，且为上下楼层的人流提供了两个方向，对于空间开敞，楼层人流多方向进入有利，但仅适用于层高较小的建筑。

10)剪刀楼梯。剪刀楼梯实际是由两个双跑直楼梯交叉并列布置而成的，既增大了人流的通行能力，又为人流变换行进方向提供了方便。其适用于商场、多层食堂等。

楼梯的组成
与类型

四、楼梯的尺度

楼梯的尺度涉及楼梯的坡度、楼梯的踏步尺寸、梯段宽度、长度、高度、平台宽度（深度）、梯段及平台净空高度等多个尺寸，如图 5-3 所示。

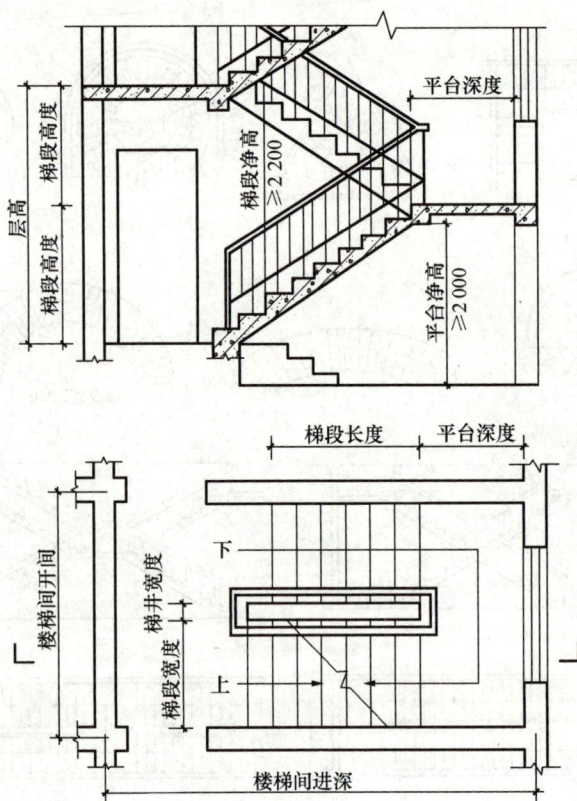

图 5-3　楼梯各部分尺度

1. 梯段的宽度

楼梯是供人们上下通行及紧急疏散使用的，因此，必须有足够的通行能力，即楼梯段及平台都必须有足够的宽度以满足使用要求。对于学校、商店、办公楼、候车室等民用建筑楼梯的总宽度应通过计算确定，以每 100 人拥有的楼梯宽度作为计算标准，俗称百人指标。楼梯的梯段净宽还可根据建筑物的使用特征按人流股数确定（也应考虑是否经常通过家具或担架等特殊要求），并不应少于两股人流。每股人流宽度为 0.55 m＋(0－0.15)m，其中，0～0.15 m 为人流在行进中摆幅，人流较多的公共建筑应取上限，见表 5-1。

表 5-1　楼梯梯段宽度

类别	梯段宽度/mm	备注
单人通过	＞900	满足单人携物通过
双人通过	1 100～1 400	—
三人通过	1 650～2 100	—

高层建筑中作为主要通行的楼梯，其梯段宽度指标高于一般建筑。疏散楼梯的最小净宽不应小于表 5-2 的规定。

表 5-2　高层建筑疏散楼梯的最小净宽度

高层建筑	疏散楼梯的最小净宽/m
高层医疗建筑	1.30
居住建筑	1.10
其他建筑	1.20

2. 梯井宽度

所谓梯井是指梯段之间形成的空隙，此空隙从顶到底贯通。梯井宽度一般为 60～200 mm，当梯井超过 200 mm 时，应在梯井部位设水平防护措施。

3. 楼梯的坡度

楼梯的坡度是指楼梯段的坡度。应根据楼梯的使用情况，合理选择楼梯的坡度。楼梯的坡度越小行走越舒适，但加大了楼梯间的进深，增加了建筑面积；楼梯的坡度越陡，行走越吃力，但楼梯间的面积可减小。因此，在楼梯坡度的选择上，存在使用和经济两者的矛盾。一般来说，公共建筑中楼梯使用的人数多，坡度应平缓些；住宅建筑中的楼梯使用的人数少，坡度可陡些；专供幼儿和老年人使用的楼梯坡度应平缓些。楼梯的坡度有两种表示方法：一种是用斜面与水平面的夹角来表示；另一种是用斜面的垂直投影高度与斜面的水平投影长度之比。

楼梯、爬梯及坡道的区别在于其坡度的大小和踏步的高宽比等关系上。楼梯常见坡度为 20°～45°，其中 30°左右较为通用。楼梯的最大坡度不宜大于 38°。坡度小于 20°时，应采用坡道形式，若其倾斜角坡度大于 45°时，则采用爬梯。楼梯、爬梯及坡道的坡度范围如图 5-4 所示。

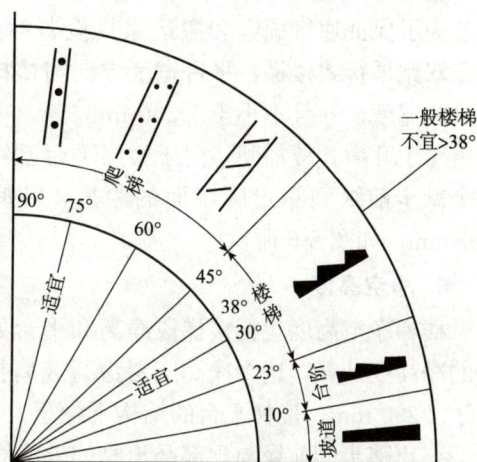

图 5-4　楼梯、爬梯及坡道的坡度范围

4. 楼梯的踏步尺寸

楼梯梯段是由若干踏步组成的，每个踏步由踏面和踢面组成，如图 5-5(a)所示。踏步尺寸与人的行走有关。踢面高度与踏面宽度之和与人的跨步长度有关，此值过大或过小，行走都不方便。可按下列公式计算踏步尺寸：

$$2h+b=(600-620)\text{mm 或 } h+b=450 \text{ mm}$$

式中　h——踏步高度；

　　　b——踏步宽度。

楼梯踏步尺寸还应符合表 5-3 的规定。

表 5-3　常用楼梯适宜踏步尺寸

名称	住宅	学校、办公楼	剧院、会堂	医院（病人用）	幼儿园
踏步高/mm	156～175	140～160	120～150	150	120～150
踏面宽/mm	260～300	280～340	300～350	300	260～300

楼梯段的长度 L 是每一梯段的水平投影长度，其值 $L=b×(n-1)$。其中，b 为踏面水平投影步宽，n 为踏步数。

当踏面尺寸较小时，可以采取加做凸缘或将踢面倾斜的方式加宽踏面。踏口挑出尺寸为 20～25 mm，如图 5-5(b)、(c)所示。这个尺寸不宜过大，否则行走时也不方便。

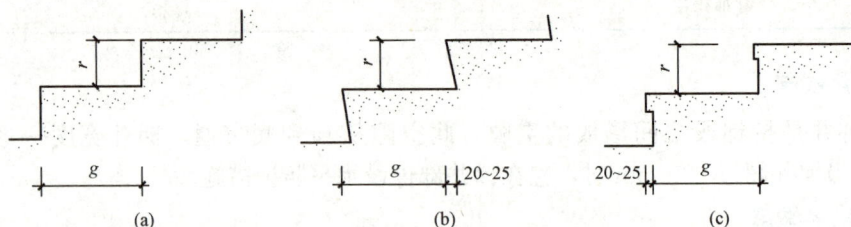

图 5-5　踏步细部尺寸
(a)正常处理的踏步；(b)踢面倾斜的踏步；(c)加做踏步檐的踏步

5. 楼梯平台宽度

楼梯平台宽度分为中间平台宽度和楼层平台宽度。

为了保证通行顺畅和搬运家具设备的方便，楼梯平台的宽度应不小于楼梯段的宽度。对于双跑平行式楼梯，平台宽度方向与楼梯段的宽度方向垂直，规定平台宽度应不小于楼梯段的宽度，并且不小于 1 200 mm。

对于开敞式楼梯间，由于楼层平台已经同走廊连成一体，这时楼层平台的净宽为最后一个踏步前缘到靠走廊墙面的距离，此时平台净宽度可以小于上述规定，一般不小于 500 mm，如图 5-6 所示。

6. 净空高度

楼梯净空高度包括楼梯段净高和平台处净高。楼梯段净高应以踏步前缘处到顶棚垂直线的净高度计算，这个净高应考虑行人肩扛物品的实际需要，防止行进中受影响，一般不小于 2 200 mm。楼梯平台的结构下缘至人行通道的垂直高度不应小于 2 000 mm。梯段的起始、终止踏步的前缘与顶部凸出物的外缘线应不小于 300 mm，如图 5-7 所示。

当在平行双跑楼梯中间平台下设通道出入口时，为保证平台下净高满足通行要求，一般应采取以下方式解决：

(1)在底层变等跑梯段为长短跑梯段，如图 5-8(a)所示。起步第一跑为长跑，以提高中间平台标高，这种方式会使楼梯间进深加大。

图 5-6 开敞式楼梯间楼层平台的宽度

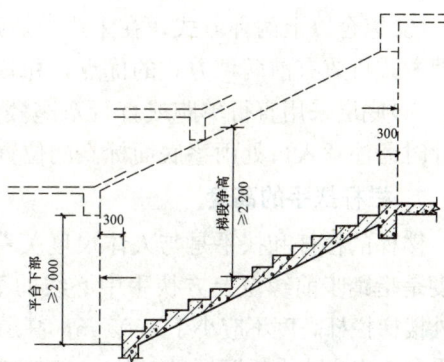

图 5-7 梯段及平台部位净高的要求

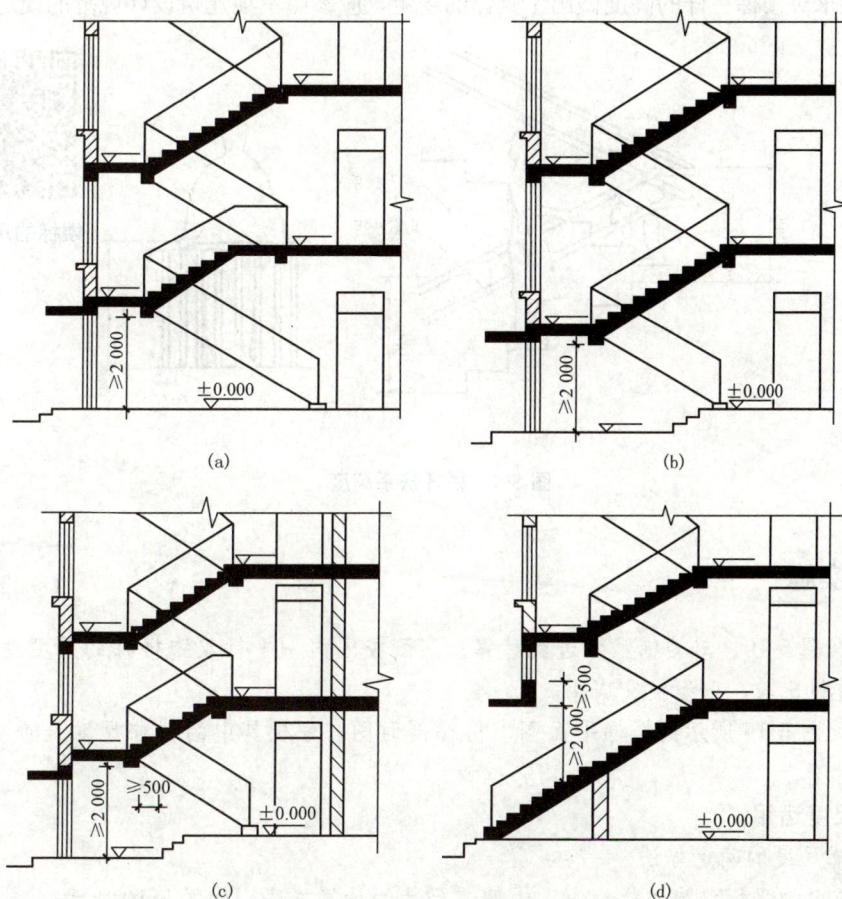

图 5-8 底层楼梯平台做出入口时的处理方式

(a)增加底层第一梯段的踏步数；(b)降低底层中间平台下地坪的标高

(c)两种方法进行综合；(d)底层楼梯采用直跑楼梯

(2)局部降低底层中间平台下地坪标高，使其低于底层室内地坪标高±0.000，以满足净空高度要求，如图 5-8(b)所示。但降低后的中间平台下地坪标高仍应高于室外地坪标高，以免雨水内溢。这种处理方式可保持等跑梯段，使构件统一。但中间平台下的地坪降低，常依靠底层室内地坪标高±0.000 对应的绝对标高的提高来实现，可能增加土方量。

(3) 综合以上两种方式，在采用长短跑的同时，又降低底层中间平台下地坪标高，这种处理方式可兼有前两种方式的优点，并减少其缺点，如图 5-8(c) 所示。

(4) 底层采用直行单跑或直行双跑楼梯直接从室外上二层，这种方式常用于住宅建筑，设计时需注意入口处雨篷底面标高的位置，保证净空高度在 2 m 以上，如图 5-8(d) 所示。

7. 栏杆扶手的高度

楼梯的栏杆和扶手是与人体尺度关系密切的建筑构件，应合理地确定栏杆高度。栏杆高度是指踏步前缘至上方扶手中心线的垂直距离。一般室内楼梯栏杆高度不应小于 0.9 m，室外楼梯栏杆高度不应小于 1.05 m，高层建筑室外楼梯栏杆高度不应小于 1.1 m。如果当顶层平台上水平扶手长度超过 500 mm 时，其高度不应小于 1 050 mm。幼托建筑的扶手高度不能降低，可增加一道 500~600 mm 高的儿童扶手。栏杆扶手高度如图 5-9 所示。有一些建筑根据使用要求对楼梯栏杆的高度做出了具体的规定，应参照单项建筑设计规范的规定执行。

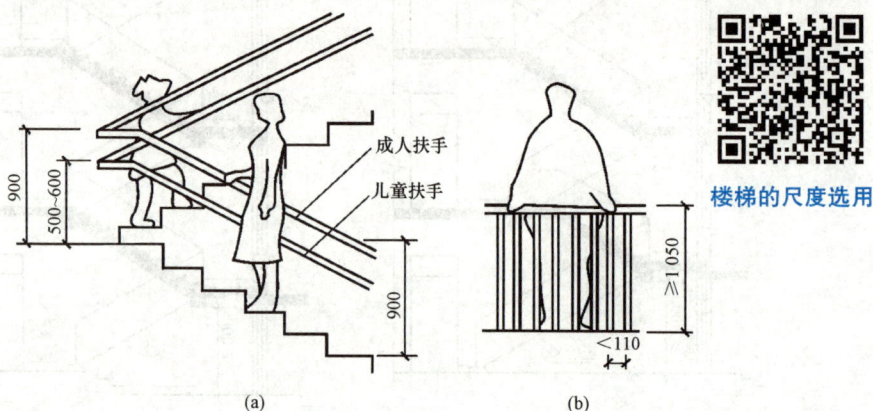

楼梯的尺度选用

图 5-9　栏杆扶手高度

🔧 任务实施

1. 依据图 5-10，对楼梯尺寸进行计算。实测校园内一平行双跑楼梯的尺度值，并与理论计算值进行比较，分组提交成果。

2. 识读图 5-11 所示的楼梯平面图、楼梯剖面图，分析其中的楼梯尺度是否可以调整，分组进行讨论。

楼梯尺度运用

1. 楼梯尺度的确定方法

现以常用的平行双跑楼梯为例，说明其尺寸的计算方法，如图 5-10 所示。

(1) 根据层高 H 和初选步高 h 确定每层步数 N，$N = H/h$。为减少构件规格，一般应尽量采用等跑梯段，因此，N 宜为偶数。如所求出 N 为奇数或非整数，可反过来调整步高 h。

(2) 根据步数 N 和初选踏步宽 b 确定梯段水平投影长度 L，$L = (0.5N - 1)b$。

(3) 确定是否设置梯井。供少年儿童使用的楼梯梯井不应大于 120 mm，以利于安全。

(4) 根据楼梯间开间净宽 A 和梯井宽 C 确定梯段宽度 a，$a = (A - C)/2$。同时检验是否满足紧急疏散要求，如不能满足，则应对梯井宽 C 或楼梯间开间净宽 A 进行调整。

(5) 根据初选中间平台宽 D_1 和楼层平台宽 D_2 及梯段水平投影长度 L 检验楼梯间进深净

长度 B，$B=D_1+L+D_2$。如不能满足，可对 L 值进行调整（即调整 b 值）。必要时，则需调整 B 值。当 B 值一定且尺寸有富余时，一般可加宽 b 以减缓坡度或加宽 D_2 值以利于楼层平台分配人流。

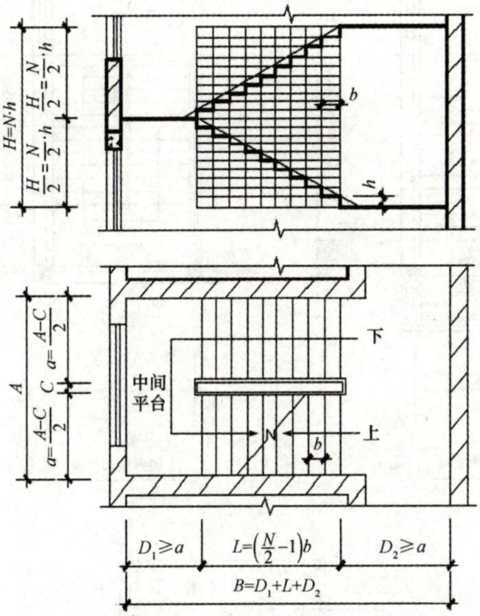

图 5-10　楼梯尺寸计算

2. 识读图 5-11 所示的楼梯平面图、楼梯剖面图，分析其中的楼梯尺度是否可以调整。

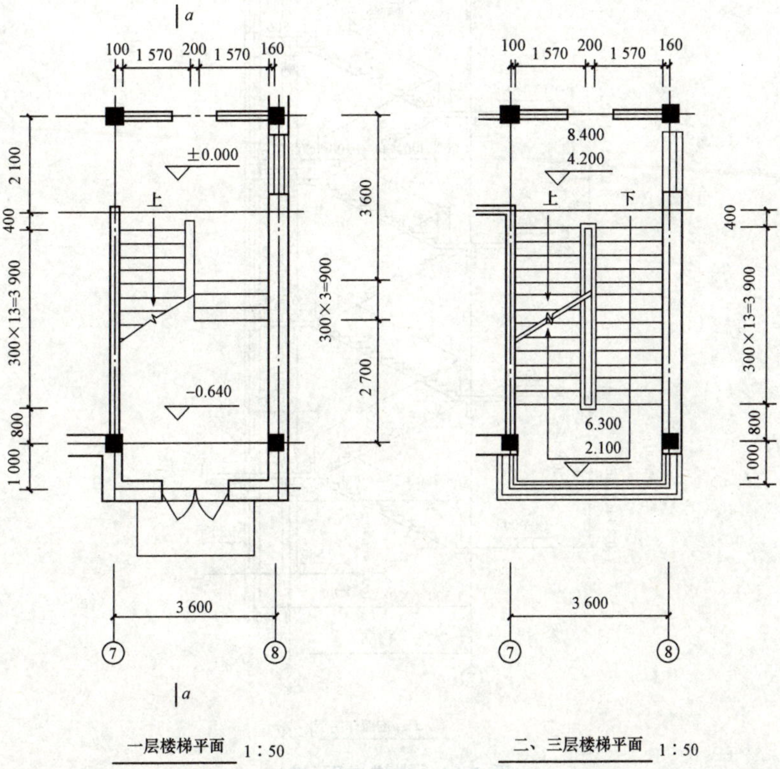

一层楼梯平面　1:50　　　二、三层楼梯平面　1:50

图 5-11　楼梯详图

123

四、五层楼梯平面 1:50

上屋面楼梯平面 1:50

a—a剖面详图 1:50

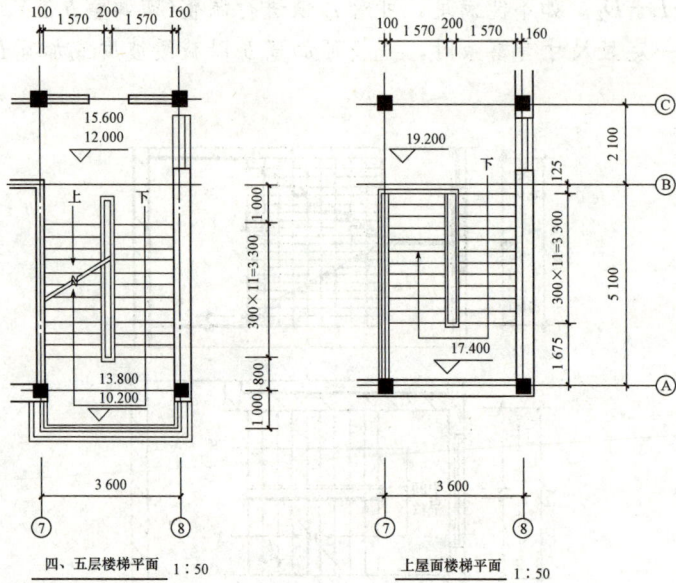

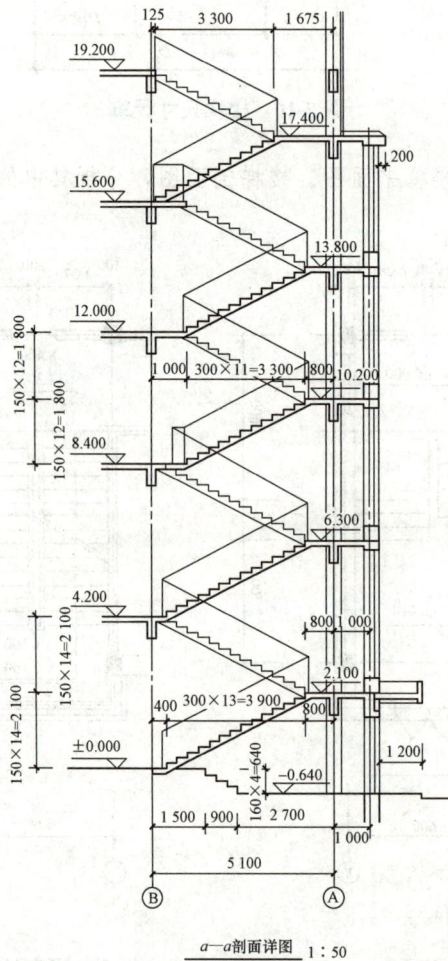

图 5-11 楼梯详图(续)

设置楼梯的房间称为楼梯间。由于防火的要求不同，楼梯间有以下三种形式。

1. 开敞式楼梯间

开敞式楼梯间主要用于五层以下的公共建筑及其他普通多层建筑，如图5-12所示。

2. 封闭式楼梯间

封闭式楼梯间主要适用于五层以上的其他公共医院、疗养院的病房楼、设有空气调节系统的多层宾馆、建筑，以及高层建筑中24 m以下的裙房和除单元式与通廊式住宅外的建筑高度不超过32 m的二类高层建筑及部分高层住宅。楼梯间门应向疏散方向开启，如图5-13所示。

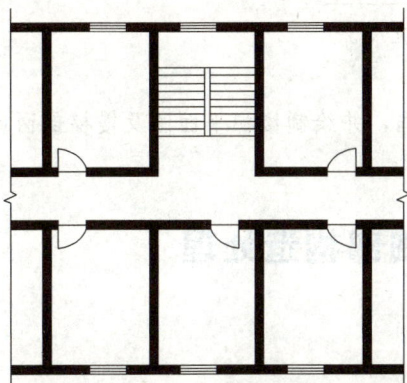

图 5-12　开敞式楼梯间

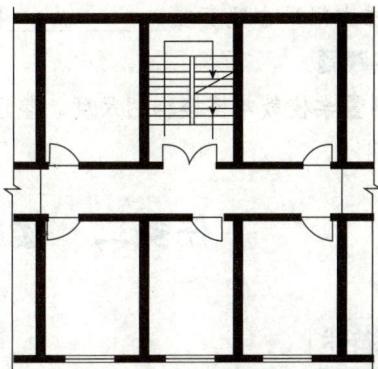

图 5-13　封闭楼梯间

3. 防烟楼梯间

对于一类高层建筑和除单元式与通廊式住宅外的建筑高度超过32 m的二类高层建筑及塔式高层住宅应设防烟楼梯间，如图5-14所示。

楼梯间入口处应设前室、阳台或凹廊。前室的面积：公共建筑不应小于6 m²，居住建筑不应小于4.5 m²。前室和楼梯间的门均应为乙级防火门，并应向疏散方向开启。其前室和楼梯间应有自然排烟或机械加压送风的防烟设施。

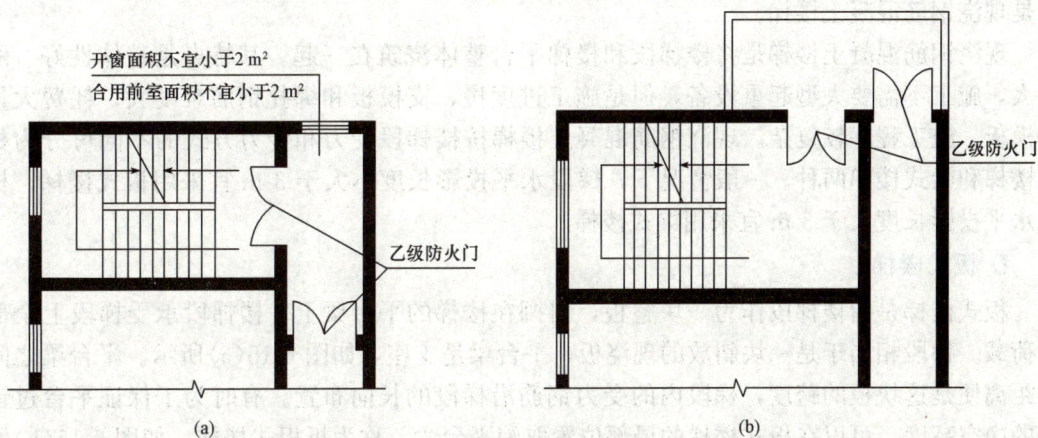

开窗面积不宜小于2 m²

合用前室面积不宜小于2 m²

乙级防火门

乙级防火门

(a)　(b)

图 5-14　防烟楼梯间

(a)设前室防烟楼梯间；(b)利用阳台做前室的防烟楼梯间

一、填空题

1. 楼梯由_____、_____、_____三部分组成。

2. 楼梯的平台处净高_____，梯段处净高_____。

3. 楼梯扶手高度一般为_____mm。

4. 住宅疏散楼梯的最小踏面宽度为_____mm。

5. 常用楼梯的坡度范围为_____。

6. 单跑楼梯梯段的踏步数一般不超过_____级。

7. 楼梯中间平台宽度应_____梯段宽度。

二、实践题

实地测量学校教学楼楼梯的尺度，整理数据，并绘制楼梯平面图及楼梯剖面图。

任务二　楼梯细部构造处理

任务描述

某单元式住宅和某大型办公楼拟采用现浇钢筋混凝土楼梯，选择合适的楼梯结构形式，做到经济合理。根据建筑物的特征和使用特点确定楼梯的细部构造并绘制构造详图。

知识储备

一、现浇钢筋混凝土楼梯

钢筋混凝土的耐火性能和耐久性能均好于木材和钢材，因此，在民用建筑中大量使用的是现浇钢筋混凝土楼梯。

现浇钢筋混凝土楼梯是将楼梯段和楼梯平台整体浇筑在一起。其特点是整体性好、刚度大，施工不需要大型起重设备，但是施工进度慢，支模板和绑扎钢筋难度大，耗费大量的模板，施工程序较复杂。现浇钢筋混凝土楼梯按楼梯段受力和传力方式的不同可分为板式楼梯和梁式楼梯两种。一般情况下，梯段水平投影长度不大于 3 m 宜采用板式楼梯，梯段水平投影长度大于 3 m 宜采用梁式楼梯。

1. 板式楼梯

板式楼梯是指楼梯段作为一块整板，斜搁在楼梯的平台梁上。楼梯段承受梯段上全部的荷载。梯段相当于是一块斜放的现浇板，平台梁是支座，如图 5-15(a)所示。平台梁之间的距离便是这块板的跨度，梯段内的受力钢筋沿梯段的长向布置。有时为了保证平台过道处的净空高度，可以在板式楼梯的局部位置取消平台梁，称为折板式楼梯，如图 5-15(b)所示。此时板的跨度应为梯段水平投影长度与平台深度尺寸之和。板式楼梯适用于荷载较小、层高较小的建筑，如住宅、宿舍建筑。

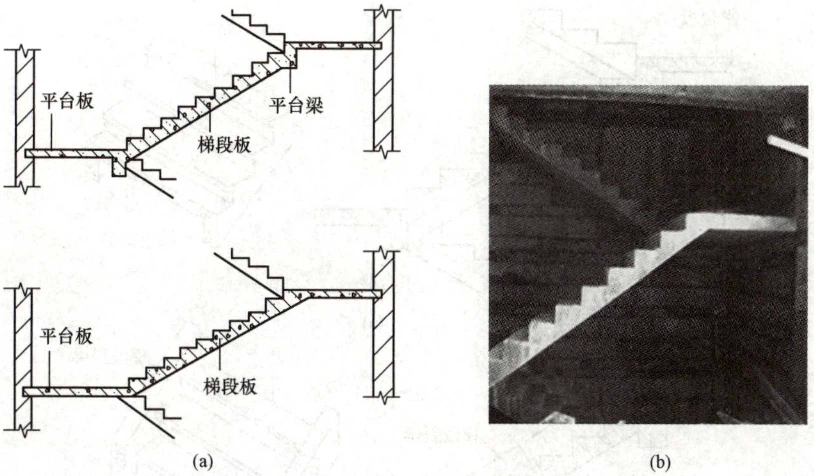

图 5-15　现浇钢筋混凝土板式楼梯
(a)板式楼梯；(b)折板式楼梯

2. 梁式楼梯

当梯段较宽或楼梯负载较大时，采用板式楼梯往往不经济，则须增加梯段斜梁（简称梯梁）以承受板的荷载，并将荷载传递给平台梁，这种楼梯称为梁式楼梯，如图 5-16 所示。梁式楼梯的宽度相当于踏步板的跨度，平台梁之间的间距即斜梁的跨度。梁板式楼梯在结构布置上有双梁布置和单梁布置之分。双梁布置比较常见，斜梁设置在梯段的两侧，有时为了节省材料在梯段靠楼梯间横墙一侧不设置斜梁而直接由墙体承受踏步板的重量。此时，踏步板一端搁置在斜梁上另一端搁置在墙上。在梁式结构中，单梁式楼梯是近年来公共建筑中采用较多的一种结构形式。这种楼梯的每个梯段由一根梯梁支承踏步。梯梁布置有两种方式：一种是单梁悬臂式楼梯；另一种是单梁挑板式楼梯。单梁楼梯受力复杂，梯梁不仅受弯，而且受扭。但这种楼梯外形轻巧、美观，常常为建筑空间造型所采用。

梁式楼梯的斜梁一般是暴露在踏步板的下面，称为正梁式楼梯，也叫作明步楼梯。这种楼梯在梯段下部形成梁的暗角容易积灰，而且梯段侧面经常被清洗踏步产生的脏水污染影响美观。而若将梯梁反向上面就弥补了明步楼梯的缺陷，这种称为反梁式楼梯，也叫作暗步楼梯。暗步楼梯因为斜梁宽度要满足结构要求，通常宽度较大，从而使梯段宽度变小，如图 5-17 所示。

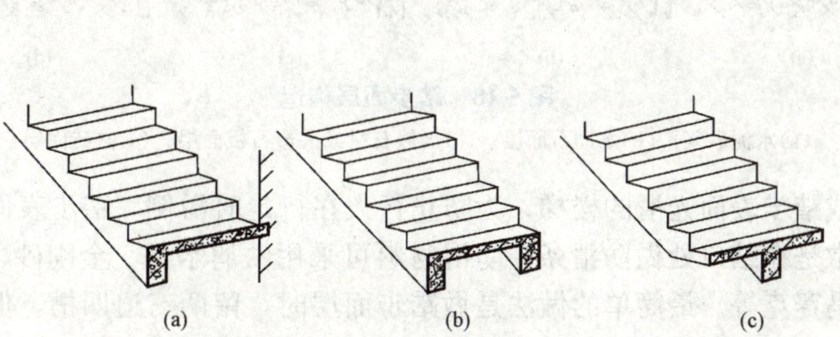

图 5-16　梁式钢筋混凝土楼梯
(a)梯段一侧设斜梁；(b)梯段两侧设斜梁；(c)梯段中间设斜梁

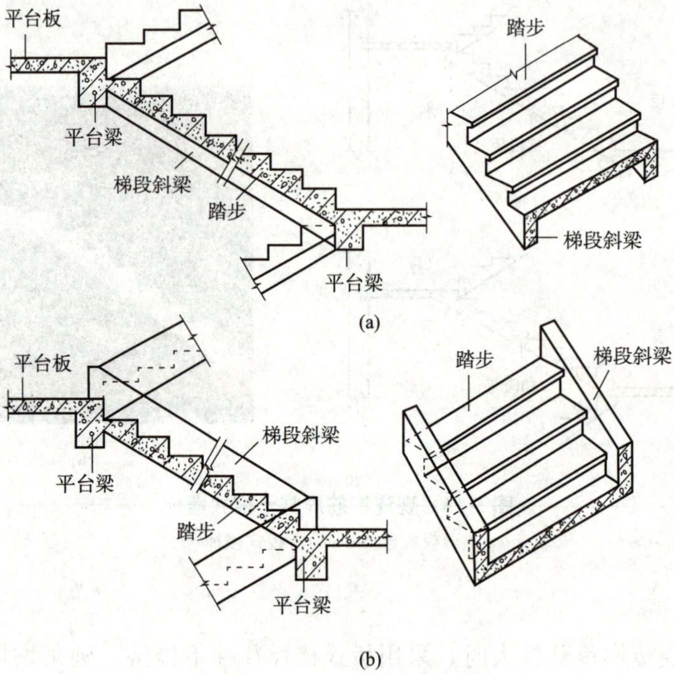

图 5-17　现浇钢筋混凝土梁板式梯段

(a)正梁式梯段；(b)反梁式梯段

二、踏步面层及防滑处理

楼梯的踏步面层应便于行走，耐磨、防滑，便于清洁，同时要求美观。由于现浇楼梯拆模后一般表面粗糙，不仅影响美观，更不利于行走，一般需做面层。踏步面层的材料，视装修要求而定，一般与门厅或走道的楼地面面层材料一致，常用的有水泥砂浆、水磨石、大理石、地砖和缸砖等，如图 5-18 所示。

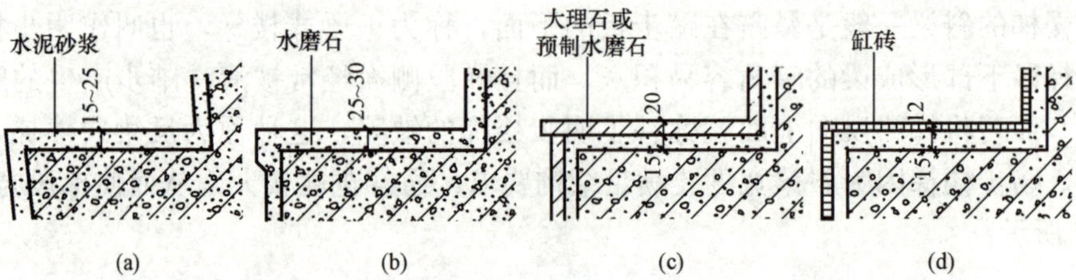

图 5-18　踏步面层构造

(a)水泥砂浆；(b)水磨石面层；(c)天然石材或人造石板面层；(d)缸砖面层

人流量大或踏步表面光滑的楼梯，为防止行人在行走时滑倒，踏步表面应采取防滑和耐磨措施，通常是在踏口处做防滑条。防滑材料可采用铁屑水泥、金刚砂、塑料条、橡胶条、金属条、马赛克等。最简单的做法是做踏步面层时，留两三道凹槽，但使用中易被灰尘填满，使防滑效果不够理想，且易破损。防滑条或防滑凹槽长度一般按踏步长度每边减去 150 mm。还可采用耐磨防滑材料如缸砖、铸铁等做防滑包口，既防滑又起保护作用。标准较高的建筑，可铺地毯或防滑塑料或橡胶贴面，这种处理，有一定弹性，行走舒适。踏步防滑处理如图 5-19 所示。

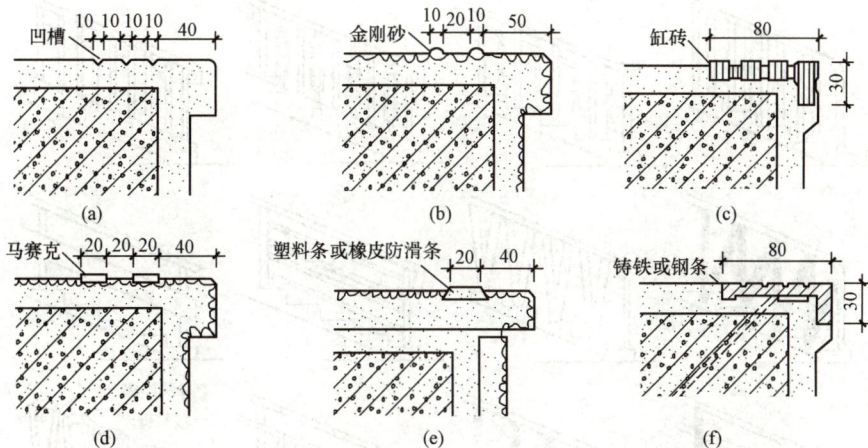

图 5-19 踏步防滑处理

(a)防滑凹槽；(b)金刚砂防滑条；(c)缸砖包口贴；(d)马赛克防滑条；

(e)嵌橡皮防滑条；(f)铸铁包口

三、栏杆和扶手构造

1. 栏杆(栏板)的构造

栏杆(栏板)是楼梯中保护行人上下安全的围护措施。栏杆多采用方钢、圆钢、钢管或扁钢等材料，可以焊接或铆接成各种图案，既起到防护作用又起到装饰作用。如图5-20所示为常见栏杆的形式。常用栏杆的断面尺寸：方钢15 mm×15 mm~25 mm×25 mm，圆钢 $\phi16$~$\phi25$ mm，钢管 $\phi20$~$\phi50$ mm，扁钢30~50 mm×3~6 mm。栏杆应有足够的强度，能够保证在人多拥挤时楼梯的使用安全。在经常有儿童活动的场所如幼儿园、住宅等建筑，为了防止儿童穿过栏杆空挡发生危险，栏杆垂直构件之间的净距不应大于110 mm，且不能采用易于攀登的花饰。

栏板是用实体材料制作的，常用的材料有加设钢筋网的砖砌体、钢筋混凝土、木材、玻璃等。砖砌栏板是用普通砖侧砌，厚度为60 mm，栏板外侧用钢筋网加固，再用钢筋混凝土扶手与栏板连成整体。钢筋混凝土栏板有预制和现浇两种，通常采用现浇处理，经支模板、绑扎钢筋后与梯段整浇而成，比砖砌体栏板牢固、安全、耐久，但是栏板厚度和自重较大。也可以预埋钢板将预制钢筋混凝土栏板与梯段焊接。栏板的表面应光滑平整，便于清洗。

栏杆与梯段、平台的连接有铆接、焊接和螺栓连接三种。铆接是在踏步上预留孔洞，预留孔一般为50 mm×50 mm，插入洞内至少80 mm，然后将钢条插入孔内，洞内浇筑水泥砂浆或细石混凝土嵌固。焊接则是在浇筑楼梯踏步时，在需要设置栏杆的部位，沿踏面预埋钢板或在踏步内埋套管，然后将钢条焊接在预埋钢板或套管上。螺栓连接是利用螺栓将栏杆固定在踏步上，方式有多种。栏板可以与梯段直接相连，也可以安装在垂直构件上。栏杆与梯段、平台的连接如图5-21所示。

图 5-20 栏杆(栏板)的常见形式

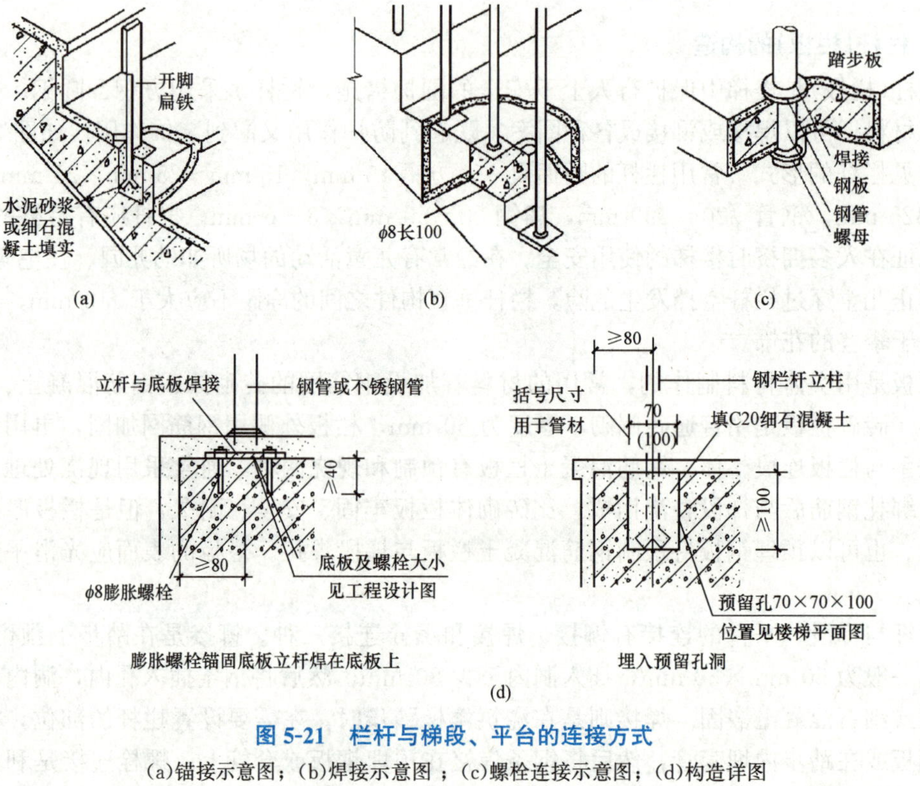

图 5-21 栏杆与梯段、平台的连接方式

(a)锚接示意图；(b)焊接示意图；(c)螺栓连接示意图；(d)构造详图

2. 扶手

楼梯扶手可用硬木制作或用钢筋、塑料制品在栏板上缘抹水泥砂浆、水磨石等。

钢栏杆用木扶手及塑料扶手时，用木螺钉连接扶手与栏杆。钢栏杆与钢管扶手则焊接在一起。扶手类型及与栏杆的连接如图 5-22 所示。

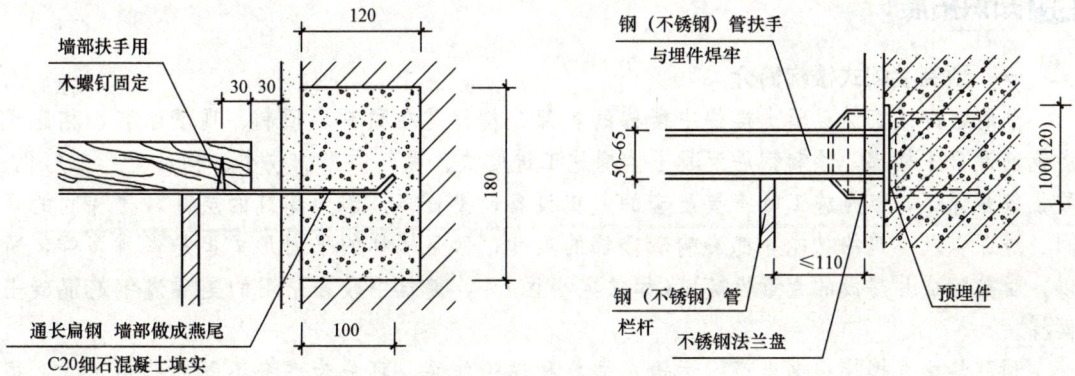

图 5-22　扶手构造及与栏杆及栏板的连接
(a)木扶手；(b)塑料扶手；(c)金属扶手；(d)栏板扶手

当需再在靠墙一侧设置栏杆和扶手时，其与墙和柱的连接做法通常有两种：一种是在墙上预留孔洞，将栏杆铁件插入洞内，再用细石混凝土或水泥砂浆填实；另一种是在钢筋混凝土墙或柱的相应位置上预埋铁件与栏杆扶手的铁件焊接，也可用膨胀螺栓连接。具体做法如图 5-23 所示。

图 5-23　栏杆扶手与墙和柱的连接

3. 栏杆、扶手的转弯处理

在双折式楼梯的平台转弯处，当上、下行楼梯的第一个踏步口平齐时，两段扶手在此不能方便地连接，采用整体硬接，如图 5-24(c)所示，或做成"鹤颈"扶手，如图 5-24(b)所示。这种扶手使用不便且制作麻烦，应尽量避免。常用的改进方法有以下几种：

(1)将平台处栏杆向里缩进半个踏步距离，可顺应连接。其特点是连接简便，易于制作，省工省料，但是由于栏杆扶手伸入平台，使平台净宽变小，如图 5-24(a)所示。

(2)将上、下行扶手在转折处断开各自收头。因扶手断开，栏杆的整体性受到影响，需在结构上互相连接牢固，如图 5-24(d)所示。

(3)将上、下行楼梯段的第一个踏步相互错开，扶手可顺应连接。其特点是简便易行，但必须增加楼梯间的进深，如图 5-24(e)、(f)所示。

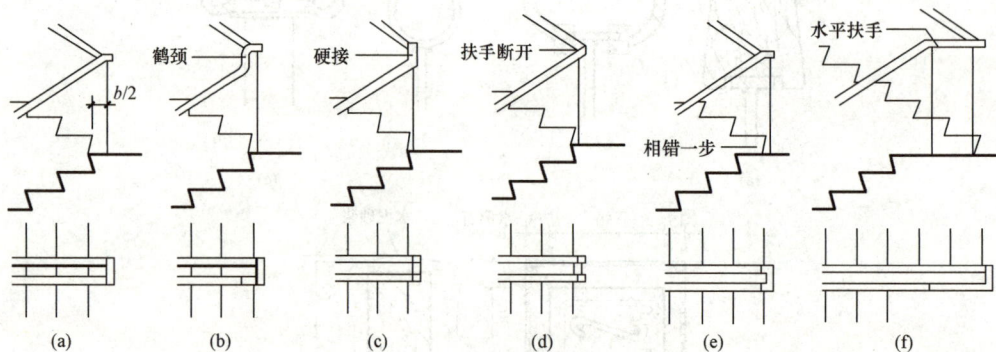

图 5-24　梯段转折处栏杆扶手处理

(a)栏杆向里缩进半个踏步；(b)"鹤颈"扶手；(c)整体硬接；(d)拼接；(e)、(f)错开踏步的扶手处理

任务实施

观察学校内部的建筑(如教学楼、宿舍楼、办公楼、学生活动中心、大礼堂、学生食堂、教师家属楼等)中的楼梯，将它们的结构形式、构造特点及细部构造处理记录下来，分组提交成果。

楼梯细部构造

知识拓展

一、预制装配式楼梯简介

预制装配式钢筋混凝土楼梯中楼梯的各部分构件是在预制厂预制、现场组装，相比现浇钢筋混凝土楼梯，预制钢筋混凝土楼梯施工进度快、受气候影响较小、构件生产工厂化、质量较易保证，但是施工时需要配套的起重设备，投资多。因为建筑的层高，楼梯间的开间、进深以及建筑的功能等都影响着楼梯的尺寸，而且楼梯的平面形式也是多种多样，所以，目前除成片建设的大量性建筑(如住宅小区)外，建筑中较多采用的是现浇钢筋混凝土楼梯。

预制装配式楼梯根据生产、运输、吊装和建筑体系，可分为许多不同的构造形式。根据组成楼梯的构件尺寸及装配的程度，一般可分为小型构件装配式和中大型构件装配式两大类。

1. 小型构件装配式楼梯

小型构件包括踏步板、斜梁、平台梁、平台板等单个构件。小型构件装配式楼梯按其构造方式可分为梁承式、墙承式和墙悬臂式等类型。

(1)梁承式钢筋混凝土楼梯。梁承式钢筋混凝土楼梯是预制构件装配而成的梁式楼梯，指梯段由平台梁支承的楼梯构造方式。预制装配梁承式楼梯的构造如图 5-25 所示。

(2)墙承式钢筋混凝土楼梯。墙承式钢筋混凝土楼梯是指把预制钢筋混凝土踏步板直接搁置在墙上，并按照事先设计好的方案，在施工时按照顺序搁置，形成楼梯段的一种楼梯形式，这时踏步板相当于一块靠墙体支承的简支板。其踏步板一般采用一字形、L 形断面。平台板可以采用实心板、空心板或槽型板。为了确保行人的通行安全，应在楼梯间侧墙上设置扶手。墙承式钢筋混凝土楼梯的构造如图 5-26 所示。

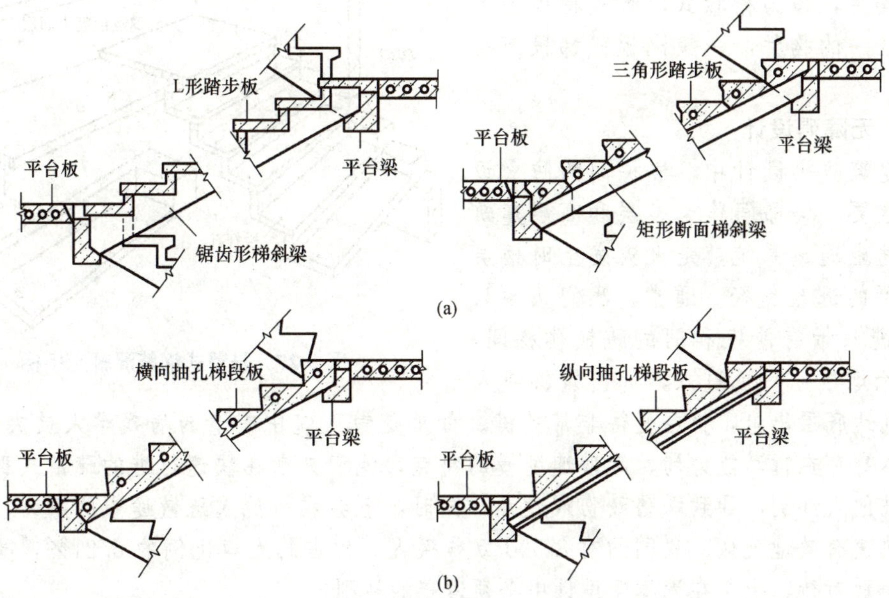

图 5-25　预制装配梁承式楼梯

（3）悬臂式钢筋混凝楼梯。悬臂式钢筋混凝土楼梯是指预制钢筋混凝土踏步板一端嵌固于楼梯间侧墙上，另一端凌空悬挑的楼梯形式，如图 5-27 所示。悬臂式钢筋混凝楼梯也称悬臂踏板楼梯，与墙承式钢筋混凝土楼梯有很多相似的地方，在小型构件装配式楼梯中是构造最简单的一种。它是由单个踏步板组成楼梯段，由墙体承担楼梯的荷载，梯段与平台梁之间也没有传力关系，因此，也可以取消平台梁，不同的是，悬臂式钢筋混凝土楼梯一端嵌入墙内，另一端形成悬臂。悬臂式钢筋混凝土楼梯踏步板悬挑长度一般不大于 1 800 mm。可以满足大部分民用建筑对楼梯的要求。但在具有冲击荷载时或地震区不宜采用。

图 5-26　墙承式钢筋混凝土楼梯

2. 中大型构件装配式楼梯

从小型构件改变为中大型构件，主要可以减少预制构配件的种类和数量，对于简化施工过程，提高工作效率，减轻劳动强度等很有好处。当施工现场吊装能力较强时，可以采用中大型构件装配式楼梯。中大型构件装配式楼梯一般把楼梯段和平台板作为基本构件，构件的体量大，规格和数量相对较少，装配容易，适用于成片建设大量性建筑。

（1）平台板。平台板有带梁和不带梁两种。带梁平台板是把平台梁和平台板制作成一个构件。平台板一般为槽型断面，其中一个边肋截面加大，并留出缺口，以供搁置楼梯段用。

（2）楼梯段。楼梯段有板式和梁式两种。板式梯段相当于是平台板上的斜板，有实心和空心之分。空心板因为有抽孔，减轻了自重，并且板底较为平整，适用于住宅、宿舍等建筑中。梁式梯段则是把踏步板和边梁组合成一个构件，多为槽板式，梁式梯段因为是梁板合一的构件，一般比板式梯段节省材料。

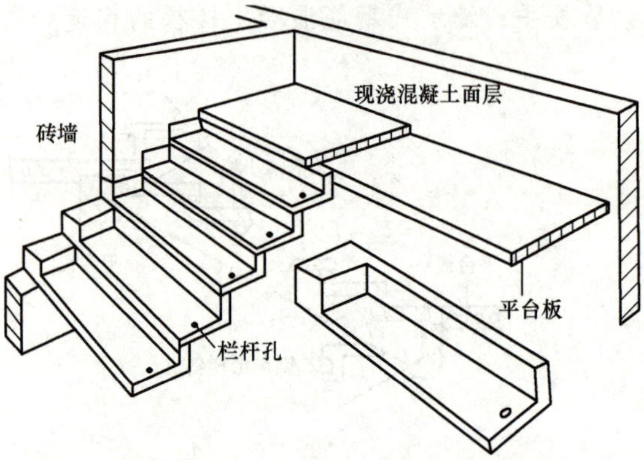
现浇混凝土面层
砖墙
平台板
栏杆孔
图 5-27　悬臂式钢筋混凝土楼梯

二、无障碍设计

在建筑防火设计中，楼梯间的防火设计非常重要。楼梯间作为多层和高层建筑的竖向逃生通道系统，是火灾发生时楼层人员主要的逃生途径。通常，我们认为只要人员进入带有前室和门的疏散楼梯间，即进入无烟区。一旦进入，如何能够使人流快速到达底层出口，将会变得非常关键。如果疏散人流中有老弱病残孕人员夹杂其中，这些人本身存在行动能力弱、疏散速度慢的特点，他们夹杂在快速行进的疏散人群中，就很容易被他人绊倒，导致踩踏致伤或致死，同时，也会成为他人疏散途中的障碍，影响整体人流快速有效地疏散。我国约有 8 500 万残疾人，约占总人口比例的 6.21%，减少对残疾人的差别对待，也是在无障碍设计中必须遵守的规则。

能力训练

简答题

1. 什么是板式楼梯、梁式楼梯？各用在什么情况下？
2. 楼梯踏面面层的做法如何？防滑措施有哪些？
3. 栏杆的形式如何？高度如何规定？如何与楼梯固定？

任务三　建筑出入口处垂直高差处理

任务描述

根据给定的医院、学生宿舍等建筑的室内外高差确定建筑出入口处合理的解决高差措施，并绘制构造详图。

知识储备

房屋底层为了防潮和防水，一般建筑物室内外地坪均设有高差，所以，通常需要在建筑入口处设置台阶和坡道作为建筑室内外的过渡。一般情况下，台阶的踏步数不多，坡道长度也不大。有些建筑由于使用功能或精神功能的需要，有时设有较大的室内外高差或者把建筑入口设在二层，此时就需要大型的台阶和坡道与其配合。台阶和坡道在建筑入口处对建筑立面具有一定的装饰作用，因此，设计时既要考虑实用性，又要考虑其美观性能。

一、室外台阶

(一)室外台阶的形式与尺度

台阶由踏步和平台组成。它的平面形式种类较多，应当与建筑级别、功能及基地周围的环境相适应。比较常见的台阶形式有单面踏步式、两面踏步式、三面踏步式等。由于台阶位于房屋的出入口处有美观的要求，因此，台阶的两边常与花池、垂带石、方形石等组合在一起。台阶的形式如图 5-28 所示。

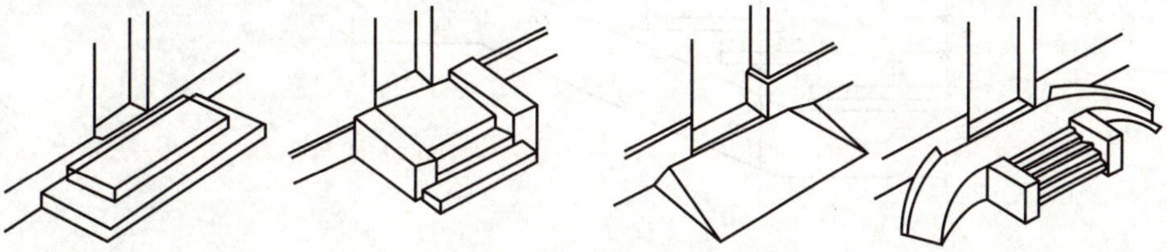

图 5-28　台阶的形式
(a)三面踏步式；(b)单面踏步式；(c)台阶与坡道结合

台阶由踏步和平台组成。台阶平台的宽度应大于所连通的门洞的宽度，一般至少每边宽出 500 mm，室外台阶顶部平台深度一般不应小于 1 000 mm，平台需设置1‰～3‰的排水坡度，以利于雨水排除。其踏步高一般在 100～150 mm，公共建筑主要出入口处的台阶每级一般不超过 150 mm 高，踏面宽度最好选择在 300～400 mm，台阶踏步数根据室内外高差确定。人流密集的场所台阶的高度超过 1.0 m 时，宜有护栏设施。

(二)室外台阶的构造

台阶构造可分为实铺和架空两种形式，大多台阶采用实铺的形式。实铺台阶的构造与室内地坪构造差不多，由垫层、结构层和面层构成。步数较少的台阶，其垫层做法与地面垫层做法类似。一般采用素土夯实后按台阶形状尺寸做 C15 混凝土垫层或砖、石垫层。标准较高的或地基土质较差的还可在垫层下加一层碎砖或碎石层。严寒地区的台阶还要考虑地基土冻胀因素，可用含水率低的砂石垫层换土至冰冻线以下。结构层材料应采用抗冻、抗水性能好且质地坚实的材料。台阶面层材料应选择防滑和耐久的材料，如水泥石屑、斩假石(剁斧石)、天然石材、防滑地面砖等。对于人流量大的建筑台阶，还宜在台阶平台处设置刮泥槽。应该注意，刮泥槽的刮齿应垂直于人流方向。

对于步数较多或地基土质太差的台阶，可根据情况架空成钢筋混凝土台阶，以避免过多填土或产生不均匀沉降。架空台阶的平台板和踏步板均为预制钢筋混凝土板，分别搁置在梁或者砖砌地垄墙上。台阶的构造如图 5-29 所示。

由于台阶与建筑主体在承受荷载和沉降方面差异较大，因此，大多数台阶在结构上和建筑主体是分开的。一般是在建筑主体工程完工之后再进行台阶的施工。台阶与建筑主体之间要注意解决好的问题：首先，要处理好建筑主体与台阶之间的沉降缝，常见的做法是在接缝处挤入一根 10 mm 厚的防腐木条；其次，为了防止台阶上积水向室内流淌，台阶应向外侧做 0.5‰～1‰找坡，台阶面层标高应比室内地面标高低 10～20 mm。

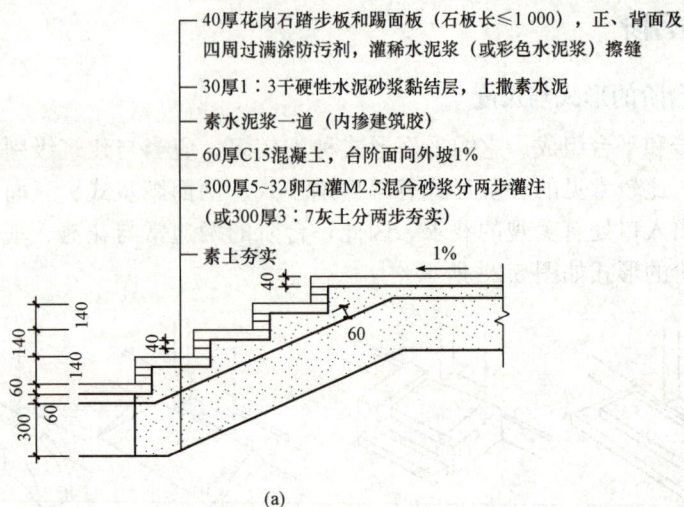

40厚花岗石踏步板和踢面板（石板长≤1 000），正、背面及
四周过满涂防污剂，灌稀水泥浆（或彩色水泥浆）擦缝
30厚1：3干硬性水泥砂浆黏结层，上撒素水泥
素水泥浆一道（内掺建筑胶）
60厚C15混凝土，台阶面向外坡1%
300厚5~32卵石灌M2.5混合砂浆分两步灌注
（或300厚3：7灰土分两步夯实）
素土夯实

(a)

混凝土梁
面层做法按工程设计
80厚C15细石混凝土预制踏步板
20厚1：2水泥砂浆坐浆
钢筋混凝土梁
按工程设计
现浇C15混凝土

(b)

图 5-29　台阶构造示意

(a)混凝土台阶；(b)钢筋混凝土台阶

二、坡道

(一)坡道的形式与尺度

　　坡道多为单面坡形式，极少为三面坡的。按照其用途的不同，可分为行车坡道和轮椅坡道两类。行车坡道又可分为普通行车坡道和回车坡道两种，如图 5-30 所示。

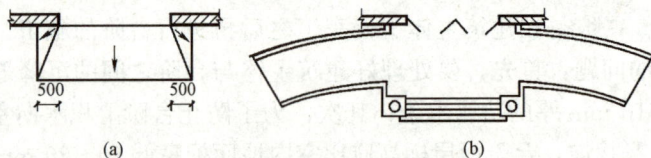

(a)　　　　　　　　　　　(b)

图 5-30　行车坡道

(a)普通行车坡道；(b)回车坡道

室内坡道坡度不宜大于 1∶8，室外坡道坡度不宜大于 1∶10；室内坡道水平投影长度超过 15 m 时，宜设置休息平台，平台宽度应根据使用功能或设备尺寸所需缓冲空间而定；供轮椅使用的坡道不应大于 1∶12，困难地段不应大于 1∶8；坡道坡度超过 1∶8 应采取防滑措施。

(二)坡道的构造

坡道一般采用实铺的形式，构造要求基本与台阶相同。垫层的厚度和强度应根据坡道长度和上部荷载的大小进行选择，严寒地区的坡道同样需要在垫层下部设置砂垫层。材料常见的有混凝土或石块等，面层也以水泥砂浆居多，对经常处于潮湿、坡度较陡或采用水磨石作面层的，在其表面必须作防滑处理。坡道构造如图 5-31 所示。

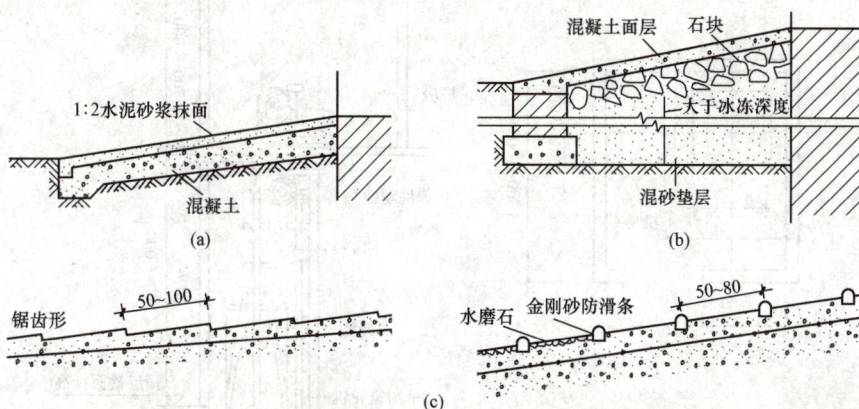

图 5-31　坡道构造

(a)混凝土坡道；(b)换土地基坡道；(c)坡道防滑

任务实施

1. 根据给定建筑物的室内外高差等已知条件，分析建筑物的用途和主要使用对象，确定建筑物出入口处解决高差所采取的构造措施。

2. 绘制构造详图，分组提交成果。

建筑出入口
处垂直高差处理

知识拓展

一、电梯

电梯是多层及高层建筑中常用的设备，主要是为了解决人们在上下楼梯时的体力及时间的消耗问题。有的建筑虽然层数不多，但由于建筑级别较高或使用的特殊需要，往往也设置电梯，如高级宾馆、多层仓库等。部分高层及超高层建筑为了满足疏散和救火的需要，还要设置消防电梯。

电梯的类型很多，通常按使用性质对其进行分类如下客梯、载货电梯、消防电梯、观光电梯、医用电梯、杂物电梯等，如图 5-32 所示。电梯由电梯井道、电梯机房、井道地坑和轿厢等部分组成。其构造如图 5-33 所示。

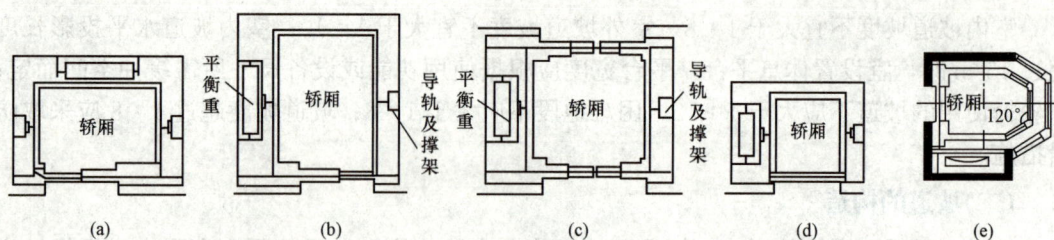

图 5-32　电梯类型

(a)客梯；(b)病床梯；(c)货梯；(d)小型杂物梯；(e)观光电梯

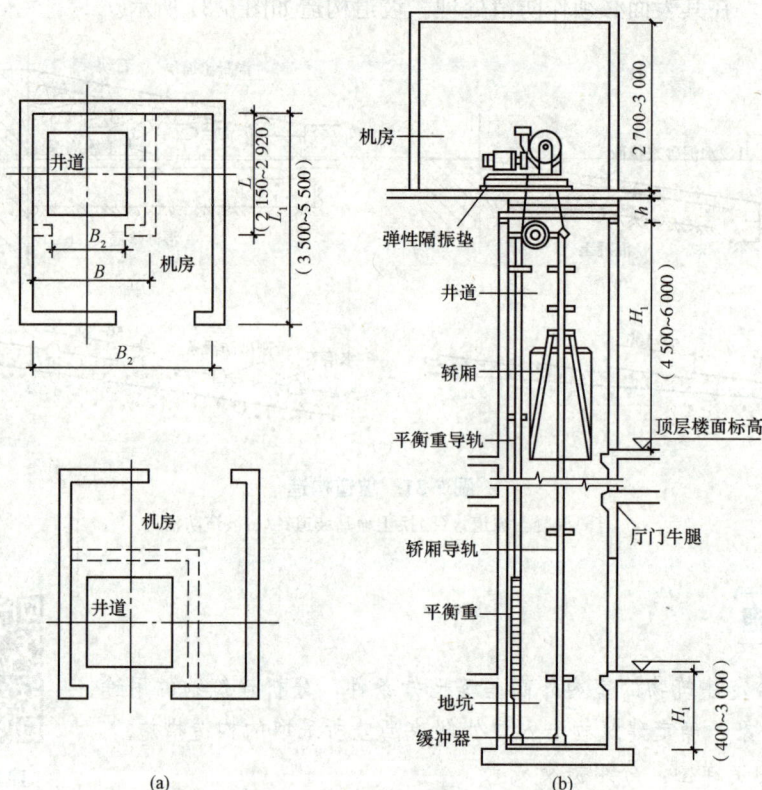

图 5-33　电梯构造示意

(a)平面；(b)通过电梯门剖面(无隔声层)

1. 电梯井道

电梯井道是电梯运行的通道，内除电梯及出入口外还安装有导轨、平衡重、缓冲器等。电梯井道要求必须保证所需的垂直度和规定的内径，一般高层建筑的电梯井道都采用整体现浇式，与其他交通枢纽一起形成内核。多层建筑的电梯井道除现浇外，也有采取框架结构的，在这种情况下，电梯井道内壁可能会有凸出物，这时，应将井道的内径适当放大，以保证设备安装及运行不受妨碍。

(1)井道的防火。井道是建筑中的垂直通道，极易引起火灾的蔓延，因此，井道四周应为防火结构。井道壁一般采用现浇钢筋混凝土或框架填充墙井壁。同时，当井道内超过两部电梯时，需用防火围护结构予以隔开。

（2）井道的隔振与隔声。电梯运行时产生振动和噪声。一般在机房机座下设置弹性垫层隔振；在机房与井道间设置高为 1.5 m 左右的隔声层。

（3）井道的通风。为使井道内空气流通，火警时能迅速排除烟和热气，应在井道肩部和中部适当位置（高层时）及地坑等处设置不小于 300 mm×600 mm 的通风口，上部可以和排烟口结合，排烟口面积不少于井道面积的 3.5％。通风口总面积的 1/3 应经常开启。通风管道可在井道顶板上或井道壁上直接通往室外。

（4）井道地坑。井道地坑在最底层平面标高下不小于 1.4 m，考虑电梯停靠时的冲力，作为轿厢下降时所需的缓冲器的安装空间。

2. 电梯机房

电梯机房一般设置在电梯井道的顶部，少数设在顶层、底层或地下，如液压电梯的机房位于井道的底层或地下。机房尺寸须根据机械设备尺寸及管理、维修等需要来确定，可向两个方向扩大，一般至少有两个方向每边扩出 600 mm 以上的宽度，高度多为 2.5～3.5 m。机房应有良好的采光和通风，其围护结构应具有一定的防火、防水和保温、隔热性能。

3. 电梯门套

电梯门套装修的构造做法应与电梯厅的装修统一考虑，可用水泥砂浆抹灰，水磨石或木板装修，高级的还可采用大理石或金属装修，如图 5-34 所示。

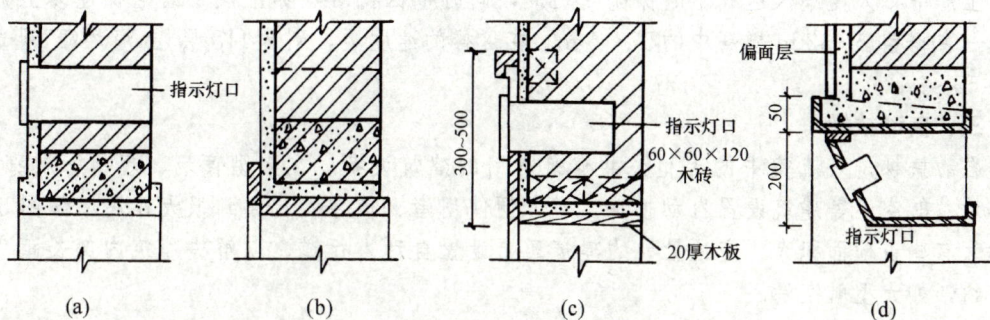

图 5-34 电梯门套装修
(a)水泥砂浆；(b)大理石门套；(c)木板门套；(d)钢板门套

电梯门一般为双扇推拉门，宽度为 800～1 500 mm，有中央分开推向两边的和双扇推向同一边的两种。推拉门的滑槽通常安置在门套下楼板边梁如牛腿状挑出的部位，如图 5-35 所示。

图 5-35 厅门牛腿部位构造

二、全球十大摩天楼电梯速度大比拼

《GA 环球建筑》依据世界高层建筑与都市人居学会数据,对当今世界最高十大摩天楼电梯最快运行速度做了排序,我国占据前三名。

(1)上海中心大厦,电梯速度:20.5 m/s。

(2)广州周大福金融中心,电梯速度:20 m/s。

(3)台北 101 大厦,电梯速度:16.83 m/s。

(4)纽约世界贸易中心一号,电梯速度:10.16 m/s。

(5)迪拜哈利法塔,电梯速度:10 m/s。

(6)深圳平安金融中心,电梯速度:10 m/s。

(7)首尔乐天世界大厦,电梯速度:10 m/s。

(8)天津周大福金融中心,电梯速度:10 m/s。

(9)北京中信大厦,电梯速度:10 m/s。

(10)麦加皇家钟塔饭店,电梯速度:6 m/s。

据资料显示,上海中心大厦有 3 台超高速电梯,由日企制造,电梯速度达到 20.5 m/s,换算之后是 1 230 m/min,或 73.8 km/h。这相当于摩天楼内铺设了垂直地铁,与之相近的是北京地铁,其普通线段最高运行速度为 74 km/h。

上海中心大厦不仅达成了电梯速度之最,同时也保持着世界上最长的电梯连续上升距离——占据整座 632 m 楼高中的 578.5 m。在这样的速度下,到达 118 层"上海之巅"观光厅仅需 55 s。

三、自动扶梯

自动扶梯是人流集中的大型公共建筑常用的建筑设备。在大型商场、超市、展览馆、火车站、航空港等建筑设置自动扶梯,对方便使用者、疏导人流起到很大作用,如图 5-36 所示。有些占地面积大、交通量大的建筑还要设置自动人行道,以解决建筑内部长距离水平交通,如大型航空港。

自动扶梯的坡道比较平缓,有 27.3°、30°、35°,一般采用 30°,运行速度为 0.5~0.7 m/s,宽度按输送能力有单人(600 mm)、单人携物(800 mm)和双人(1 000 mm、1 200 mm)等。

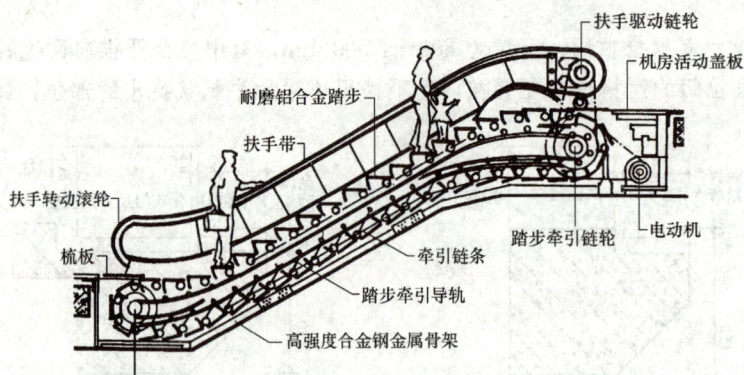

图 5-36 自动扶梯示意

自动扶梯一般设置在室内,也可以设置在室外。根据自动扶梯在建筑中的位置及建筑平面布局,自动扶梯的布置方式主要有以下几种:

（1）并联排列式：如图 5-37(a)所示，楼层交通乘客流动可以连续，升降两方向交通均分离清楚，外观豪华，但是安装面积大。

（2）平行排列式：如图 5-37(b)所示，安装面积小，单楼层交通不连续。

（3）串联排列式：如图 5-37(c)所示，楼层交通乘客流动可以连续。

（4）交叉排列式：如图 5-37(d)所示，乘客流动升降两方向均为连续，且搭乘场相距较远，升降客流不发生混乱，安装面积小。

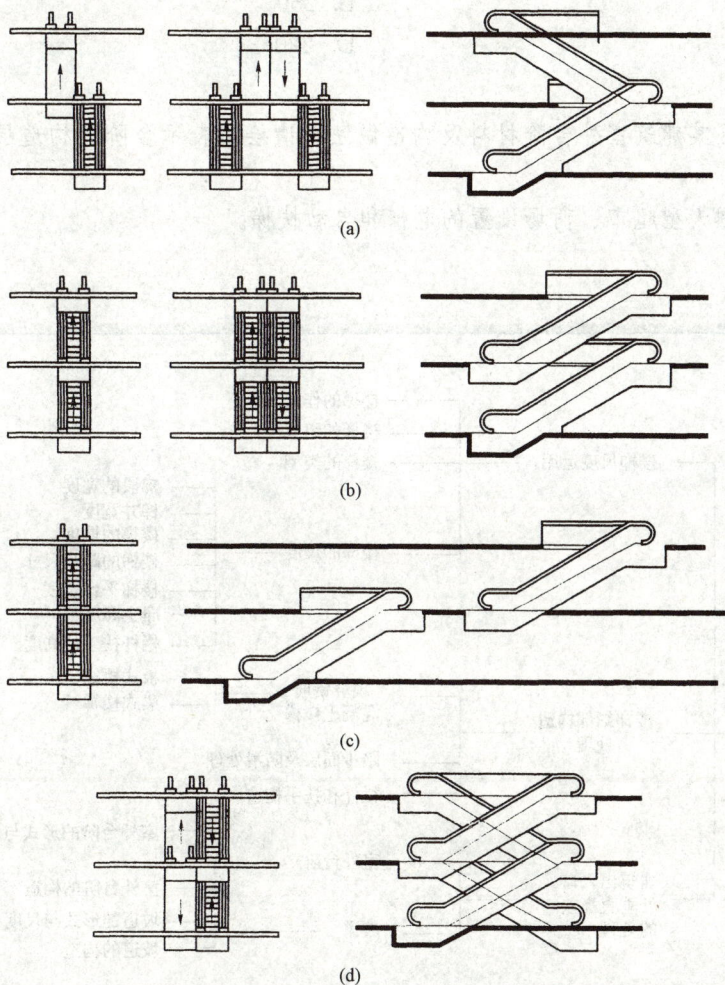

电梯和自动扶梯

(a)

(b)

(c)

(d)

图 5-37　自动扶梯的布置方式

(a)并联排列式；(b)平行排列式；(c)串联排列式；(d)交叉排列式

能力训练

一、单选题

1. 残疾人通行坡度一般采用（　　　）。

   A. 1/12　　　　　　　B. 1/10　　　　　　　C. 1/8　　　　　　　D. 1/6

2. 自动扶梯的最常用坡度为（　　）。

A. 10°　　　　　　　　B. 20°　　　　　　　　C. 30°　　　　　　　　D. 45°

3. 室外台阶的踏步高一般不宜超过（　　）mm。

A. 150　　　　　　　　　　　　　　B. 180

C. 120　　　　　　　　　　　　　　D. 100～150

4. 室外台阶踏步宽（　　）mm。

A. 300～400　　　　　　　　　　　B. 250

C. 250～300　　　　　　　　　　　D. 220

二、实践题

1. 确定严寒地区某建筑室外台阶材料及构造做法，请绘图表示台阶的构造层次、材料及做法。

2. 参观学校周围大型超市、商场设置的电梯和自动扶梯。

模块总结

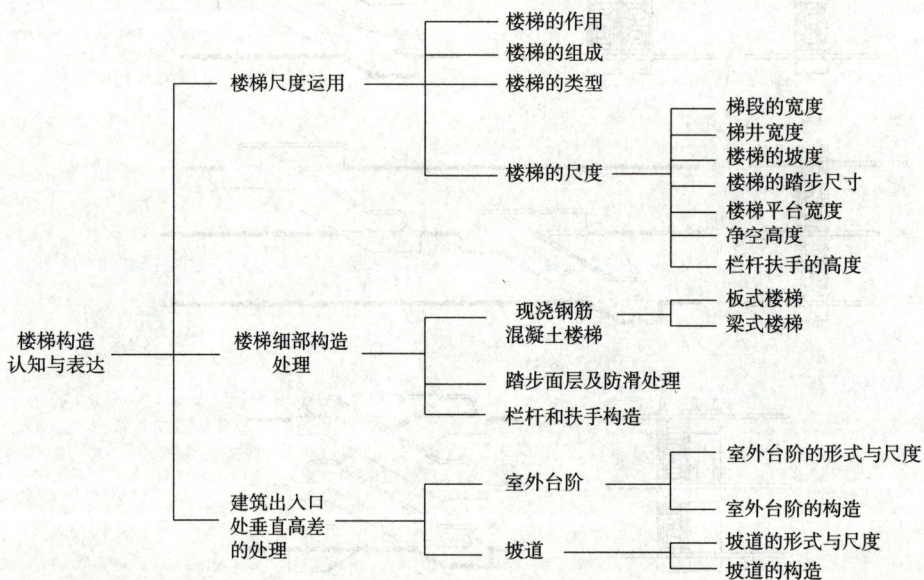

岗课赛证融通训练

一、单选题

根据图 5-38 中一层平面图（局部）完成以下单项选择题。

1. 本工程中坡道的坡度为（　　）。

A. 1∶10　　　　　　　　　　　　　B. 1∶8

C. 1∶6　　　　　　　　　　　　　　D. 1∶12

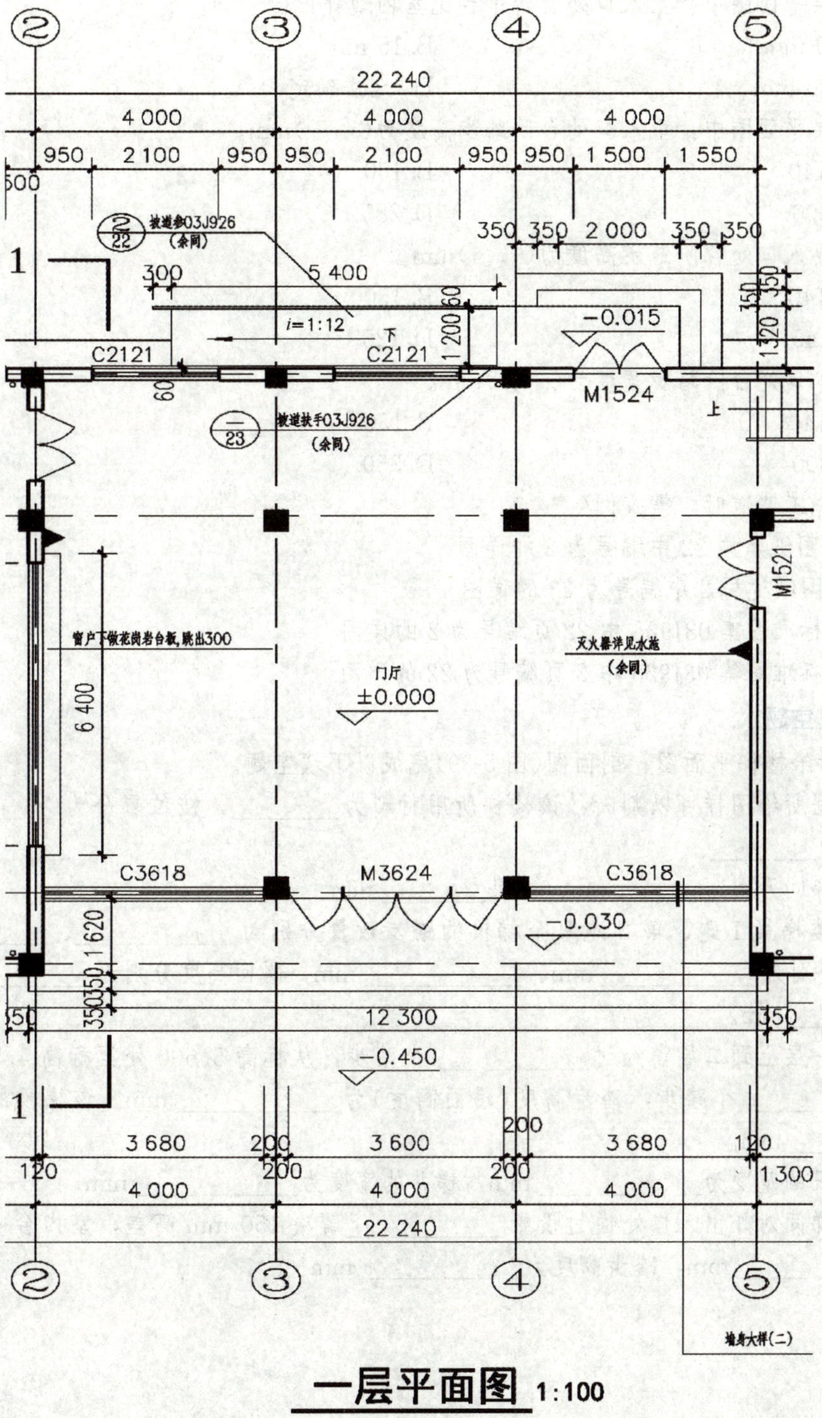

图 5-38 一层平面图(局部)

2. 本工程关于坡道的说法正确的是( )。

　A. 该坡道可供轮椅使用　　　　　B. 设在主要出入口

　C. 坡道侧面未设置扶手　　　　　D. 本工程共有 2 个坡道

3. 一层平面图中：主入口处台阶平台比室内地坪低(　　)。
   　　A. 0 mm　　　　　　　　　　　B. 15 mm
   　　C. 30 mm　　　　　　　　　　D. 无法确定
4. 一层平面图中：主入口处台阶踏步高度为(　　)mm。
   　　A. 140　　　　　　　　　　　B. 150
   　　C. 300　　　　　　　　　　　D. 285
5. 次要入口处台阶踏步高度为(　　)mm。
   　　A. 140　　　　　　　　　　　B. 150
   　　C. 145　　　　　　　　　　　D. 125
6. 出入口处台阶踏步宽度为(　　)mm。
   　　A. 140　　　　　　　　　　　B. 150
   　　C. 300　　　　　　　　　　　D. 350
7. 在施工坡道时，需查阅(　　)。
   　　A. 图纸建施22中编号为2的详图
   　　B. 图纸建施2中编号为22的详图
   　　C. 标准图集03J926中22页编号为2的详图
   　　D. 标准图集03J926中2页编号为22的详图

二、填空题

根据所给楼梯平面图、剖面图(图5-39)完成以下填空题。

1. 根据所给图样可以判断：该楼梯所用材料为_____，按位置分为_____，按平面形式分为_____。

2. 楼梯间开间_____ mm，进深_____ mm。

3. 此楼梯第1跑、第2跑每个梯段的踏步数量分别为_____、_____，踏面宽度分别为_____ mm、_____ mm，踢面高度分别为_____ mm、_____ mm。

4. 从一层上到二层需经过_____个踏步，从标高5.600处至标高4.511处的梯段有_____个踏步，踏步高度(踢面高度)为_____ mm。该梯段的梯段长为_____ mm。

5. 梯段的宽度为_____ mm，梯井的宽度为_____ mm。

6. 楼梯间对外出入口处通过设置_____解决150 mm高差，室内台阶的踏步宽度为_____ mm，踏步高度为_____ mm。

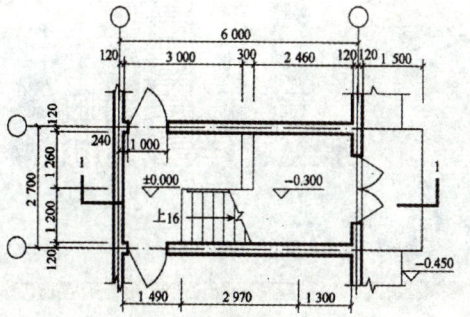

一层平面图1:50

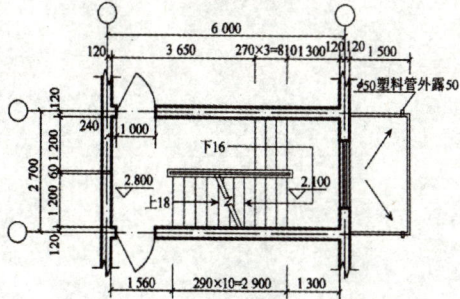

二层平面图1:50

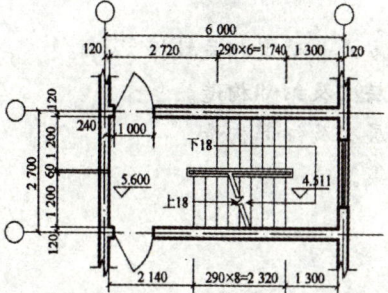

三层平面图1:50

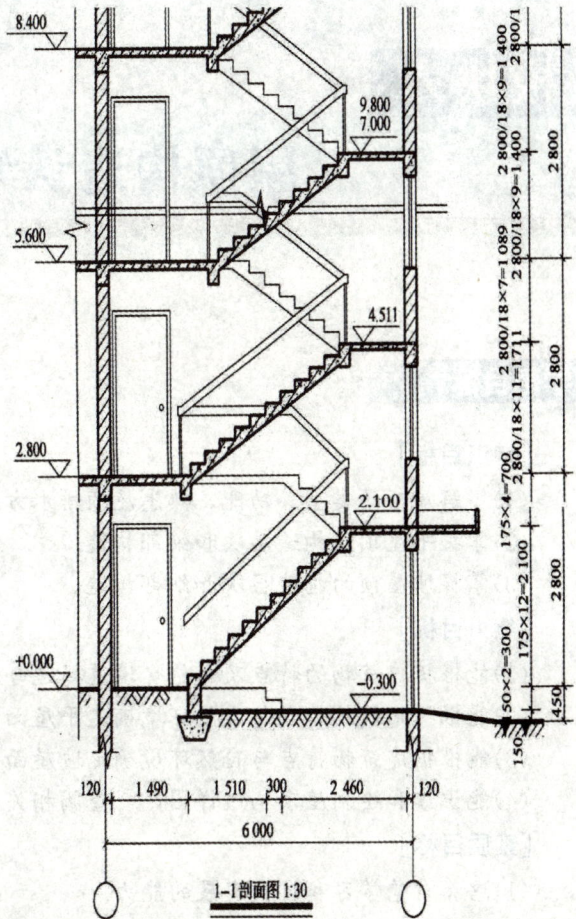

1—1剖面图1:30

图 5-39 楼梯平面图、剖面图

模块六

屋顶构造认知与表达

学习目标

[知识目标]

(1)了解屋顶的类型、功能，熟悉屋顶排水方式。

(2)掌握平屋顶的构造层次和细部构造。

(3)掌握坡屋顶的构造层次和细部构造。

[能力目标]

(1)能根据建筑物的特点及自然环境选择适合的排水方式并确定相关数据。

(2)能根据建筑物特点与自然环境确定平屋面的构造层次及细部构造。

(3)能根据建筑物特点与自然环境确定坡屋面的构造层次及细部构造。

(4)能识读和绘制屋顶构造详图，会查阅相关标准图集。

[素质目标]

(1)培养自觉学习和自我发展的能力。

(2)培养团结协作能力、创新能力和专业表达能力。

(3)培养独立分析与解决问题的能力。

(4)树立严谨的工作作风和爱岗敬业的工作态度及良好的职业道德。

学习重点

(1)屋顶排水方式及其应用。

(2)各类屋顶的构造层次和细部构造。

任务一　屋顶排水

任务描述

根据某建筑的建筑平面图为屋顶确定合适的排水方式并绘制出屋顶排水平面图。

📖 知识储备

一、屋顶的作用、要求及类型

(一)屋顶的作用及要求

屋顶也称为屋盖，是房屋最上层起覆盖作用的外围护构件。一般屋顶由屋面、屋顶承重结构、保温隔热层和顶棚四部分组成。其主要作用有三个：一是承重作用，它承受作用于屋面上的所有荷载；二是围护（即排水、防水和保温、隔热）作用，用以抵御自然界的雨雪风霜、太阳辐射和气温变化等方面的影响；三是装饰美化作用，屋顶的形式对建筑立面和整体造型有很大的影响，是体现建筑风格的重要手段。

屋顶应满足坚固耐久、防水、排水、保温、隔热、形象美观、自重轻、构造简单、施工方便及经济合理等要求。其中，防水是屋顶的基本功能要求，也是屋顶构造设计的核心。

(二)屋顶的类型

由于房屋的使用功能、屋面材料、承重结构形式和建筑造型等不同，屋顶有多种类型，归纳起来大致可分为平屋顶、坡屋顶、曲面屋顶等。

1. 平屋顶

屋面坡度小于5%的屋顶称为平屋顶，一般常用坡度为2%～3%。平屋顶具有构造简单、节约材料、屋面便于利用等优点，同时，也存在着造型单一的缺陷。目前，平屋顶的承重构件大多采用现浇钢筋混凝土板，是我国当前建筑工程中应用较广泛的屋顶形式，如图6-1(a)所示。

2. 坡屋顶

屋面坡度大于10%的屋顶称为坡屋顶。坡屋顶在我国有着悠久的历史，由于坡屋顶造型丰富多彩，并能就地取材，至今仍被广泛应用。坡屋顶可分为单坡、双坡和四坡、歇山等多种形式，如图6-1(b)所示。

3. 曲面屋顶

曲面屋顶是由各种薄壳结构、悬索结构及网架结构等作为屋顶承重结构的屋顶，如双曲拱屋顶、球形网壳屋顶等。这类结构的受力合理，能充分发挥材料的力学性能。但施工复杂，造价高，故常用于大跨度的大型公共建筑中，如图6-1(c)所示。

二、屋顶坡度

1. 屋顶坡度的表示方法

常用的坡度表示方法有斜率法、百分比和角度法。斜率法以屋顶倾斜面的垂直投影长度与水平投影长度之比来表示，如1:5等；百分比法以屋顶倾斜面的垂直投影长度与水平投影长度之比的百分比值来表示，如$i=2\%$等；角度法以倾斜面与水平面所成夹角的大小来表示，如30°。坡度较小时常用百分比法，坡度较大时常用斜率法，角度法应用较少，见表6-1。

屋顶的组成和类型

挑檐　　　　女儿墙　　　挑檐女儿墙　　　盝顶

(a)

单坡顶　　　硬山两坡顶　　悬山两坡顶　　四坡顶

卷坡顶　　　　庑殿顶　　　　歇山顶　　　圆攒尖顶

(b)

砖石拱屋顶　　球形网壳屋顶　　V形网壳屋顶

筒壳屋顶　　　扁壳屋顶　　车轮形悬索屋顶　鞍形悬索屋顶

(c)

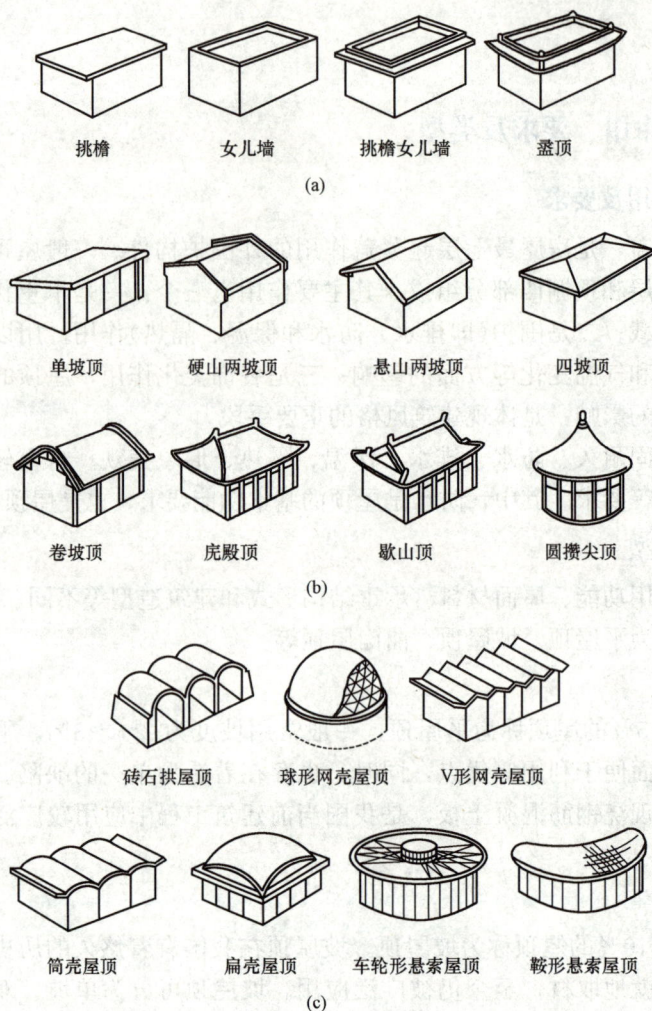

图 6-1　屋顶的类型

(a)平屋顶；(b)坡屋顶；(c)曲面屋顶

表 6-1　屋顶坡度表示方法

平屋顶	坡屋顶	
		(屋面坡度符号)
百分比法	斜率法	角度法
如 $i=2\%$，3%	如 $1:2$，$1:4$	如 $30°$，$45°$

2. 影响屋顶坡度的因素

坡度的大小与屋面选用的材料、当地降雨量大小、屋顶结构形式、建筑造型等因素有关。屋顶坡度太小容易漏水，坡度太大则多用材料，浪费空间。所以，要综合考虑各方面因素，合理确定屋面坡度。

(1)屋面防水材料与排水坡度的关系。单块防水材料尺寸较小，如瓦材，其接缝必然就较多，容易产生缝隙渗漏，因而，屋面应有较大的排水坡度，以便将屋面积水迅速排除。如果屋面的防水材料覆盖面积大，如卷材，接缝少而且严密，屋面的排水坡度就可以小一些，如图6-2所示。

(2)降雨量大小与坡度的关系。降雨量大的地区，屋面渗漏的可能性较大，屋顶的排水坡度应适当加大；反之，屋顶排水坡度则宜小一些。

(3)结构形式和建筑造型与坡度的关系。从结构方面考虑，要求坡度越小越好；由于造型的需要，有时屋面坡度会大一些。

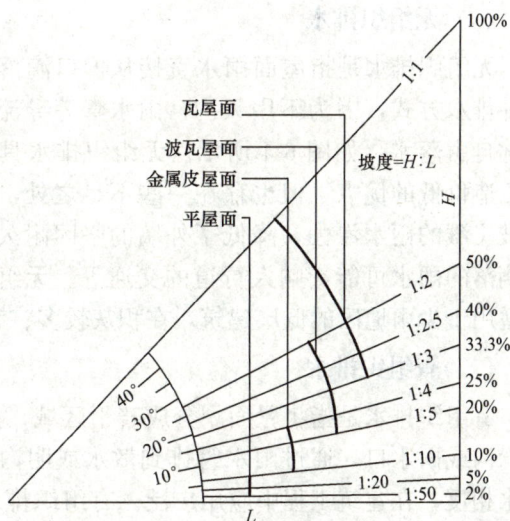

图6-2 屋顶坡度

综上所述，可以得出规律：屋面防水材料尺寸越小，屋面排水坡度越大，反之则越小；降雨量大的地区屋面排水坡度较大，反之则较小。同时考虑结构和造型需要。

3. 屋顶坡度的形成方法

屋顶坡度的形成有材料找坡和结构找坡两种做法，如图6-3所示。

(1)材料找坡(构造找坡)。材料找坡是指屋顶坡度由垫坡材料形成，一般用于坡向长度较小的屋面。为了减轻屋面荷载，应选用轻质材料找坡，如炉渣等，当保温层为松散材料时，也可利用保温材料来找坡，找坡层的厚度最薄处不小于20 mm。平屋顶材料找坡的坡度宜为2%。

(2)结构找坡(搁置坡度)。结构找坡是屋顶结构自身带有排水坡度，例如，在上表面倾斜的屋架或屋面梁上安放屋面板，屋顶表面即呈倾斜坡面。又如在顶面倾斜的山墙上搁置屋面板时，也形成结构找坡。平屋顶结构找坡的坡度宜为3%。

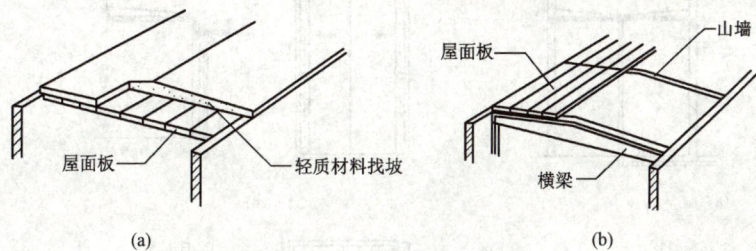

图6-3 屋顶坡度的形成
(a)材料找坡；(b)结构找坡

屋顶的坡度选择

三、屋顶的排水方式

屋顶排水方式可分为无组织排水和有组织排水两大类。

(一)无组织排水

无组织排水是指屋面雨水直接从檐口滴落至地面的一种排水方式，因为不用天沟、雨水管等导流雨水，故又称自由落水，如图 6-4 所示。无组织排水具有构造简单、造价低的优点，但也存在一些不足之处，如外墙脚常被飞溅的雨水浸蚀，降低了外墙的坚固耐久性；从檐口滴落的雨水可能影响人行道的交通等。无组织排水一

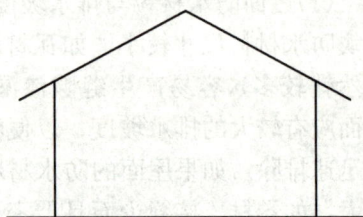

图 6-4　无组织排水

般适用于少雨地区的低层建筑，在积灰较多、有腐蚀性介质的工业厂房中也常采用。

(二)有组织排水

有组织排水是指将屋面划分成若干区域，按一定的排水坡度把屋面雨水有组织地引导至檐沟或雨水口，通过雨水管排到散水或明沟中，如图 6-5 所示。其优点、缺点与无组织排水相反，在建筑工程中应用广泛。有组织排水根据落水管的位置不同可分为外排水和内排水两种形式。

(1)内排水方式。内排水是指落水管设在室内的一种排水方式。其主要用于多跨建筑的中间跨、高层建筑或立面有特殊要求的建筑、严寒地区建筑，如图 6-5(a)所示。

(2)外排水方式。外排水是指雨水管设在室外的一种排水方式。其优点是雨水管不妨碍室内空间使用和美观，构造简单，因而被广泛采用。外排水方式可归纳成以下几种：

1)挑檐沟外排水。屋面雨水汇集到悬挑在墙外的檐沟内，沟内纵向坡度不小于 0.5%，再从雨水管排下，如图 6-5(b)所示。

2)女儿墙外排水。当建筑外形不希望出现挑檐时，通常将外墙升起封住屋面，高于屋面的这部分外墙称为女儿墙。此方式的特点是屋面雨水需穿过女儿墙流至室外的雨水管，如图 6-5(c)所示。

3)女儿墙挑檐沟外排水。图 6-5(d)所示为女儿墙挑檐沟外排水。其特点是在檐口处既有女儿墙，又有挑檐沟。

屋顶排水方式的选择应综合考虑结构形式、气候条件、使用特点，并应优先选择外排水。

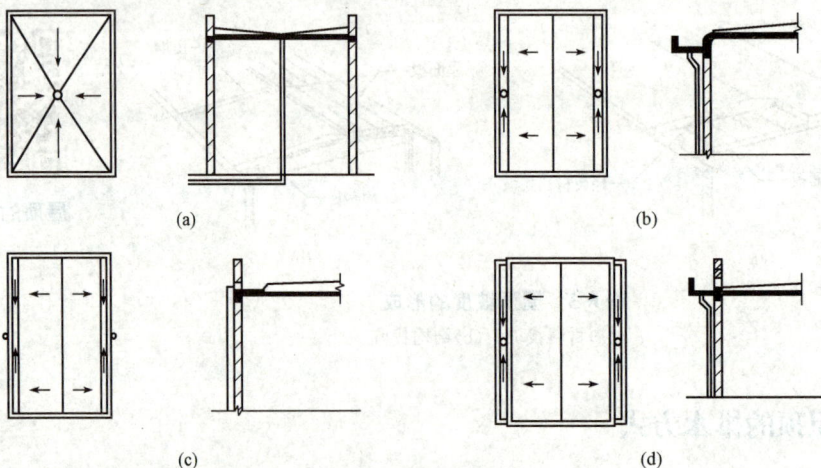

(a)　　　　　　　　　　　(b)

(c)　　　　　　　　　　　(d)

图 6-5　有组织排水

(a)内排水；(b)挑檐沟外排水；(c)女儿墙外排水；(d)女儿墙挑檐沟外排水

四、屋面排水组织设计

屋面排水组织设计的目的是迅速排除屋面雨水,使屋面不积水,减少渗水漏水的可能。其设计要求是使排水线路简捷,雨水口负荷均匀,排水顺畅。

屋面排水组织设计一般可按以下步骤进行:

(1)确定屋面排水坡度。屋面排水坡度的确定应综合考虑屋顶结构形式、屋面基层类别、防水构造形式、使用性质、防水材料性能与尺度及当地气候条件等因素的影响。平屋面采用结构找坡不应小于 3%,采用材料找坡宜为 2%;架空隔热屋面坡度不宜大于 5%,种植屋面坡度不宜大于 3%。

(2)确定排水方式。屋顶的排水方式应根据建筑物的高度、地区年降雨量、屋顶形式及气候等情况来确定。屋面排水宜优先采用外排水;高层建筑、多跨及集水面积较大的屋面宜采用内排水。

(3)划分排水区域。排水区域的划分应注意使每个排水区的面积大小均衡,一般不宜大于 200 m²,同时要考虑到雨水口的设置位置。雨水口的设置位置要尽量避开门窗洞口的垂直上方,一般设置在窗间墙部位。

(4)确定天沟的断面形状、尺寸及纵向坡度。天沟的断面形状有槽型和三角形两种。一般天沟净宽不小于 300 mm,天沟上口距分水线的垂直高度不小于 100 mm,沟底的纵向排水坡度一般为 0.5%~1%,卷材防水屋面沟底的纵向排水坡度不应小于 1%,沟底落差不得超过 200 mm。天沟排水不得流经变形缝和防火墙。

(5)确定雨水管所用材料、规格和雨水管间距。目前,民用建筑屋面排水常常采用 PVC管、PVC-U(硬塑)管和镀锌薄钢管。屋面排水雨水管管径为 100 mm,阳台、露台、雨罩排水管管径一般为 50 mm 或 75 mm。雨水管间距一般为:挑檐沟排水不宜大于 24 m,其他方式排水不宜大于 18 m。

(6)檐口、雨水口、泛水、变形缝等细部节点构造设计。

(7)绘制屋顶排水平面图及各节点详图,如图 6-6 所示。

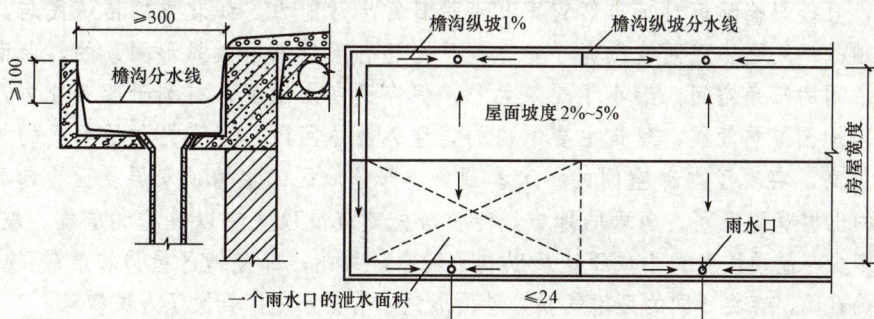

图 6-6 屋顶排水组织设计

🔧 任务实施

1. 根据建筑物特点,设计说明,确定屋顶坡度大小及坡度形成方法,为建筑物屋顶选择合适的排水方式。

2. 绘制屋顶排水平面图,分组提交成果。

屋顶的排水方式

一、屋面防水等级

《屋面工程技术规范》(GB 50345—2012)中强制性条文：屋面防水工程应根据建筑物的类别、重要程度、使用功能要求确定防水等级，并应按相应等级进行防水设防；对防水有特殊要求的建筑屋面，应进行专项防水设计。屋面防水等级和设防要求应符合表 6-2 的规定。

表 6-2　屋面防水等级和设防要求

防水等级	建筑类别	设防要求	防水做法
Ⅰ级	重要建筑和高层建筑	两道防水设防	卷材防水层和卷材防水层、卷材防水层和涂膜防水层、复合防水层
Ⅱ级	一般建筑	一道防水设防	卷材防水层、涂膜防水层、复合防水

二、我国民居建筑屋顶的百态

在我国，人们同文同种、习俗相近、族系相同，可是各地的建筑形式差异颇大，显然这并不是民族差别造成的，这些差异的产生主要是地区资源、地理特点、地方材料、气候、建造技术等多方面客观因素，这些差异与其物质条件有着直接而必然的关系。屋顶的形式不该是设计的目标，而是设计的具体结果，也就是说屋顶在建设之初并不是因为某种形式而特意造就，而是在不断发展演变过程中演化而来的。中国古代的主流建筑师为现世的人建造住所，所谓"宫室之制，本以便生人"，无论是宏伟的宫殿还是狭小的民居，并不追求一成不变的建筑模式，而是着眼于现世居住的人居环境。因此，传统民居建筑势必要先适应各种不同的生存条件，并通过运用材料应对周围的环境，真正从现实角度思考住所，形成具有地方特色的民族文化。

不同的环境决定生长于此的人们如何在建筑方面应对千变万化的气候条件，尤其是屋顶的选择，直接影响建筑对抗自然灾害和满足日常生活能力。如北方的传统民居，为抗寒防风，屋顶除运用硬山式两坡做泥小青瓦顶外，还有不少采用微弧形囤顶的，曲面流水压缩了坡顶占用的三角空间，缩小了建筑体积，保存了室内温度，有利于躲避北方严寒。相比我国江南地区湿热气候，建筑主要解决的是通风散热问题，穿斗式和抬梁式的构架方式使屋顶被抬高，实现了内部空间的扩大和通风，部分地区的重檐顶双层屋面也起到隔热作用，深远的出檐遮阳庇荫。多雨的地方，传统居民建筑屋顶主要以挑檐和腰檐、坡檐为主，降雨量的多少与屋顶坡度大小成正比，以利于泄水，故此，部分地区屋顶坡度较陡。正是因为我国幅员辽阔，存在不同的环境气候，屋顶形式才千变万化，凝聚了人民智慧。

能力训练

一、填空题

1. 屋顶的类型按外观形式分为＿＿＿＿＿＿、＿＿＿＿＿＿及＿＿＿＿＿＿等。

2. 屋面排水方式分为＿＿＿＿＿＿和＿＿＿＿＿＿两类。

3. 屋面坡度的选择应综合考虑＿＿＿＿＿＿、＿＿＿＿＿＿、＿＿＿＿＿＿等因素。

4. 坡度形成方式有_____和_____两种。

5. 平屋顶的坡度一般小于_____，常用为_____。

二、实践题

1. 观察已建建筑物的屋顶，根据建筑物性质确定其防水等级并进行分类。

2. 观察日常生活中接触的各种建筑屋顶的形式，掌握形成屋顶坡度的两种做法。

3. 以学校内教学楼为例，分析屋顶的排水方式及选择该种方式的原因。

任务二 平屋顶构造处理

任务描述

某严寒地区教学楼采用平屋顶，防水等级为二级，为其选择适合的屋面防水材料，确定屋顶构造层次及做法，并绘制相应的构造节点详图。

知识储备

一、卷材、涂膜防水平屋面的类型

卷材、涂膜防水屋面是指屋面最上一层（保护层除外）防水为卷材防水层、涂膜防水层、卷材＋涂膜的复合防水层的平屋面。

卷材防水层是指将柔性的防水卷材或片材用胶结材料粘贴在屋面上，形成一个大面积的封闭防水覆盖层。这种防水层具有一定的延伸性，能适应温度变化而引起的屋面变形。

涂膜防水层是指用可塑性和粘结力较强的防水涂料直接涂刷在屋面基层上，形成一层不透水的薄膜层，以达到防水目的。

复合防水层是指由彼此相容的卷材和涂料组合而成的防水层，其层次为涂膜在下，卷材在上。卷材、涂膜防水平屋顶类型及适用范围见表6-3。

表6-3 卷材、涂膜防水平屋顶类型及适用范围

屋顶类型	基本构造层次（自上而下）	适用地区	屋面坡度
卷材、涂膜防水屋面（正置式）	保护层、隔离层、防水层、找平层、保温层、找平层、找坡层、结构层	全国各地	2%～5%
卷材、涂膜防水屋面（倒置式）	保护层、保温层、防水层、找平层、找坡层、结构层	除严寒地区外	3%
种植屋面	种植隔热层、保护层、耐根穿刺防水层、防水层、找平层、保温层、找平层、找坡层、结构层	需要采取隔热措施	2%～5%
架空屋面	架空隔热层、防水层、找平层、保温层、找平层、找坡层、结构层	需要采取隔热措施	1%～2%
屋顶类型	基本构造层次（自上而下）	适用地区	屋面坡度

屋顶类型	基本构造层次（自上而下）	适用地区	屋面坡度
蓄水屋面	蓄水隔热层、隔离层、防水层、找平层、保温层、找平层、找坡层、结构层	除寒冷地区、地震设防区和振动较大的建筑以外	0.5％

二、卷材、涂膜防水屋面的构造层次及做法

卷材、涂膜防水屋面构造层次见表6-3，最为常见的为表中第一种，即自下而上为保护层、隔离层、防水层、找平层、保温层、找平层、找坡层、结构层。根据需要可增隔汽层，如采用结构找坡可省略找坡层，如图6-7所示。

1. 结构层

结构层通常为预制或现浇钢筋混凝土屋面板，要求具有足够的强度和刚度。

2. 找坡层

当屋顶采用材料找坡时，应尽量选用轻质材料形成所需要的排水坡度，如陶粒、浮石、膨胀珍珠岩、加气混凝土碎块等轻集料混凝土，找坡层坡度应不小于2％，可利用现制保温层兼作找坡层。当屋顶采用结构找坡时，则不设找坡层。

3. 保温层

保温层宜选用轻质、吸水率低、导热系数小，并有一定强度的保温材料，《屋面工程技术规范》（GB 50345—2012）按材料将保温层分为三类，即板状材料保温层（如聚苯乙烯泡沫塑料、硬质聚氨酯泡沫塑料、膨胀珍珠岩制品、加气混凝土砌块、泡沫混凝土砌块等）、纤维材料保温层（如玻璃棉制品、岩棉、矿渣棉制品）和整体材料保温层（如现浇泡沫混凝土、喷涂硬泡聚氨酯）。纤维材料做保温层时，应采取防止压缩的措施。

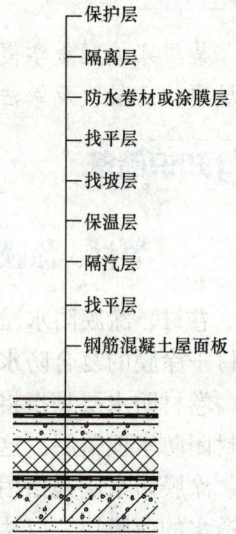

保护层
隔离层
防水卷材或涂膜层
找平层
找坡层
保温层
隔汽层
找平层
钢筋混凝土屋面板

图6-7 卷材、涂膜防水屋面的构造层次

4. 找平层

卷材、涂膜的基层应坚实而平整，以避免防水层凹陷或断裂。找平层一般设在结构层或保温层上面，保温层上的找平层容易变形和开裂，故相关规范规定保温层上的找平层应留设分格缝，缝宽为5~20 mm，纵横缝的间距不大于6 m。由于结构层上设置的找平层与结构同步变形，故找平层可以不设分格缝。找平层厚度和技术要求应符合表6-4的规定。

表6-4 找平层厚度和技术要求

找平层分类	适用的基层	厚度/mm	技术要求
水泥砂浆	整体现浇混凝土板	15~20	1∶2.5水泥砂浆
	整体材料保温层	20~25	
细石混凝土	装配式混凝土板	30~35	C20混凝土，宜加钢筋网片
	板状材料保温层		C20混凝土

注：如整体现浇混凝土板做到随浇随用原浆找平和压光，表面平整度符合要求时，可以不再做找平层。

5. 防水层

(1)防水材料的选择。根据当地历年最高气温、最低气温、屋面坡度和使用条件等因素选择耐热度、柔性相适应的卷材或涂膜。如在严寒和寒冷地区应选择低温柔性好的卷材；在炎热和日照强烈的地区，应选择耐热性好的卷材或涂膜。

防水卷材根据其主要防水组成材料可分为高聚物改性沥青防水卷材和合成高分子防水卷材两大类。高聚物改性沥青防水卷材有弹性体改性沥青防水卷材(SBS卷材)、塑性体改性沥青防水卷材(APP卷材)和改性沥青聚乙烯胎防水卷材(PEE卷材)等。合成高分子防水卷材有橡胶系列(聚氨酯、三元乙丙橡胶、丁基橡胶等)、塑料系列(聚乙烯、聚氯乙烯等)和橡胶塑料共混系列防水卷材三类。常见的有三元乙丙橡胶防水卷材、聚氯乙烯防水卷材、氯化聚乙烯-橡胶共混防水卷材等。

涂膜防水涂料有合成高分子类防水涂料、高聚物改性沥青防水涂料、聚合物水泥防水涂料等。

防水卷材接缝应采用搭接缝，合成高分子防水卷材可采用胶粘剂、胶粘带、单缝焊和双缝焊的方式，高聚物改性沥青防水卷材可采用胶粘剂、自粘的方式，搭接宽度应符合《屋面工程技术规范》(GB 50345—2012)的规定。

(2)防水层厚度。卷材、涂膜防水屋面的防水层除要满足《屋面工程技术规范》(GB 50345—2012)对屋面防水等级和设防要求外，还应满足《屋面工程技术规范》(GB 50345—2012)对防水层厚度的要求，见表6-5～表6-7。

表6-5　每道卷材防水层最小厚度　　　　mm

防水等级	合成高分子防水卷材	高聚物改性沥青防水卷材		
		聚酯胎、玻纤胎、聚乙烯胎	自粘聚酯胎	自粘无胎
Ⅰ级	1.2	3.0	2.0	1.5
Ⅱ级	1.5	4.0	3.0	2.0

表6-6　每道涂膜防水层最小厚度　　　　mm

防水等级	合成高分子防水涂料	聚合物水泥防水涂料	高聚物改性沥青防水涂料
Ⅰ级	1.5	1.5	2.0
Ⅱ级	2.0	2.0	3.0

表6-7　复合防水层最小厚度　　　　mm

防水等级	合成高分子防水卷材+合成高分子防水涂膜	自粘聚合物改性沥青防水卷材(无胎)+合成高分子防水涂膜	高聚物改性沥青防水卷材+高聚物改性沥青防水涂膜	聚乙烯丙纶卷材+聚合物水泥防水胶结材料
Ⅰ级	1.2+1.5	1.5+1.5	3.0+2.0	(0.7+1.3)×2
Ⅱ级	1.0+1.0	1.2+1.0	3.0+1.2	0.7+1.3

6. 保护层

设置保护层的目的是保护防水层。保护层的材料和做法应根据屋面的利用情况而定。上人屋面保护层采用现浇细石混凝土或块体材料；不上人屋面保护层采用预制板或浅色涂料或铝箔或粒径为10～30 mm的卵石。

块体材料、水泥砂浆、细石混凝土保护层与女儿墙或山墙之间，应预留宽度为 30 mm 的缝隙，缝内宜填塞聚苯乙烯泡沫塑料，并应用密封材料封严。

采用块体材料做保护层时，宜设分格缝，其纵横间距不宜大于 10 m，分格缝宽 20 mm，并用密封材料封严；采用细石混凝土板做保护层时，应设分格缝，其纵横间距不应大于 6 m，分格缝宽为 20 mm，并用密封材料封严；采用水泥砂浆做保护层时，表面应抹平压光，并应设表面分格缝，分格面积宜为 1 m²。

7. 隔离层

块体材料、水泥砂浆、细石混凝土保护层与卷材、涂膜防水层之间，应设置隔离层。隔离层材料的适用范围和技术要求宜符合表 6-8 的规定。

表 6-8   隔离层材料的使用范围和技术要求

隔离层材料	适用范围	技术要求
塑料膜	块体材料、水泥砂浆保护层	0.4 mm 厚聚乙烯膜或 3 mm 厚发泡聚乙烯膜
土工布	块体材料、水泥砂浆保护层	200 g/m² 聚酯无纺布
卷材	块体材料、水泥砂浆保护层	石油沥青卷材一层
低强度等级的砂浆	细石混凝土保护层	10 mm 厚黏土砂浆，石灰膏：砂：黏土=1：2.4：3.6
		10 mm 厚石灰砂浆，石灰膏：砂=1：4
		5 mm 厚掺有纤维的石灰砂浆

8. 隔汽层

在严寒及寒冷地区且室内空气湿度大于 75%，其他地区室内空气湿度常年大于 80% 或采用纤维状保温材料时，保温层下应选用气密性、水密性好的材料做隔汽层。温水游泳池、公共浴室、厨房操作间、开水房等的屋面应设置隔汽层。

隔汽层做法同防水层，隔汽层在屋面上应形成全封闭的构造层，沿周边女儿墙或立墙面向上连续铺设，高出保温层上表面不得小于 150 mm。设置局部隔汽层时，局部隔汽层应扩大至潮湿房间以外至少 1.0 m 处。

隔汽层可采用防水卷材或涂料，并宜选择其蒸汽渗透阻较大者。隔汽层采用卷材时直优先采用空铺法铺贴。

平屋顶构造层次及做法举例见表 6-9。

表 6-9   平屋顶构造层次及做法举例

简图	屋面构造
无保温上人屋面	1. 40 厚 C20 细石混凝土保护层配 φ6 或冷拔 φ4 的 HRB300 级钢筋，双向@150，钢筋网片绑扎或点焊(设分格缝) 2. 10 厚低强度等级砂浆隔离层 3. 防水卷材或涂膜层 4. 20 厚 1：3 水泥砂浆找平层 5. 最薄 30 厚 LC5.0 轻集料混凝土 2% 找坡层 6. 钢筋混凝土屋面板

简图	屋面构造
有保温上人屋面	1. 40 厚 C20 细石混凝土保护层配 φ6 或冷拔 φ4 的 HRB300 级钢筋，双向@150，钢筋网片绑扎或点焊（设分格缝） 2. 10 厚低强度等级砂浆隔离层 3. 防水卷材或涂膜层 4. 20 厚 1：3 水泥砂浆找平层 5. 保温层 6. 最薄 30 厚 LC5.0 轻集料混凝土 2‰找坡层 7. 钢筋混凝土屋面板
无保温不上人屋面	1. 浅色涂料保护层 2. 防水卷材或涂膜层 3. 20 厚 1：3 水泥砂浆找平层 4. 最薄 30 厚 LC5.0 轻集料混凝土 2‰找坡层 5. 钢筋混凝土屋面板
有保温隔汽上人屋面	1. 防滑地砖，防水砂浆勾缝 2. 20 厚聚合物砂浆铺卧 3. 10 厚低强度等级砂浆隔离层 4. 防水卷材或涂膜层 5. 20 厚 1：3 水泥砂浆找平层 6. 保温层 7. 最薄 30 厚 LC5.0 轻集料混凝土 2‰找坡层 8. 隔汽层 9. 20 厚 1：3 水泥砂浆找平层 10. 钢筋混凝土屋面板

三、细部构造

卷材、涂膜防水屋面发生渗漏的部位多在于房屋构造的交接处，如屋面与墙面的交接处、檐口、檐沟、变形缝、雨水口、屋面出入口等部位，因此需要重点做好这些部位的构造处理。

平屋顶构造

檐沟、天沟与屋面交接处、屋面平面与立面交接处，以及水落口、伸出屋面管道根部等部位，应设置卷材或涂膜附加层；屋面找平层分格缝等部位，宜设置卷材空铺附加层，其空铺宽度不宜小于 100 mm；附加防水层最小厚度应符合表 6-10 的规定。

表 6-10　附加防水层最小厚度　　　　mm

防水材料	附加防水层最小厚度
合成高分子防水卷材	1.2
高聚物改性沥青防水卷材（聚酯胎）	3.0
合成高分子防水涂料、聚合物水泥防水涂料	1.5
高聚物改性沥青防水涂料	2.0
注：涂膜附加层应夹铺胎体增强材料。	

157

1. 泛水构造

屋面与墙面交接处的防水构造处理叫作泛水，如女儿墙与屋面的交接处构造。

女儿墙压顶可采用混凝土。压顶向内排水坡度不应小于 5%，压顶内侧下端应作滴水处理；女儿墙泛水处的防水层下应增设附加层，附加层在平面和立面的宽度均不应小于 250 mm；低女儿墙泛水处的防水层可直接铺贴或涂刷至压顶下，卷材收头应用金属压条钉压固定，并应用密封材料封严；涂膜收头应用防水涂料多遍涂刷，如图 6-8 所示。屋面立墙泛水构造如图 6-9 所示。

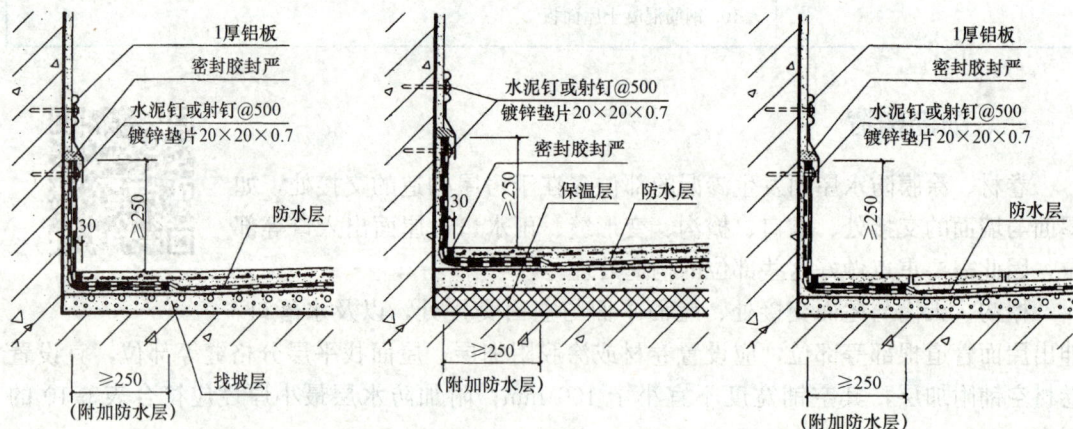

图 6-8　女儿墙泛水构造

注：块体材料、细石混凝土保护层与女儿墙或山墙之间应预留宽度为 30 mm 的缝隙，缝内用密封胶封严。

图 6-9　屋面立墙泛水构造

2. 檐口构造

（1）无组织排水挑檐构造。无组织排水挑檐口部位的防水层收头和滴水是檐口防水处理的关键，空铺、点粘、条粘的卷材在檐口端部 800 mm 范围内应采用满粘法，卷材防水层收头压入找平层的凹槽内，用金属压条钉压牢固并进行密封处理，钉距宜为 500～800 mm；涂膜防水层收头可以采用涂料多遍涂刷，防止防水层收头翘边或被风揭起；檐口下端应同时做鹰嘴和滴水槽，如图 6-10 所示。

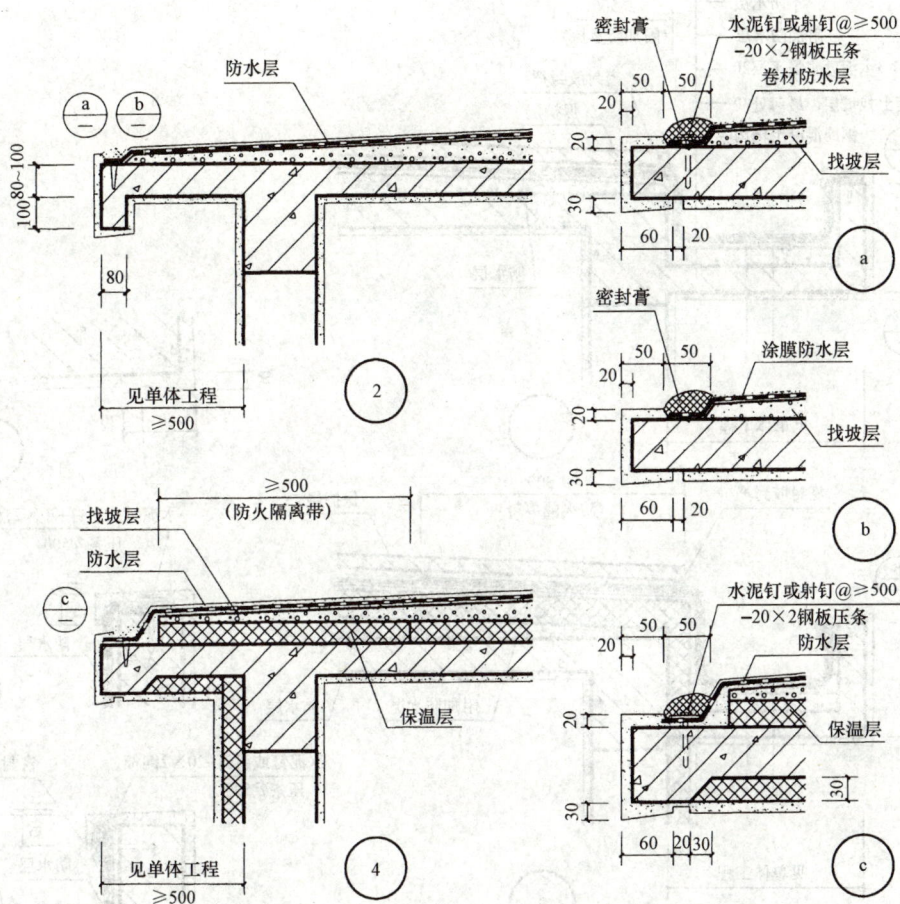

图 6-10　卷材、涂膜防水屋面檐口挑檐

注：当屋面和外墙均采用 B1、B2 级保温材料时，应采用宽度不小 500 mm 的不燃材料设置防火隔离带将屋面和外墙分隔。

　　（2）檐沟和天沟。卷材或涂膜防水屋面檐沟和天沟的防水构造，如图 6-11 所示。檐沟和天沟的防水层下应增设附加层，附加层伸入屋面的宽度不应小于 250 mm；檐沟防水层和附加层应由沟底翻上至外侧顶部，卷材收头应用金属压条钉压，并应用密封材料封严，涂膜收头应用防水涂料多遍涂刷；檐沟外侧下端应做鹰嘴或滴水槽。

3. 雨水口构造

　　雨水口是将屋面雨水排至雨水管的连接构件，应排水通畅，不易堵塞和渗漏。雨水口可分为直管式和弯管式两类。直管式适用于挑檐沟和女儿墙内排水天沟的水平雨水口；弯管式则适用于女儿墙外排水的垂直雨水口。雨水口可采用塑料或金属制品，为防止周边漏水，雨水口周围直径 500 mm 范围内坡度不应小于 5%，防水层下应增设涂膜附加层；防水层和附加层伸入雨水口杯内不应小于 50 mm，并应粘结牢固，如图 6-12 和图 6-13 所示。

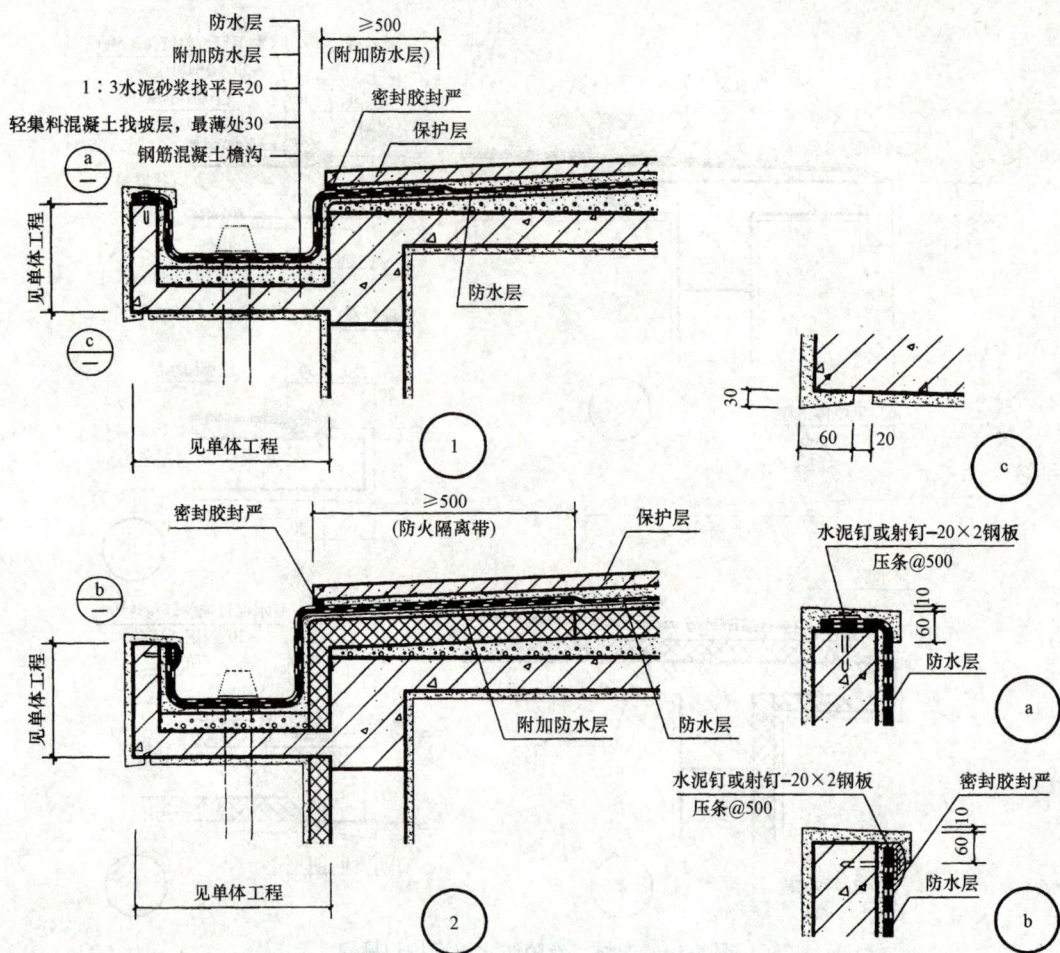

防水层
附加防水层
1:3水泥砂浆找平层20
轻集料混凝土找坡层，最薄处30
钢筋混凝土檐沟
见单体工程
见单体工程
≥500
（附加防水层）
密封胶封严
保护层
防水层

30
60 20
c

1

密封胶封严
保护层
防水层
附加防水层
防水层
见单体工程
见单体工程
≥500
（防火隔离带）

水泥钉或射钉-20×2钢板
压条@500
60 10
防水层
a

水泥钉或射钉-20×2钢板
压条@500
60 10
密封胶封严
防水层
b

2

图6-11　卷材、涂膜防水屋面檐沟

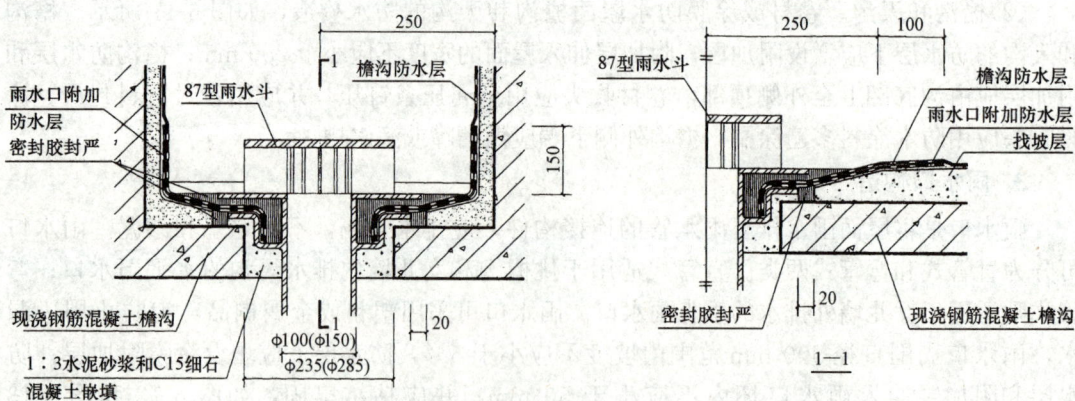

雨水口附加
防水层
密封胶封严
87型雨水斗
檐沟防水层
现浇钢筋混凝土檐沟
1:3水泥砂浆和C15细石
混凝土嵌填
250
150
φ100(φ150)
φ235(φ285)
20

87型雨水斗
密封胶封严
檐沟防水层
雨水口附加防水层
找坡层
现浇钢筋混凝土檐沟
250 100
20
1—1

图6-12　女儿墙内檐沟雨水口

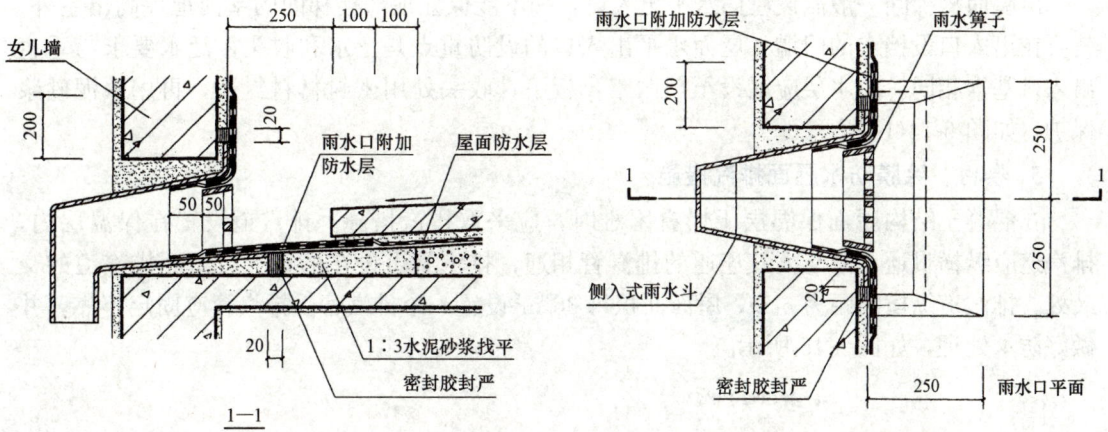

图 6-13　女儿墙雨水口

4. 屋面出入口构造

不上人屋面须设屋面垂直出入口。出入口四周的孔壁可用砖立砌，也可在现浇屋面板时将混凝土上翻制成。其高度一般为 300 mm，为防止雨水从盖板下倒灌入室内，壁外侧的防水层泛水高度不得小于 250 mm，泛水部位变形集中且难以设置保护层，故在防水层施工前应先做附加增强处理，防水层的收头于压顶圈下，使收头的防水设防可靠，不会产生翘边、开口等缺陷，如图 6-14(a) 所示。

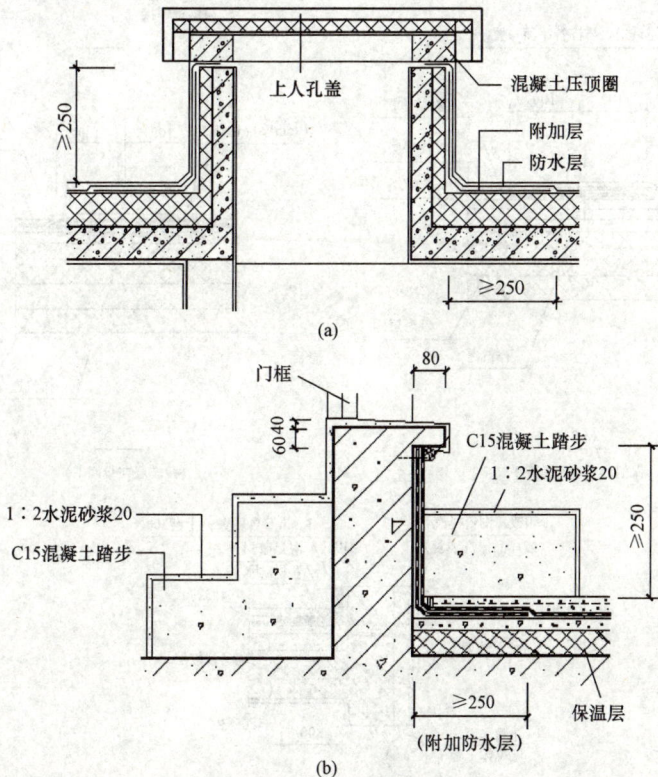

(a)

(b)

图 6-14　屋面出入口构造

(a)垂直出入口；(b)水平出入口

161

出屋面楼梯间一般需设屋面水平出入口，如不能保证顶部楼梯间的室内地坪高出室外，就要在出入口设挡水的门槛。屋面水平出入口的设防重点是泛水和收头，泛水要求与垂直出入口基本相同。防水层应铺设至门洞踏步板下，收头处用密封材料封严，再用水泥砂浆保护，如图 6-14(b)所示。

5. 卷材、涂膜防水屋面排汽措施

在混凝土结构屋面保温层干燥有困难时，应采取排汽措施。排汽道设置在保温层内，排汽道应纵横贯通，并与大气连通的排汽管相通，排汽管可设在檐口下或屋面排汽道的交叉处。排汽道纵横间距为 6 m，屋面面积每 36 m² 设置一个排汽管。排汽管应固定牢靠，并做好防水处理，如图 6-15 所示。

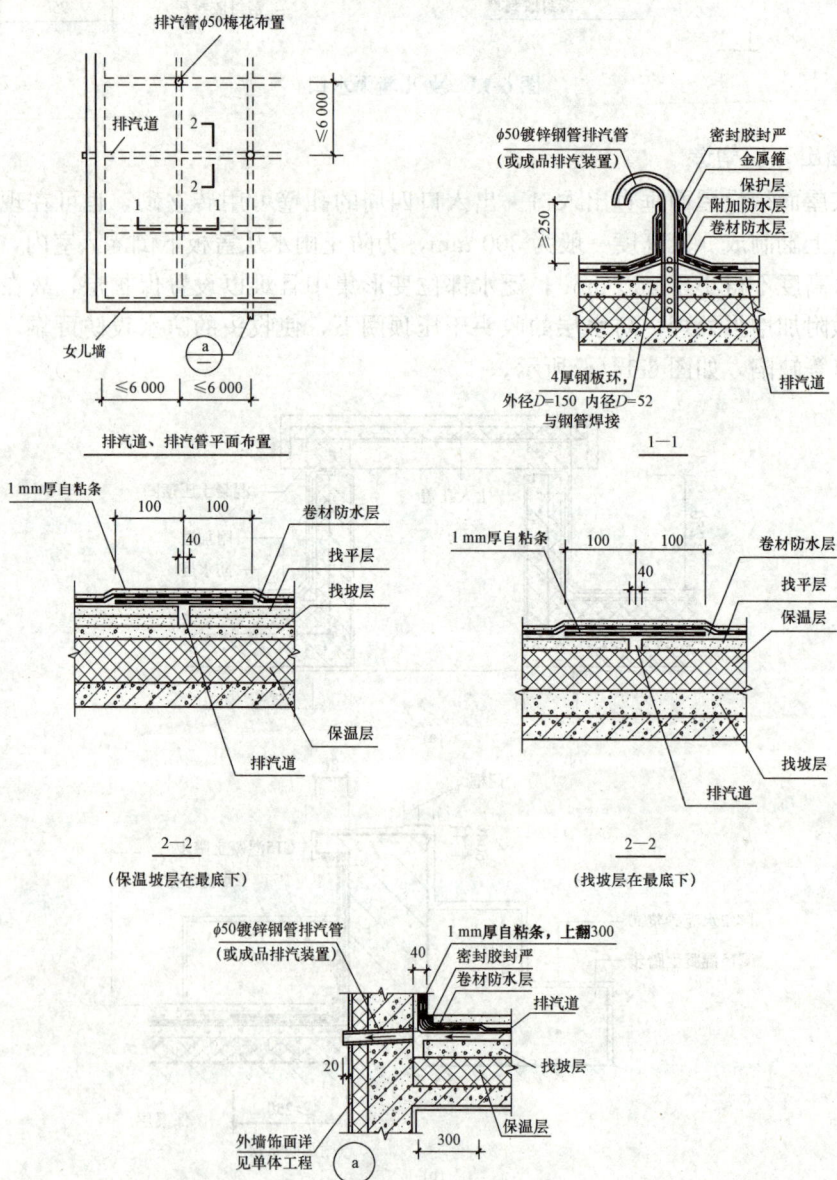

图 6-15　卷材、涂膜防水屋面排汽措施

1. 根据给定条件，选择屋面防水类型和防水材料，确定构造层次及做法并说明理由，分组讨论。

2. 绘制相应的构造节点详图，并说明做法要点，分组提交成果。

屋顶细部防水构造

知识拓展

一、各种屋面构造层次及做法举例

各种屋面构造层次及做法举例见表6-11～表6-13。

表6-11　倒置式屋顶构造做法举例

简图	构造做法
有保温上人屋面	1. 40厚C20细石混凝土保护层配φ6或冷拔φ4的HPB300级钢筋，双向@150，钢筋网片绑扎或点焊（设分格缝） 2. 10厚低强度等级砂浆隔离层 3. 保温层 4. 防水卷材 5. 20厚1：3水泥砂浆找平层 6. 最薄30厚LC5.0轻集料混凝土2%找坡层 7. 钢筋混凝土屋面板
有保温不上人屋面	1. 50厚直径10～30卵石保护层 2. 干铺无纺聚酯纤维布一层 3. 10厚低强度等级砂浆隔离层 4. 保温层 5. 防水卷材层 6. 20厚1：3水泥砂浆找平层 7. 最薄30厚LC5.0轻集料混凝土2%找坡层 8. 钢筋混凝土屋面板

注：倒置式屋面保温隔热材料宜选用板状制品，挤塑型聚苯乙烯泡沫塑料板、硬泡聚氨酯板、硬泡聚氨酯防水保温复合板、泡沫玻璃等。

表6-12　架空屋顶构造做法举例

简图	构造做法
无保温层	1. 配筋C25细石混凝土预制板 600×600×35（不上人）600×600×50（上人） 2. 190×120×190(*h*)C20细石混凝土砌块，支墩中距600，用M5水泥混合砂浆砌筑 3. 20厚1：3水泥砂浆保护层 4. 防水层 5. 20厚1：3水泥砂浆找平层 6. 最薄30厚LC5.0轻集料混凝土2%找坡层 7. 钢筋混凝土屋面板

简图	构造做法
 有保温层	1. 配筋 C25 细石混凝土预制板 600×600×35(不上人)600×600×50(上人) 2. 190×120×190(h)C20 细石混凝土砌块，支墩中距 600，用 M5 水泥混合砂浆砌筑 3. 20 厚 1∶3 水泥砂浆保护层 4. 防水层 5. 20 厚 1∶3 水泥砂浆找平层 6. 最薄 30 厚 LC5.0 轻集料混凝土 2% 找坡层 7. 保温层 8. 钢筋混凝土屋面板

表 6-13　蓄水屋顶构造做法举例

简图	构造做法
 无保温层	1. 植被层 2. 种植土厚度按工程设计 3. 土工布过滤层 4. 20 高凹凸型排(蓄)水板 5. 20 厚 1∶3 水泥砂浆保护层 6. 耐根穿刺防水层 7. 普通防水层 8. 20 厚 1∶3 水泥砂浆找平层 9. 最薄 30 厚 LC5.0 轻集料混凝土 2% 找坡层 10. 钢筋混凝土屋面板
 有保温层	1. 植被层 2. 种植土厚度按工程设计 3. 土工布过滤层 4. 网状交织排(蓄)水层 5. 20 厚 1∶3 水泥砂浆保护层 6. 耐根穿刺防水层 7. 普通防水层 8. 20 厚 1∶3 水泥砂浆找平层 9. 最薄 30 厚 LC5.0 轻集料混凝土 2% 找坡层 10. 保温层 11. 钢筋混凝土屋面板

二、屋顶变形缝构造

屋顶变形缝的位置与缝宽应与墙体、楼地面的变形缝一致。缝内用沥青麻丝、金属调节片等材料填缝和盖缝。屋顶变形缝一般设于建筑物的高低错落处，也见于两侧屋面处于同一标高处。不上人屋顶通常在缝两侧或一侧加砌厚度不小于 120 mm 的护墙，按屋面泛水构造要求将防水材料沿护墙上卷，顶部缝隙用镀锌薄钢板、铝片、混凝土板或瓦片等覆盖，并允许两侧结构自由伸缩或沉降而不致渗漏雨水。寒冷地区在缝隙中应填以岩棉、泡沫塑料或沥青麻丝等具有一定弹性的保温材料。上人屋顶因使用要求一般不设护墙，此时应切实做好防水构造处理，避免雨水渗漏。平屋顶变形缝构造如图6-16所示。

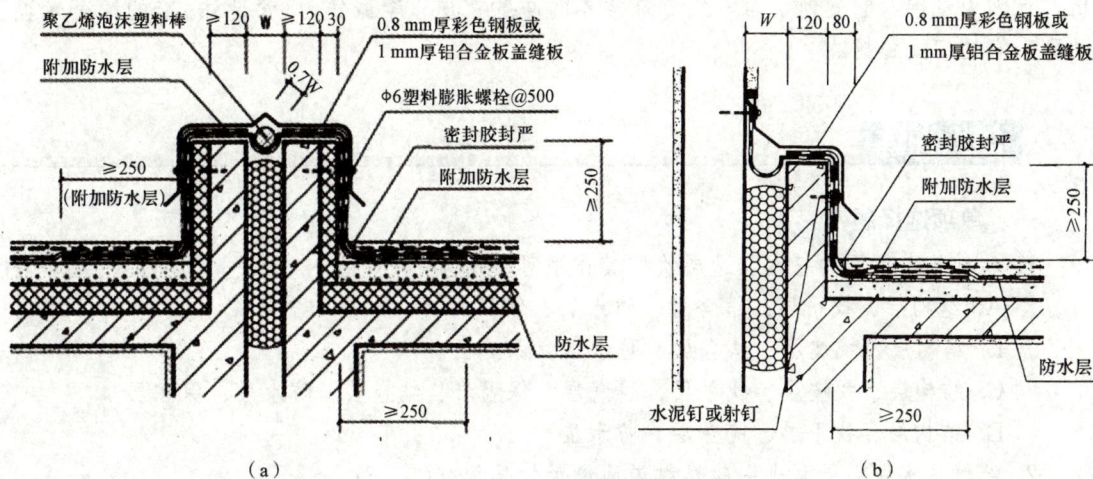

（a）　　　　　　　　　　　　　　　　（b）

图6-16　屋顶变形缝盖缝构造

(a)等高屋面变形缝盖缝构造做法；(b)高低错落处变形缝盖缝构造做法

三、营造法式

《营造法式》是宋代李诚创作的建筑学著作，是李诚在两浙工匠喻皓所作《木经》的基础上编成的。《营造法式》是北宋官方颁布的一部建筑设计、施工的规范书，是中国古代最完整的建筑技术书籍，标志着中国古代建筑已经发展到了较高阶段。全书36卷，357篇，3 555条，是当时建筑设计与施工经验的集合与总结，并对后世产生深远影响。原书《元祐法式》于元祐六年(1091年)编成，但因为没有规定模数制，也就是"材"的用法，而不能对构建比例、用料作出严格的规定，建筑设计、施工仍具有很大的随意性。李诚奉命重新编著，终成此书。全书共计36卷分为释名、诸作制度、功限、料例和图样5个部分，前面还有"看样"和目录各1卷。"看样"主要是说明各种以前的固定数据和做法规定及做法来由，如屋顶曲线的做法。

《营造法式》的现代意义在于它揭示了北宋统治者建造官殿、寺庙、官署、府第等木构建筑所使用的方法，使我们能在实物遗存较少的情况下，对当时的建筑有非常详细的了解，填补了中国古代建筑发展过程中的重要环节。通过书中的记述，我们还知道现存建筑所不曾保留的、今已不使用的一些建筑设备和装饰，如檐下铺竹网防鸟雀，室内地面铺编织的花纹竹席，椽头用雕刻纹样的圆盘，梁栿用雕刻花纹的木板包裹等。

四、人物链接—李诚

李诚，字明仲，郑州管州人(今河南郑州新郑市)，北宋著名建筑学家。主持修建了开封府廨、太庙及钦慈太后佛寺等大规模建筑。

李诚为官"干局明锐"，其兄曾任至龙图阁直学士。李诚在这样的家庭长大，从小就受家庭熏陶，好学多才。他工书法，善绘画，藏书数万卷，手抄本数十卷。曾官通直郎，任将作监。

元符三年，李诚撰成《营造法式》，该书是建筑史上划时代著作。李诚还曾主持修建一系列著名建筑，如1099年修建五侯府、1102年修建辟雍宫，后又修龙德宫、棣华室、朱雀门、九成殿、开封府衙、明堂等。大观四年在虢州知府任上病逝。

《营造法式》是研究中国古代建筑的珍贵资料，其中的许多经验和知识均有重要参考价值。正因为这样，它受到了国内外建筑学界的高度重视。李诫作为《营造法式》的编著者也受到人们的广泛赞扬。

能力训练

一、单项选择题

1. 卷材防水屋面的基本构造层次按其作用可分别为（　　）。
   A. 结构层、找平层、结合层、防水层、保护层
   B. 结构层、找坡层、结合层、防水层、保护层
   C. 结构层、找坡层、找平层、隔汽层、保温层、结合层、防水层、保护层
   D. 结构层、找平层、隔热层、防水层

2. 卷材防水保温屋面比一般卷材屋面增加的层次有（　　）。
   ①保温层　②隔热层　③隔汽层　④找平层
   A. ②③④　　　　　　B. ①②③　　　　　　C. ③④　　　　　　D. ①③④

3. 保温屋顶为了防止保温材料受潮，应采取（　　）措施。
   A. 加大屋面斜度
   B. 用钢筋混凝土基层
   C. 加做水泥砂浆粉刷层
   D. 设隔汽层

4. 关于平屋面构造的叙述中，下列不确切的是（　　）。
   A. 隔汽层的目的是防止室内水蒸气渗入防水层影响防水效果
   B. 隔汽层应选用气密性好的单层卷材
   C. 在找平层设置分格缝的目的是避免基层的热胀冷缩造成防水卷材的破坏
   D. 一根雨水落水管的最大汇水面积不宜超过 200 m²

5. 女儿墙泛水高度不得小于（　　）mm。
   A. 150　　　　　　B. 200　　　　　　C. 250　　　　　　D. 300

二、实践题

1. 观察校园内建筑的屋顶并绘制建筑详图。
2. 识读采用平屋顶建筑的屋顶平面图及屋顶构造详图。

任务三　坡屋顶构造处理

任务描述

某寒冷地区住宅采用坡屋顶，为其选择适合的屋面防水材料，确定屋顶构造层次及做法，并绘制相应的构造节点详图。

一、坡屋顶的组成

坡屋顶由承重结构、屋面、顶棚等部分组成，根据使用要求不同，有时还需增设保温层或隔热层等。

1. 承重结构

承重结构主要承受作用在屋面上的各种荷载，并把它们传到墙或柱上。坡屋顶的承重结构一般由椽条、檩条、屋架或大梁等组成。

2. 屋面

屋面是屋顶的上覆盖层，直接承受风、雨、雪和太阳辐射等大自然的作用。它包括屋面覆盖材料和基层材料，如挂瓦条、屋面板等。

3. 顶棚

顶棚是屋顶下面的遮盖部分，可使室内上部平整，起装饰作用。

4. 保温层或隔热层

保温层或隔热层可设在屋面层或顶棚处。

二、钢筋混凝土板基层瓦屋面

由于保温、防火或造型等的需要，可将钢筋混凝土板作为瓦屋面的基层，在其上盖瓦。瓦材的固定应根据不同瓦材的特点采用挂、绑、钉、粘的不同方法固定，如图 6-17 所示。

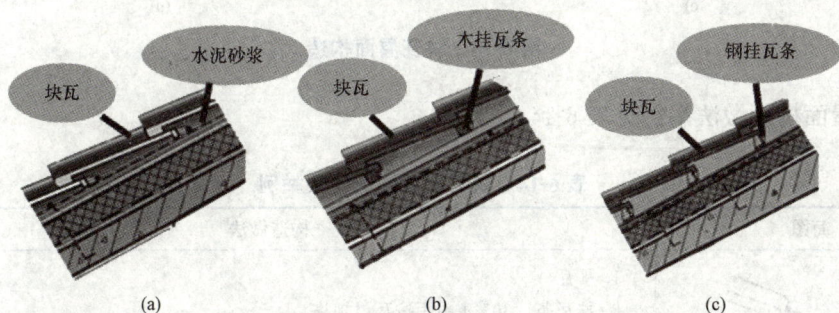

图 6-17 瓦材固定
(a)水泥砂浆卧瓦；(b)木挂瓦条挂瓦；(c)钢挂瓦条挂瓦

块瓦屋面构造层次一般包括块瓦、挂瓦条、顺水条、防水垫层、持钉层、保温隔热层、屋面板，其顺序可有所变动。防水垫层是指屋面中通常铺设在瓦材下面的防水材料；顺水条和挂瓦条可是木质或金属材质，木质顺水条和挂瓦条应做防腐防蛀处理，金属材质顺水条、挂瓦条应做防锈处理。顺水条断面尺寸宜为 40 mm×20 mm，挂瓦条断面尺寸宜为 30 mm×30 mm，挂瓦条固定在顺水条上，顺水条钉牢在持钉层上；持钉层是指屋面中能够握裹固定钉的构造层次，如细石混凝土层和屋面板。

保温隔热层上铺设细石混凝土保护层做持钉层时，防水垫层应铺设在持钉层上，如图 6-18(a)所示；保温隔热层镶嵌在顺水条之间时，应在保温隔热层上铺设防水垫层，如

167

图 6-18(b)所示；屋面为内保温隔热构造时，防水垫层应铺设在屋面板上，构造层依次为块瓦、挂瓦条、顺水条、防水垫层、屋面板，如图 6-18(c)所示；采用具有挂瓦功能的保温隔热层时，在屋面板上做水泥砂浆找平层，防水垫层应在找平层上，保温板应固定在防水垫层上，构造层次为块瓦、有挂瓦功能的保温隔层、防水垫层、找平层（兼作持钉层）、屋面板，如图 6-18(d)所示。

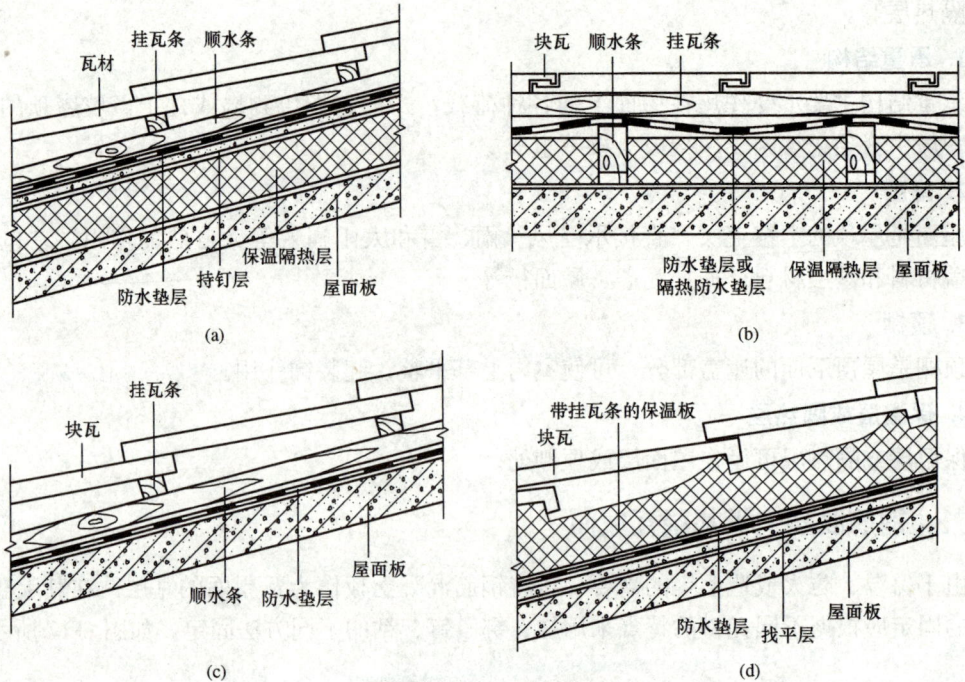

图 6-18 块瓦屋面构造

块瓦屋面构造做法举例见表 6-14。

表 6-14 块瓦屋面构造做法举例

简图	构造做法
	1. 平瓦 2. 挂瓦条 ∟30×4 中距按瓦材规格 3. 顺水条—25×5 中距 600 4. C20 细石混凝土找平层厚 40(配 φ4@150×150 钢筋网) 5. 防水垫层 6. 1:3 水泥砂浆找平层厚 15 7. 钢筋混凝土屋面板
	1. 平瓦 2. 挂瓦条 ∟30×4 中距按瓦材规格 3. 顺水条 30×30(h)，@500 4. C20 细石混凝土找平层厚 40(配 φ4@150×150 钢筋网) 5. 保温或隔热层，厚 δ 6. 防水垫层 7. 1:3 水泥砂浆找平层厚 15 8. 钢筋混凝土屋面板

简图	构造做法
	1. 小青瓦 2. 1：1：4水泥白灰砂浆加水泥重的3％的麻刀卧浆，最薄处20 3. 30厚1：3水泥砂浆，满铺钢筋丝，用18号镀锌钢丝绑扎并与屋面板预埋的φ10钢筋头绑牢 4. 防水垫层 5. 1：3水泥砂浆找平层厚15 6. 保温或隔热层，厚δ 7. 钢筋混凝土屋面板
	1. 筒瓦 2. 1：1：4水泥白灰砂浆加水泥重的3％的麻刀卧浆，最薄处20 3. 30厚1：3水泥砂浆，满铺钢筋丝，用18号镀锌钢丝绑扎并与屋面板预埋的φ10钢筋头绑牢 4. 防水垫层 5. 1：3水泥砂浆找平层厚15 6. 钢筋混凝土屋面板

三、块瓦屋面

1. 块瓦屋面屋脊构造

块瓦屋面屋脊部位应增设防水垫层附加层，宽度不应小于 500 mm，防水垫层应顺水流方向铺设和搭接，如图 6-19 所示。

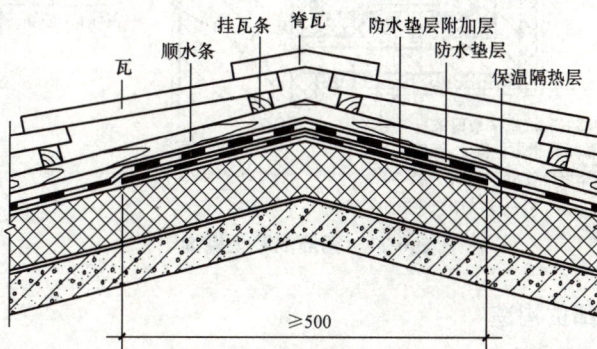

图 6-19　屋脊

2. 块瓦屋面檐口部位构造

块瓦屋面檐口部位应增设防水垫层附加层。严寒地区和大风区域，应采用自粘聚合物沥青防水垫层加强，下翻宽度不应小于 100 mm，屋面铺设宽度不应小于 900 mm。金属泛水板应铺设在防水垫层的附加层上，并伸入檐口内；在金属泛水板上应铺设防水垫层，如图 6-20 所示。

3. 块瓦屋面檐沟部位构造

块瓦屋面檐沟部位应增设防水垫层附加层，防水垫层的附加层应延展铺设到混凝土檐沟内，如图 6-21 所示。

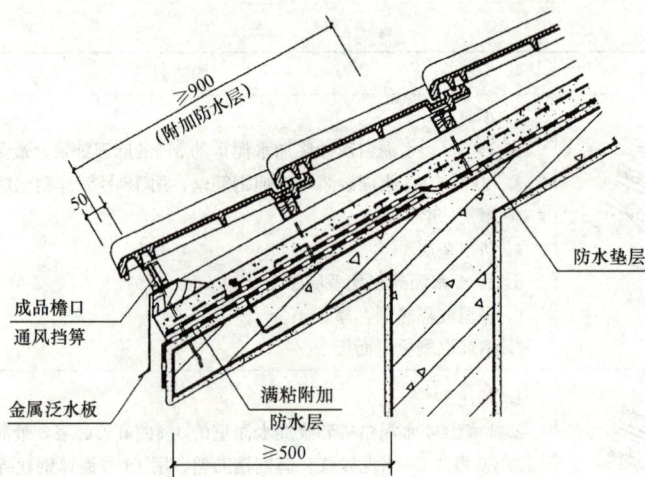

图 6-20　檐口

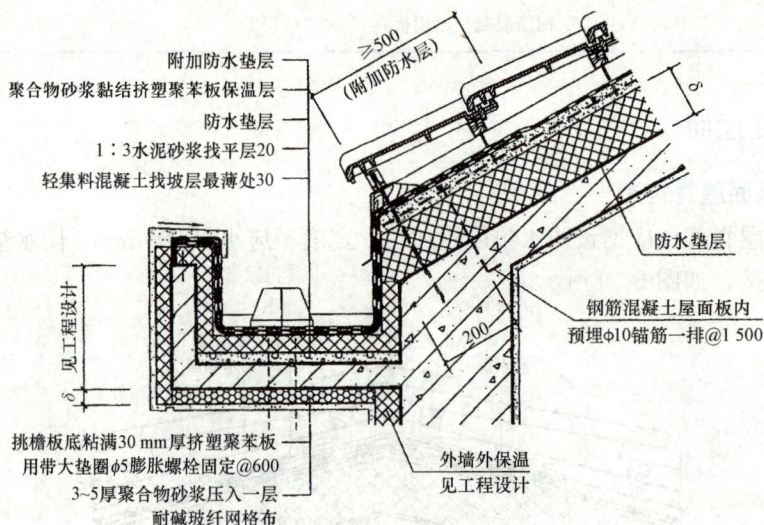

图 6-21　钢筋混凝土檐沟

4. 块瓦屋面天沟部位构造

块瓦屋面天沟部位应沿天沟中心线增设防水垫层附加层，宽度不应小于 100 mm，铺设防水垫层和瓦材应顺流水方向进行，如图 6-22 所示。

5. 块瓦屋面山墙部位构造

悬山檐口封边瓦宜采用卧浆做法，并用水泥砂浆勾缝处理；檐口封边瓦应用固定钉固定在木条或持钉层上，如图 6-23 所示。硬山檐口的阴角部位应增设防水垫层附加层；防水垫层应满粘铺设，沿立墙向上延伸不少于 250 mm；金属泛水板或耐候型泛水带覆盖在瓦上，用密封材料封边，泛水带与瓦搭接应大于 150 mm，如图 6-24 所示。

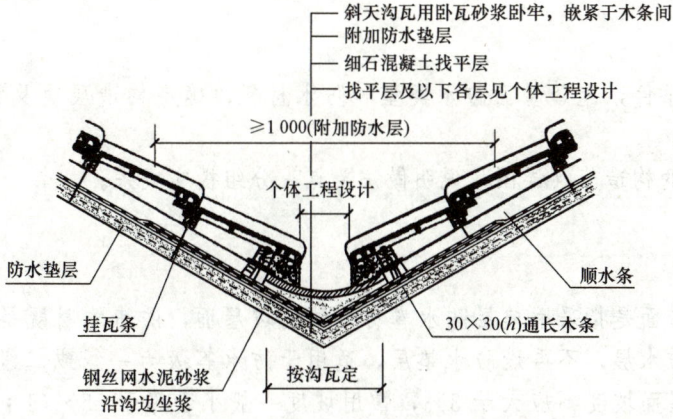

斜天沟瓦用卧瓦砂浆卧牢，嵌紧于木条间
附加防水垫层
细石混凝土找平层
找平层及以下各层见个体工程设计

≥1 000(附加防水层)

个体工程设计

防水垫层

挂瓦条

钢丝网水泥砂浆
沿沟边坐浆

顺水条

30×30(h)通长木条

按沟瓦定

图 6-22 天沟

山墙封檐瓦

1:3水泥砂浆卧瓦

挂瓦条

a

δ

顺水条

有无防水层或找平层
见个体工程设计

通长木条
30×60(h)

圆钉l=40

封檐瓦

外饰面厚度

L 50 l=40 @1 000

圆钉l=40

水泥钉或射钉

a

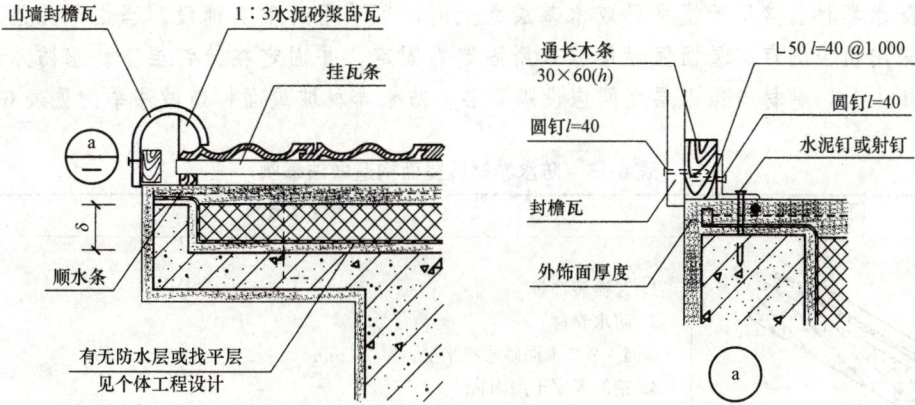

图 6-23 悬山檐口

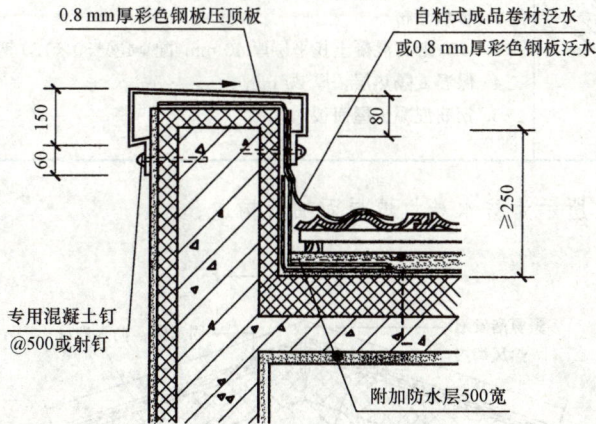

0.8 mm厚彩色钢板压顶板

60 150

80

≥250

专用混凝土钉
@500或射钉

自粘式成品卷材泛水
或0.8 mm厚彩色钢板泛水

附加防水层500宽

图 6-24 硬山檐口

171

⚙ **任务实施**

1. 根据给定条件，选择屋面防水类型和防水材料，确定构造层次及做法并说明理由，分组讨论。

2. 绘制相应的构造节点详图，说明做法要点，分组提交成果。

📖 **知识拓展**

防水卷材坡屋面是指采用单层防水卷材设防的坡屋面，防水卷材既是坡屋面的装饰面层也是坡屋面的防水层，不再设防水垫层，适用于防水等级为一级或二级的坡屋顶面。防水卷材坡屋面的屋面坡度不应大于3%，常用坡度一般小于等于25%(1：4)。适用于钢筋混凝土基层和木基层。防水卷材坡屋面用粘贴在防水卷材上表面的瓦楞装饰条来增强坡屋面的立体感。

当防水卷材直接用于找平层或木基层之上时，可采用满粘法铺设，当用于保温层之上时，应采用机械固定。屋面保温层应采用固定件固定，并固定在持钉层上。当防水卷材放在挤塑板上时，卷材与保温层之间应设隔离层。防水卷材坡屋面构造做法举例见表6-15。

表 6-15　防水卷材坡屋面构造做法举例

简图	屋面构造
	1. 瓦楞装饰条 2. 防水卷材 3. 1：2.5 水泥砂浆找平层，厚 20 mm 4. 钢筋混凝土屋面板
	1. 瓦楞装饰条 2. 防水卷材 3. C20 细石混凝土找平层厚 40 mm(配φ4@150×150 钢筋网) 4. 保温或隔热层，厚 20 mm 5. 钢筋混凝土屋面板

图 6-25～图 6-27 所示为防水卷材坡屋面细部构造。

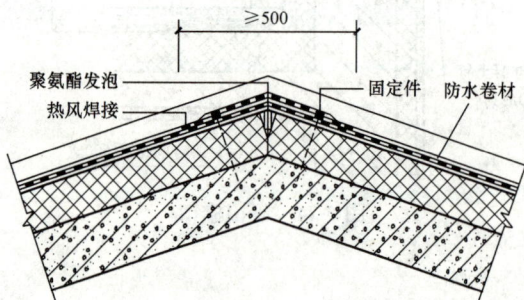

图 6-25　防水卷材坡屋面屋脊构造

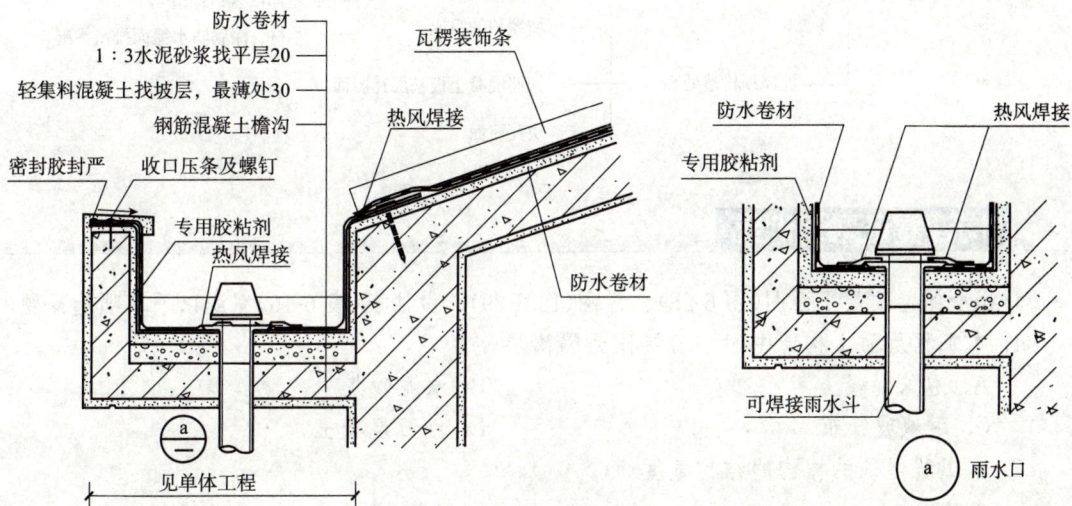

图 6-26　防水卷材坡屋面檐口构造

图 6-27　防水卷材坡屋面檐沟构造

能力训练

一、简答题

1. 块瓦屋面的构造层次有哪些？防水垫层应设在什么位置？

2. 块瓦屋面的檐口构造要点有哪些？

二、实践题

1. 观察建筑坡屋顶。

2. 识读采用坡屋顶建筑的屋顶平面图及屋顶构造详图。

```
                                    屋顶的作用、          ┌─ 屋顶的作用及要求
                          ┌─ 屋顶排水 ──┤ 要求及类型 ──┤
                          │                 └─ 屋顶的类型
                          │
                          │         ┌─ 屋顶的坡度
                          │         │
                          │         ├─ 屋顶的排水方式 ──┬─ 无组织排水
                          │         │                   └─ 有组织排水
                          │         └─ 屋顶排水组织设计
                          │
                          │              ┌─ 卷材、涂膜防水平屋面的类型
  屋顶构造                │  平屋顶       ├─ 卷材、涂膜防水平屋面的构造层次及做法
  认知与表达 ─────────────┤  构造处理 ────┤
                          │              │                  ┌─ 泛水构造
                          │              │                  ├─ 檐口构造
                          │              └─ 细部构造 ────────┼─ 雨水口构造
                          │                                 ├─ 屋面出入口构造
                          │                                 └─ 卷材、涂膜防水屋面排汽措施
                          │
                          │              ┌─ 坡屋顶的组成
                          └─ 坡屋顶构造处理 ─┼─ 钢筋混凝土板基层瓦屋面
                                         └─ 块瓦屋面
```

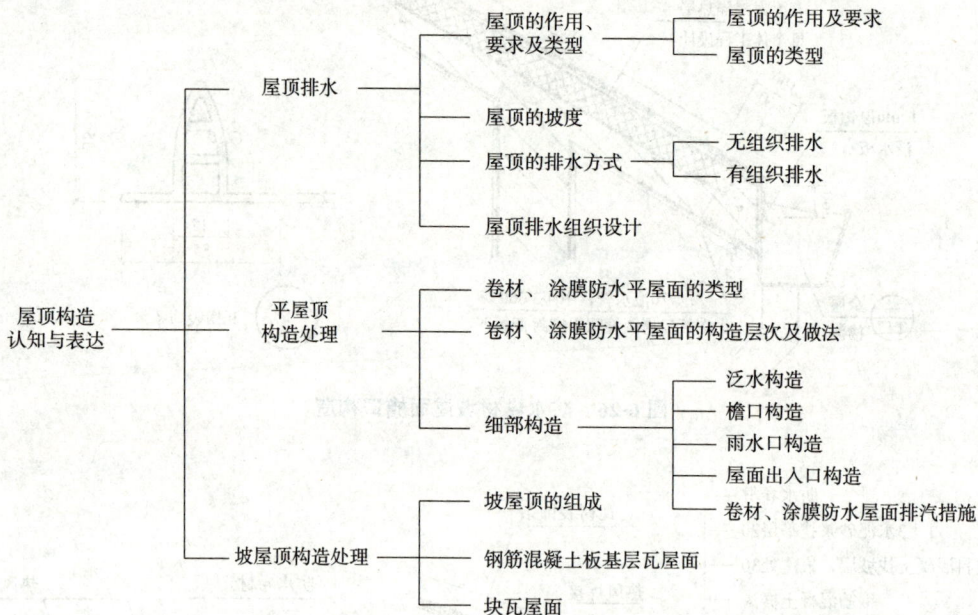

岗课赛证融通训练

根据所给屋顶层平面图（图 6-28）、详图（图 6-29）、做法表（表 6-16）完成以下单项选择题。

1. 本工程屋面 1 构造中（　　）层作为隔离层。

　A. 泡沫混凝土　　　　　　　　　　　B. 水泥砂浆

　C. 耐碱玻纤布　　　　　　　　　　　D. 细石混凝土

2. 本工程屋顶的檐沟的结构宽度为（　　）。

　A. 400 mm　　　　　　　　　　　　B. 500 mm

　C. 600 mm　　　　　　　　　　　　D. 图中未明确

3. 本工程屋面 1 的做法中细石混凝土厚（　　）。

　A. 20 mm　　　　　　　　　　　　B. 40 mm

　C. 60 mm　　　　　　　　　　　　D. 图中未明确

4. 本工程屋面构造做法中采用（　　）防水。

　A. 防水卷材　　　　　　　　　　　B. 涂膜

　C. 防水砂浆　　　　　　　　　　　D. 细石防水混凝土

5. 屋面找坡层的材料为（　　）。

　A. 水泥焦渣　　　　　　　　　　　B. 水泥砂浆

　C. 泡沫混凝土　　　　　　　　　　D. 细石混凝土

6. 本工程屋面采用的保温材料是（　　）。

　A. 陶粒混凝土　　　　　　　　　　B. 泡沫混凝土

　C. B1 级挤塑聚苯板　　　　　　　　D. 泡沫玻璃保温板

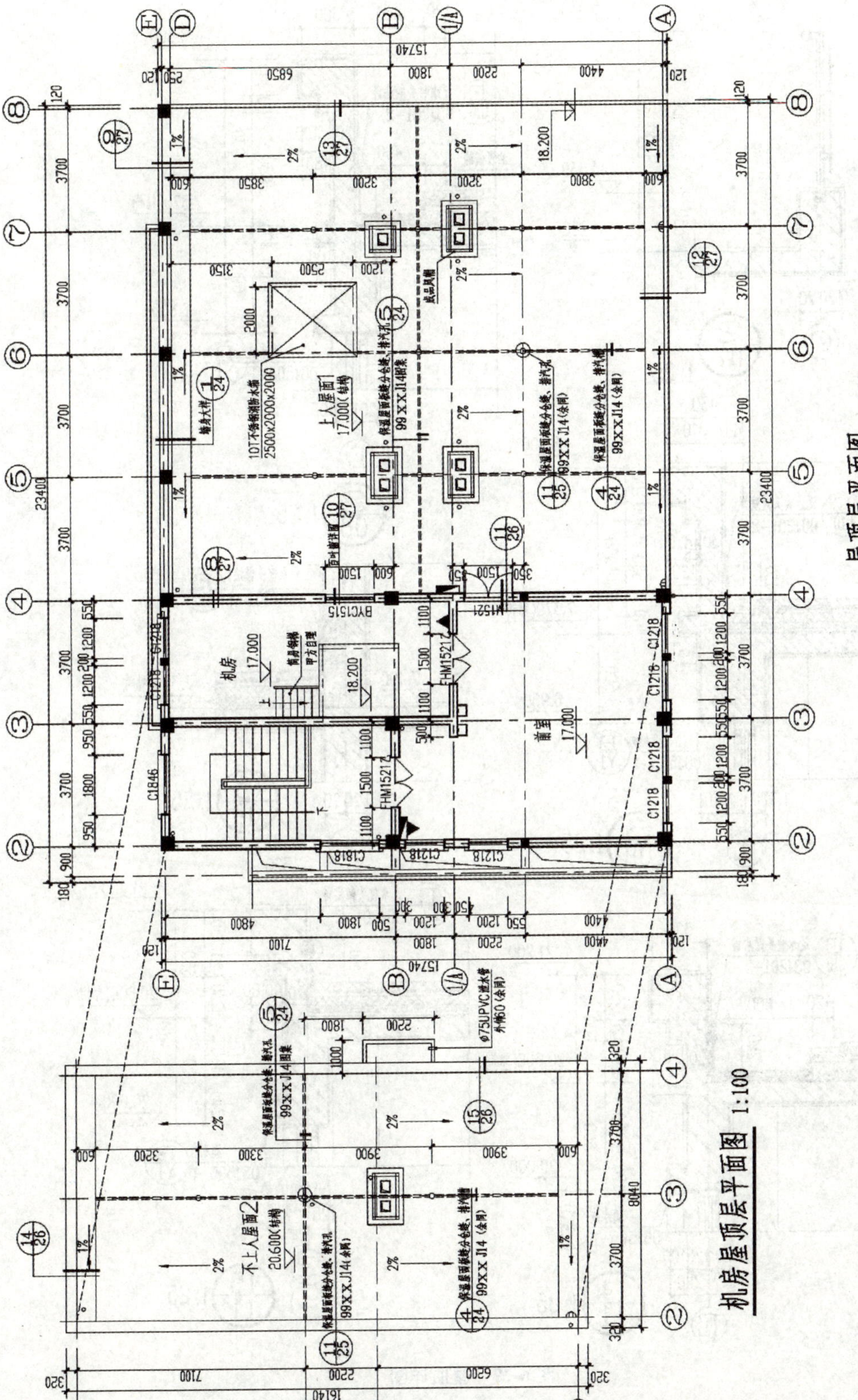

屋顶层平面图 1:100

机房屋顶层平面图 1:100

图 6-28　屋顶层平面图

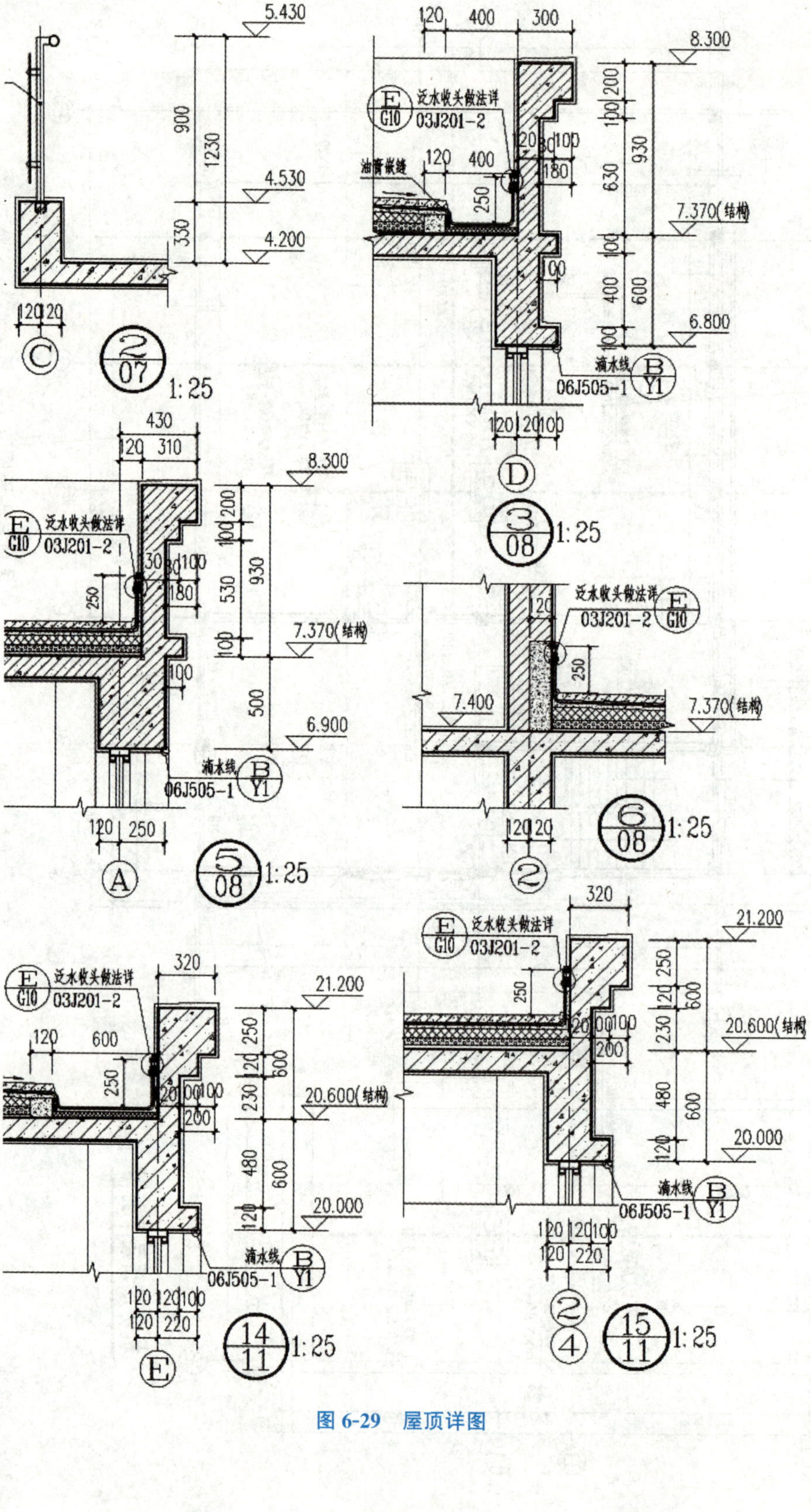

图 6-29　屋顶详图

表 6-16　屋顶做法表

分类	编号	名称	工程做法	使用部位
屋面	屋1	平屋面（保温）	1. 40 mm厚C25细石混凝土（内配φ6@200钢筋双向）按6 m×6 m分缝，缝宽10密封膏嵌缝	三层、屋顶保温平屋面
			2. 铺耐碱玻纤布一层	
			3. 2 mm厚高分子防水卷材	
			4. 20 mm厚1∶3水泥砂浆找平	
			5. 50厚泡沫玻璃保温板	
			6. 泡沫混凝土找坡2%，最低点40 mm	
			7. 现浇钢筋混凝土屋面板	
	屋2	平屋面（不保温）	1. 40 mm厚C25细石混凝土（内配φ6@200钢筋双向）按6 m×6 m分缝，缝宽10密封膏嵌缝	电梯机房平屋面
			2. 2 mm厚高分子防水卷材	
			3. 20 mm厚1∶3水泥砂浆找平	
			4. 泡沫混凝土找坡2%，最低点40 mm	
			5. 现浇钢筋混凝土屋面板	

7. 本工程的屋面做法为（　　），有（　　）防水。

A. 正置式屋面；一道　　　　　　　　B. 正置式屋面；两道

C. 倒置式屋面；两道　　　　　　　　D. 倒置式屋面；一道

8. 本工程机房层屋顶的女儿墙高度为（　　）mm。

A. 600　　　　　　　　　　　　　　B. 900

C. 1 200　　　　　　　　　　　　　D. 930

9. 本工程②轴处的泛水高度为（　　）mm。

A. 250　　　　　　　　　　　　　　B. 150

C. 400　　　　　　　　　　　　　　D. 450

10. 本工程屋面采用（　　）找坡，坡度（　　）。

A. 结构，2%　　　　　　　　　　　B. 材料，2%

C. 结构，1%　　　　　　　　　　　D. 材料，1%

门窗构造认知与表达

学习目标

[知识目标]

(1)熟悉门的作用、类型,掌握常见门的构造。

(2)熟悉窗的作用、类型,掌握常见窗的构造。

[能力目标]

(1)能根据建筑物及房间的特点选择门并确定其细部构造。

(2)能根据建筑物及房间的特点选择窗并确定其细部构造。

[素质目标]

(1)培养自觉学习和自我发展的能力。

(2)培养团结协作能力、创新能力和专业表达能力。

(3)培养独立分析与解决问题的能力。

(4)树立严谨的工作作风和爱岗敬业的工作态度及良好的职业道德。

学习重点

(1)平开木门的构造。

(2)铝合金、塑钢门窗的构造。

任务一 门的选择及构造处理

任务描述

确定某建筑物出入口处及不同房间的门类型、尺寸,并确定其构造。

一、门的作用及分类

(一)门的作用

门是房屋建筑的非承重围护构件之一。其主要功能是交通出入、分隔和联系室内外或室内空间，有时兼有通风、采光及立面装饰的作用。根据建筑功能的要求和所处的环境，还应具有保温、防热、防盗、隔声、防风沙雨雪、节能和便于工业生产等功能。

(二)门的分类

(1)门按开启方式可分为平开门、弹簧门、推拉门、折叠门、转门、卷帘门等(图7-1)。

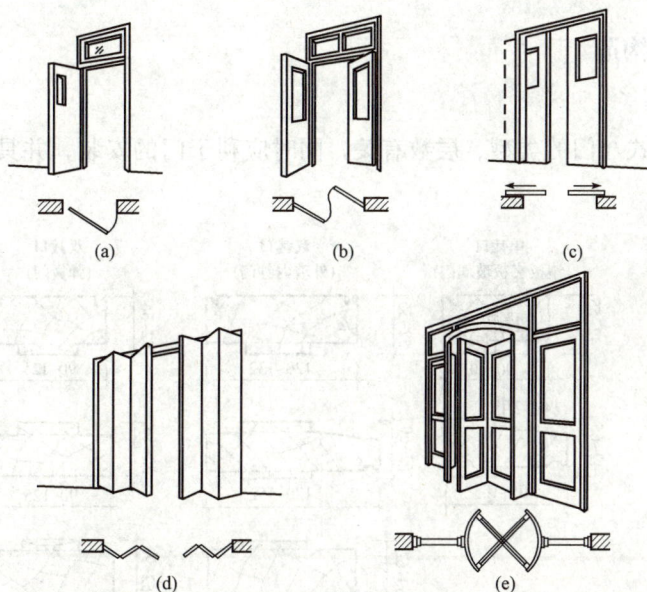

图7-1 门的开启方式
(a)平开门；(b)弹簧门；(c)推拉门；(d)折叠门；(e)转门

1)平开门。平开门是水平开启的门，它的铰链安装于门扇的一侧与门框相连，使门扇围绕铰链轴转动。门扇有单扇、双扇和内开、外开之分。

2)弹簧门。弹簧门的开启方式与普通平开门相同，所不同的是弹簧铰链代替了普通铰链，借助弹簧的力量使门扇能向内、向外开启并经常保持关闭。

3)推拉门。推拉门是门扇通过上下轨道，左右推拉滑行进行开关，有单扇和双扇之分。

4)折叠门。折叠门可分为侧挂式和推拉式两种。其由多扇门构成，每扇门宽度为500～1 000 mm，一般以600 mm为宜，适用于宽度较大的洞口。

5)转门。转门由两个固定的弧形门套和垂直旋转的门扇构成。门扇可分为三扇或四扇，绕竖轴旋转。

6)卷帘门。卷帘门多用于商店橱窗或商店出入口外侧的封闭门。

(2)门按主要制作材料可分为木门、钢门、铝合金门、塑钢门、塑料门、玻璃钢门等。

（3）门按形式和制造工艺可分为镶板门、纱门、实拼门、夹板门等。

（4）门按特殊需要可分为防火门、隔声门、保温门、防盗门等。

二、门的尺度

门的分类与构造

门洞口高度和宽度尺寸是由人体尺度、搬运物体尺寸、人流股数、人流数量来确定的。门高一般以 300 mm 为模数，一般为 2 000、2 100、2 200、2 400、2 700、3 000、3 300 等，特殊情况可以 100 mm 为模数。门高超过 2 200，应设亮子。门宽一般以 100 mm 为模数，宽度大于 1 200，以 300 mm 为模数。单扇门门宽一般为 800～1 000 mm，门宽为 1 200～1 800 mm 时采用双扇门；门宽 2 400 mm 以上，采用四扇门。

三、门的构造

(一)平开木门构造

1. 门框

门框的断面形式与门的类型、层数有关，同时应利于门的安装，并具有一定的密闭性，如图 7-2 所示。

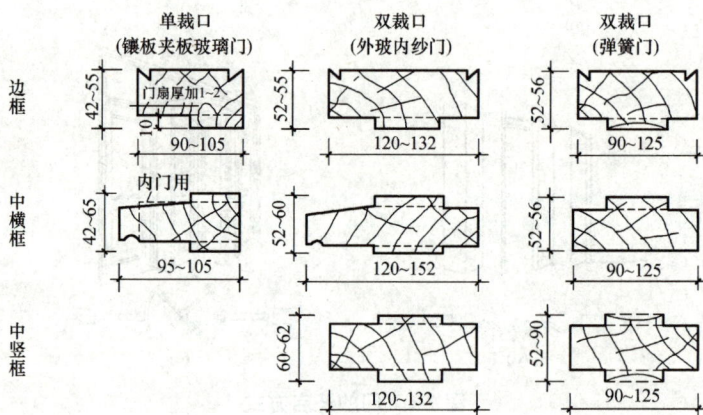

图 7-2　门框的断面形式与尺寸

为便于门扇密闭，门框上要做裁口（或铲口）。根据门扇数与开启方式的不同，裁口的形式可分为单裁口与双裁口两种。

2. 门扇

常用的木门门扇有镶板门（包括玻璃门、纱门）和夹板门。

（1）镶板门。镶板门是应用最广的一种门，门扇由骨架和门芯板组成。骨架一般由上冒头、中冒头、下冒头及边梃组成，在骨架内镶门芯板，门芯板常用 10～15 mm 厚的木板、胶合板、硬质纤维板及塑料板制作，有时门芯板可部分或全部采用玻璃、百叶或金属网（图 7-3）。

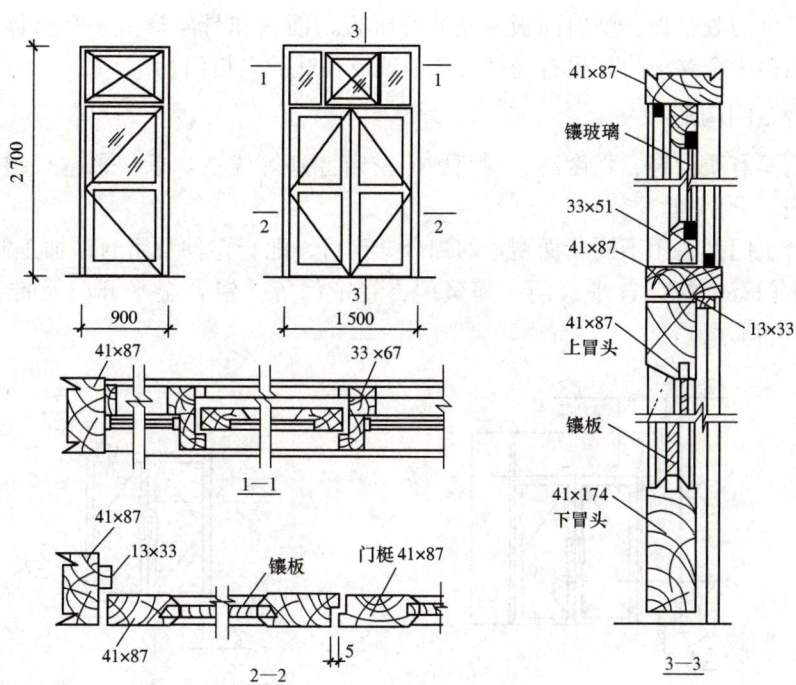

图 7-3　镶板门构造

（2）夹板门。夹板门也称贴板门或胶合板门，是用断面较小的方木做成骨架，两面粘贴面板而成，如图 7-4 所示。

图 7-4　夹板门构造

夹板门根据功能需要，可以局部加装玻璃或百叶。安装门锁处需要加装宽木条。其优点是用料少、自重轻，外形简洁美观，常用于建筑内门。

门扇面板可用胶合板、塑料面板或硬质纤维板，面板和骨架形成一个整体，共同抵抗变形。夹板门多为全夹板门，也有局部安装玻璃或百叶的夹板门。

(二)铝合金门构造

铝合金门具有质量轻、强度高、耐腐蚀、密闭性好等优点，近年来越来越多地在建筑中被广泛应用。

各种铝合金门都是用不同断面型号的铝合金型材、配套零件及密封件加工制作而成的。常用的铝合金门有推拉门、平开门、弹簧门、卷帘门等。铝合金平开门及推拉门构造如图 7-5 和图 7-6 所示。

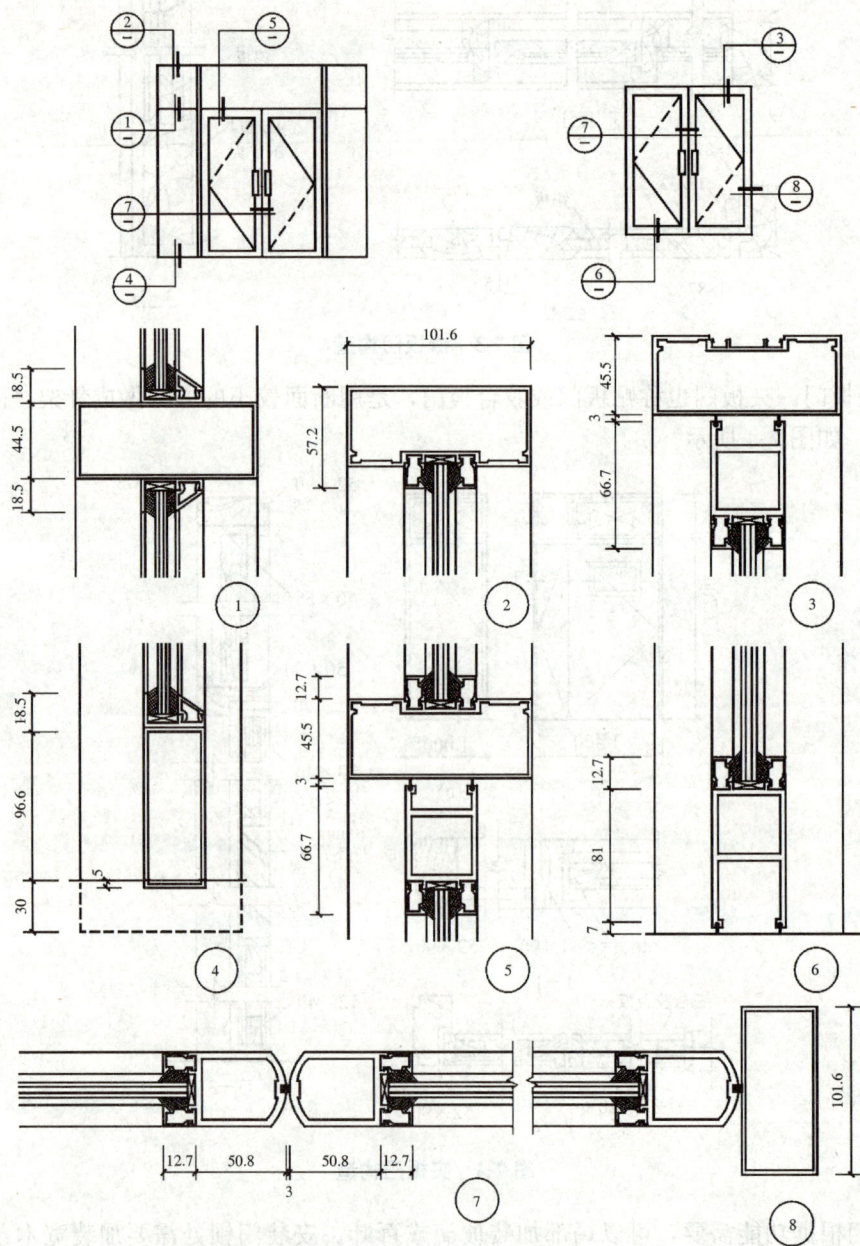

图 7-5　铝合金平开门

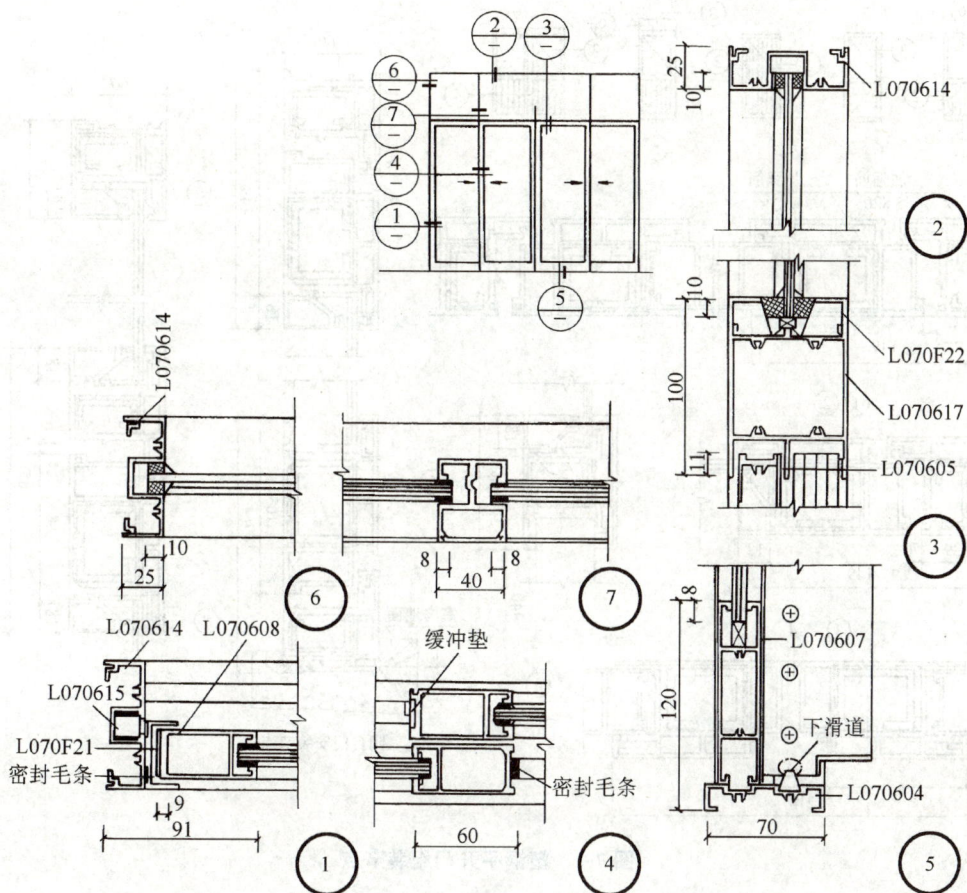

图 7-6　铝合金推拉门

(三)塑钢门构造

塑钢门是以改性硬质聚氯乙烯为主要原料，加上一定比例的稳定剂、着色剂、填充剂、紫外线吸收剂等辅助剂，经挤出机挤出成型为各种断面的中空异型材。经切割后在其内腔衬以型钢加强筋，用热熔焊接机焊接成型为门框扇，配装上橡胶密封条、压条、五金零件等附件而制作成的门成为塑钢门。其特点是强度高，耐冲击，保温隔热，节约能源，隔声好，气密性、水密性好，耐腐蚀性强，防火，耐老化，使用寿命长，外观精美，清洗容易等。在民用建筑中，常用于阳台门、厕所门。塑钢平开门组装节点如图 7-7 所示。

(四)特殊用途门

1. 防火门

防火门分为钢质防火门、木质防火门、玻璃防火门、防火卷帘门等。钢质防火门由槽钢组成门扇骨架，如图 7-8 所示。内填防火材料，如矿棉毡等，根据防火材料的厚度不同，确定防火门的等级，然后外包 1.5 mm 厚的薄钢板。

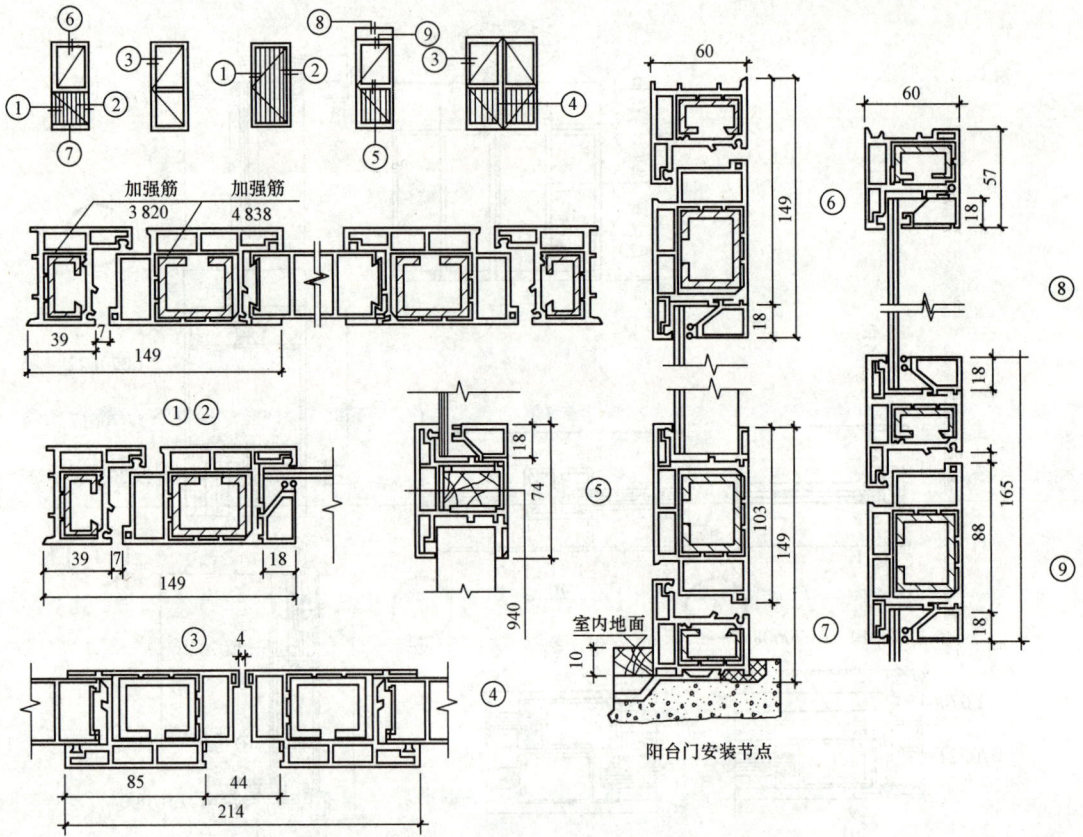

图 7-7 塑钢平开门组装节点

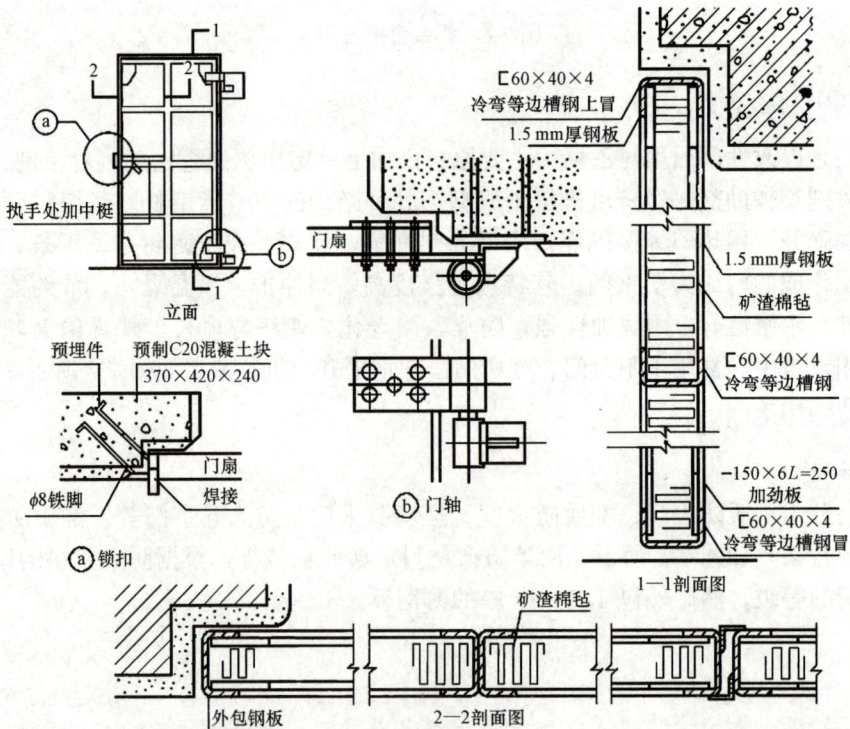

图 7-8 钢质防火门

2. 保温门、隔声门

保温门要求门扇具有一定热阻值和门缝密闭处理，故常在门扇两层面板间填以轻质、疏松的材料（如玻璃棉、矿棉等）。隔声门的隔声效果与门扇的材料及门缝的密闭有关，隔声门常采用多层复合结构，即在两层面板之间填入吸声材料，如玻璃棉、玻璃纤维板等。

一般保温门和隔声门的面板常采用整体板材（如五层胶合板、硬质木纤维板等），不易发生变形。门缝密闭处理对门的隔声、保温，以及防尘有很大影响，通常采用的措施是在门缝内粘贴填缝材料，如橡胶管、海绵橡胶条、泡沫塑料条等。还应注意裁口形式，斜面裁口比较容易关闭紧密，可避免由于门扇胀缩而引起的缝隙不密合。保温门、隔声门的构造如图 7-9 和图 7-10 所示。

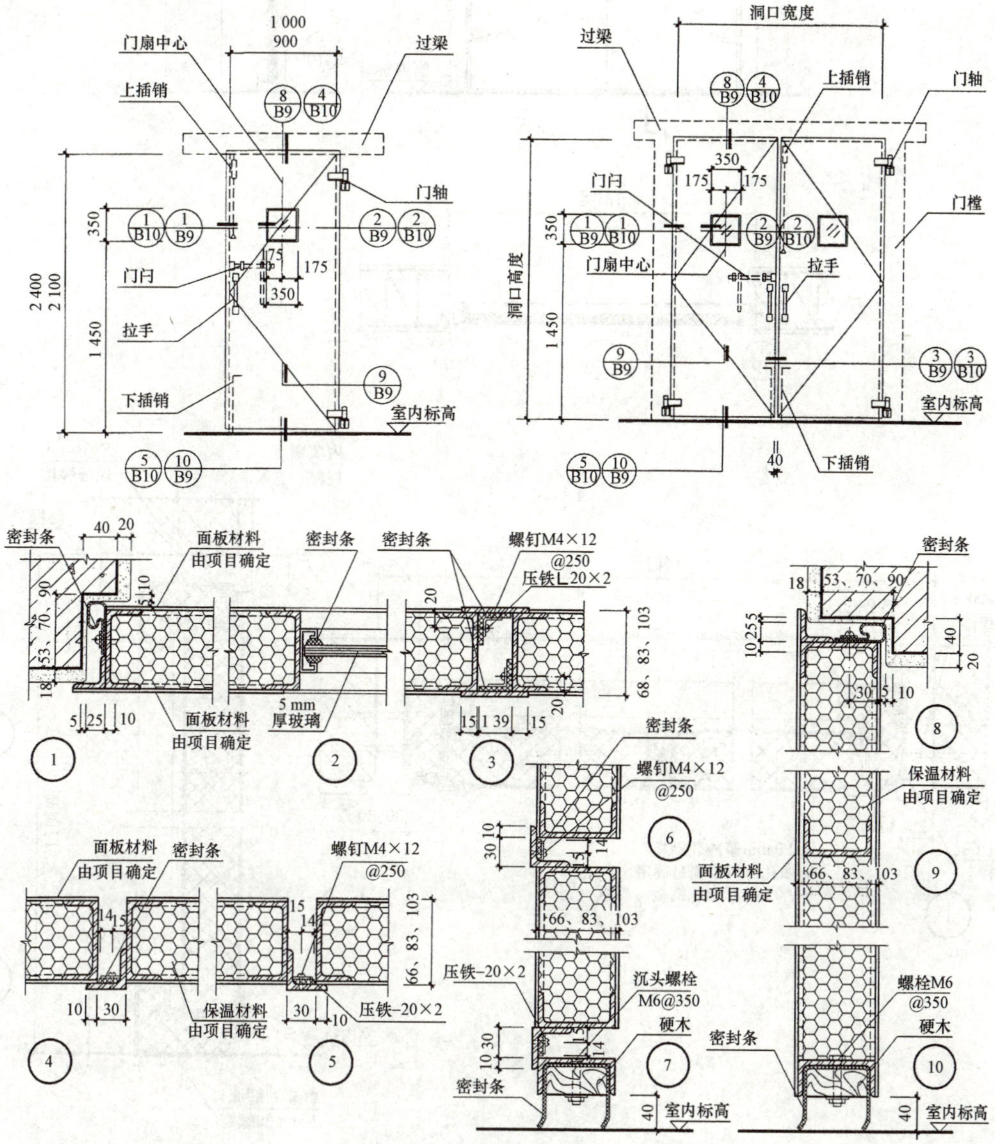

图 7-9　保温门构造

注：门宽度为 900～3 000 时，门厚度为 66；门宽度为 3 000 时，门厚度为 83；门宽度为 3 600～4 200 时，门厚度为 103。

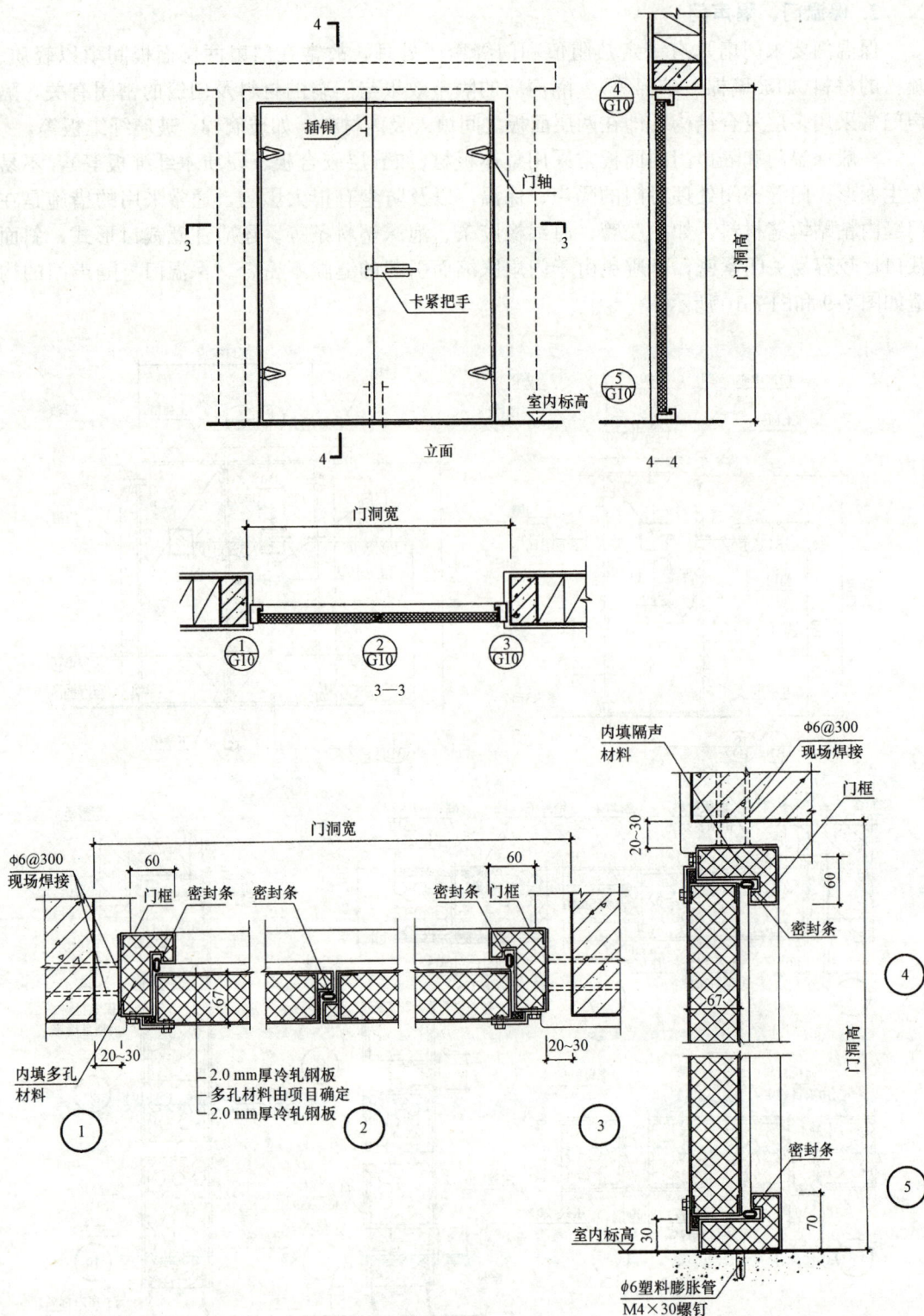

图 7-10 隔声门构造

以学校内教学楼和宿舍楼为例，分析门的类型、作用及构造。学生分组讨论、上交成果。

知识拓展

门窗释义

门，在《辞海》中的解释为："建筑物出入口上用作开关的设备。"我国的历史文献中有很多与门有关的记载。《说文解字》中记录的就有"闱""橝""闶""闺""闾""阓""闉"七种类型的门，分别表示宫中的巷门、庙宇的门、诸侯宫中过道的门、宫中的小门、里弄的门、市外的门及室内的重门。此外，《周易·系辞下》中也有："重门击柝，以待暴客。"意思是说，重重的门户，打更警夜，防御盗贼。由此可知，门既有分隔空间的作用，也具有防御的作用。

窗，在《辞海》里的解释是："设在房屋、车船等的顶上或壁上用以透光通风的口子，一般装有窗扇。"《说文·囱》中记载："在墙曰牖，牖，穿壁以木为交窗也；在屋曰囱，屋在上者也。"《论衡·别通》中有："凿窗启牖，以助户明也。"由此可见，古代窗的主要功能就是采光。

中国传统建筑的门、窗，除一般的实用功能外，还蕴藏着丰富的文化信息、隐藏着独特的文化密码。门、窗从最初的通行、通风、通光的功能，逐渐被赋予了地域个性，文化内涵和宗教、政治、社会情怀，最终演化成展示技艺、表达追求、憧憬生活的载体。这使中国传统建筑中的门、窗成为继大屋顶之后，另一个能代表中国传统建筑特色的建筑构件。

思政案例

能力训练

一、简答题

1. 门的作用是什么？
2. 门有哪几种开启方式？它们各有何特点？

二、实践题

绘图表示平开木门、铝合金门、塑钢门的构造要点。

任务二 窗的选择及构造处理

任务描述

确定某建筑物不同位置的窗类型、尺寸，并确定其构造。

一、窗的作用及分类

(一)窗的作用

窗是房屋建筑的非承重围护构件之一。其主要功能是采光、通风和立面装饰，并起到空间视觉联系的作用。根据建筑功能的要求和所处的环境，还应具有保温、防热、隔声、防风沙雨雪、节能和便于工业生产等功能。

(二)窗的分类

(1)窗按开启方式的不同，可分为平开窗、悬窗、立转窗、推拉窗和固定窗，如图 7-11 所示。

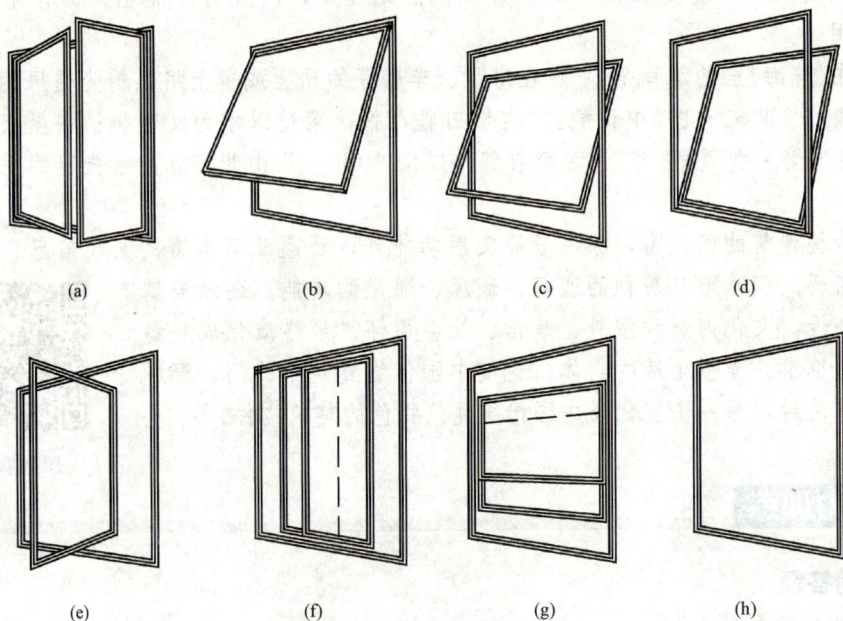

图 7-11　窗的开启方式

(a)平开窗；(b)上悬窗；(c)中悬窗；(d)下悬窗；(e)立转窗；(f)水平推拉窗；
(g)垂直推拉窗；(h)固定窗

1)平开窗。平开窗是窗扇用铰链与窗框侧边相连，可向外或向内水平开启，有单扇、双扇、多扇之分。

2)悬窗。悬窗根据铰链和转轴的位置不同，可分为上悬窗、中悬窗和下悬窗。

3)立转窗。立转窗是在窗扇上下两边设垂直转轴，转轴可设在中部或偏左一侧，开启时窗扇绕转轴垂直旋转。

4)推拉窗。推拉窗可分为垂直推拉和水平推拉两种。窗扇沿水平或竖向导轨或滑槽推拉，开启时不占空间。

5)固定窗。固定窗无窗扇，将玻璃直接安装在窗框上，不能开启，只供采光和眺望，多用于门的亮子窗或与开启窗配合使用。

(2)窗按位置分，可分为内窗和外窗。内窗位于内墙上，应满足分隔、采光、通风等要求；外窗位于外墙上，应满足围护、通风、采光等要求。

(3)窗按层数分，可分为单层窗和双层窗。单层窗构造简单、造价低，多用于一般建筑中。双层窗的保温、隔声、防尘效果好，用于对窗有较高要求的建筑中。

(4)窗按窗框所用材料分，可分为木窗、钢窗、铝合金窗、塑钢窗等。

窗的分类与构造

二、窗的尺度

窗的尺寸大小主要由采光、通风要求来确定，同时考虑建筑造型及模数等要求。窗洞口尺寸一般为 300 mm 的模数，居住建筑为 100 mm 模数。

三、窗的构造

(一)铝合金窗的构造

铝合金窗的特点、铝合金窗的框料系列和铝合金窗的安装与铝合金门基本相同。常见的铝合金窗的类型有推拉窗、平开窗、固定窗、悬挂窗、百叶窗等。

铝合金推拉窗有沿水平方向左右推拉和沿垂直方向上下推拉的窗，常采用水平推拉窗。推拉窗常用的铝合金型材有 55 系列、60 系列、70 系列、90 系列等。其中，70 系列是目前广泛采用的窗用型材。铝合金推拉窗举例如图 7-12 所示。

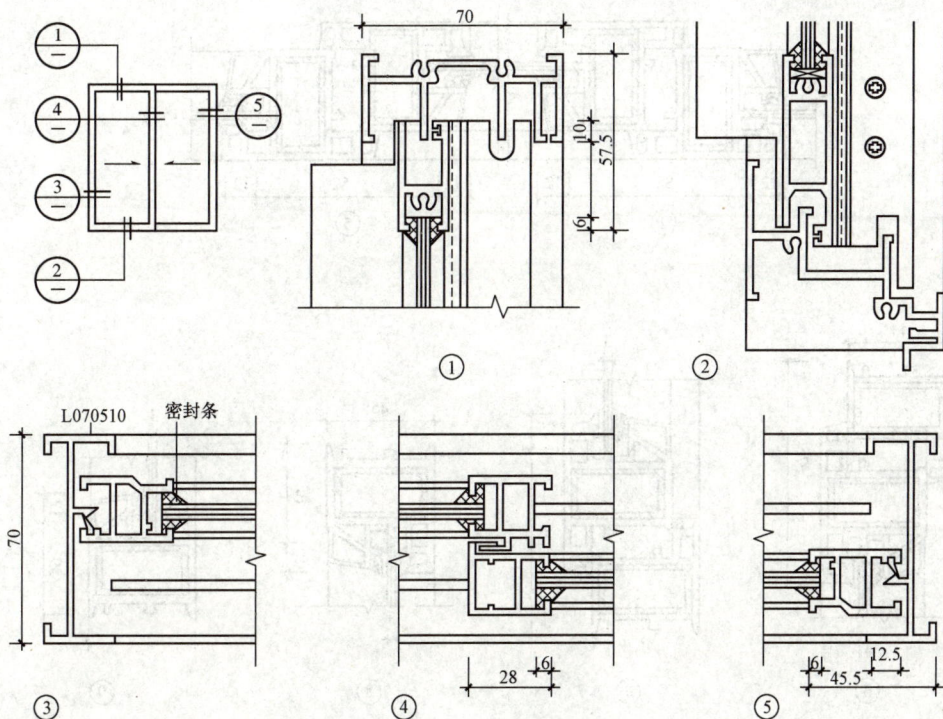

图 7-12　70 系列推拉窗

(二)塑钢窗的构造

塑钢窗材料和特点与塑钢门类似，这里不再赘述。塑钢窗在民用建筑中广泛应用，常用的开启方式有平开和推拉，具体如图 7-13 和图 7-14 所示。

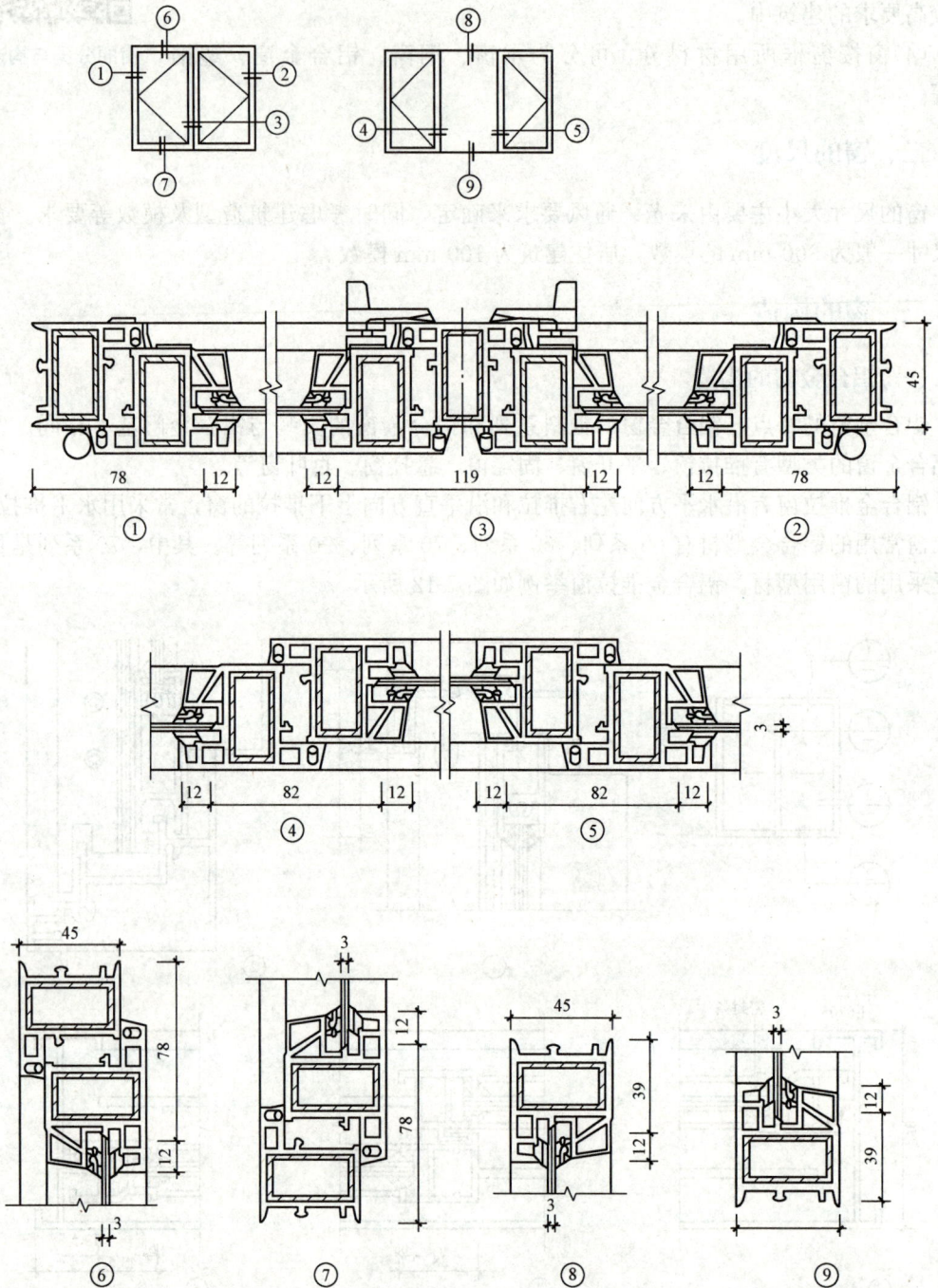

图 7-13　塑钢平开窗

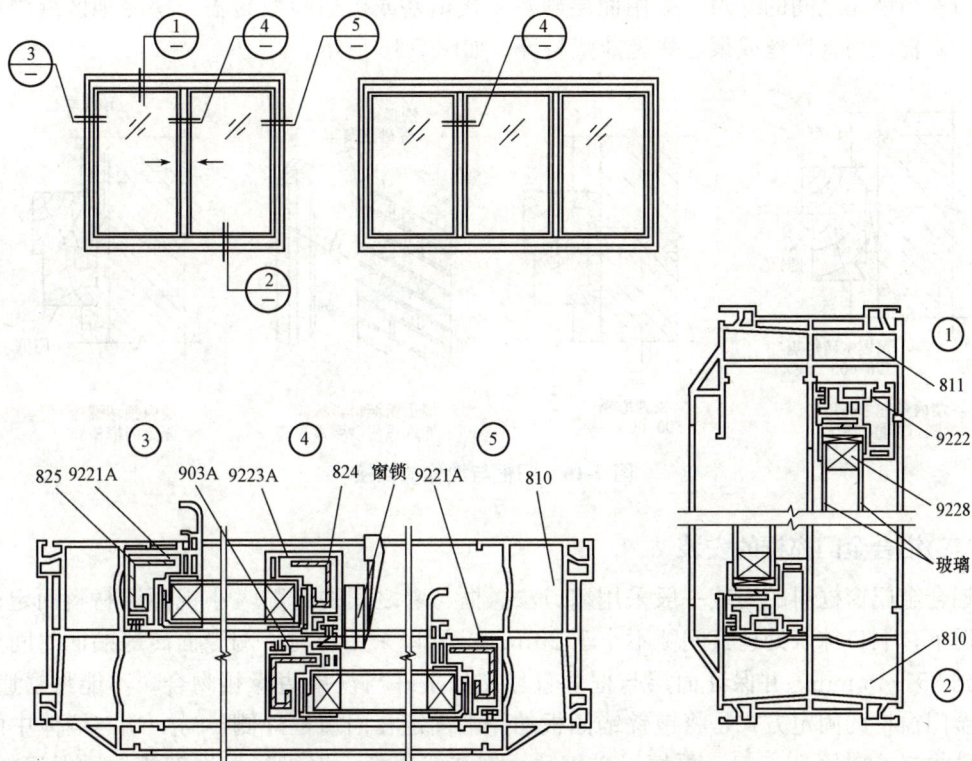

图 7-14 推拉塑钢窗

四、门窗框的安装

(一)木门框的安装

门框的安装可分为立口和塞口两种,如图 7-15 所示。

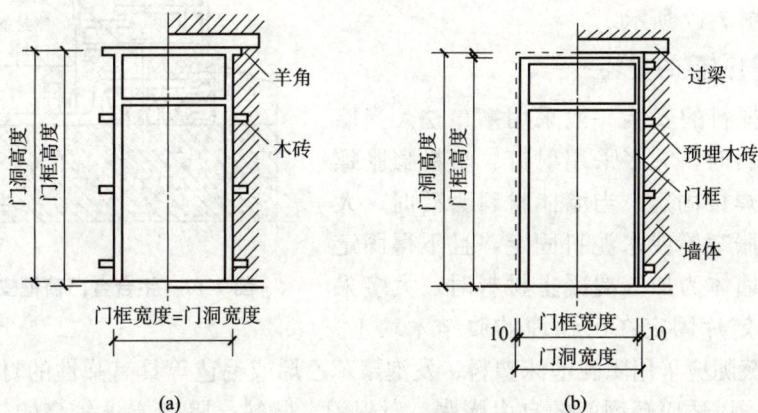

图 7-15 门框的安装方式

(a)立口;(b)塞口

(1)立口(又称站口),即先立门框后砌墙。

(2)塞口(又称塞樘子),是在砌墙时留出门洞口,待建筑主体工程结束后再安装门框。

门框与墙体之间的缝隙一般用面层砂浆直接填塞或用贴脸板封盖，寒冷地区缝内应填毛毡、矿棉、沥青麻丝或聚乙烯泡沫塑料等，如图7-16所示。

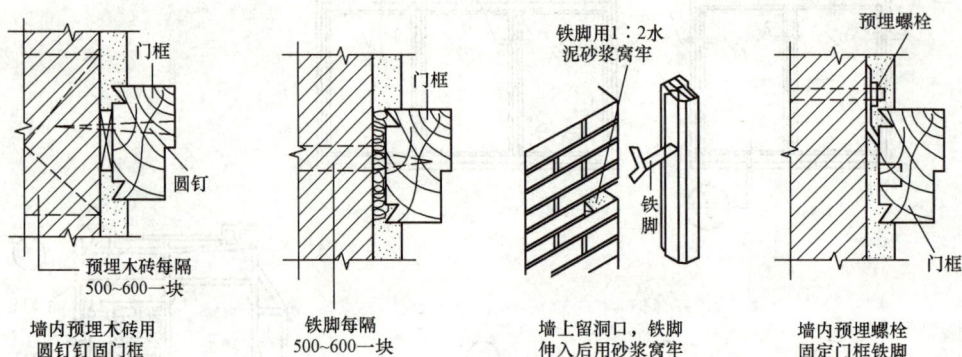

图7-16　门框与墙体的连接

(二)铝合金门窗框的安装

铝合金门窗框料的安装一般采用塞口法。框与墙之间的缝隙大小视面层材料而定；一般情况下，洞口抹灰处理其间隙不小于 20 mm；洞口采用石材、陶瓷面砖等贴面时间隙可增大到 35～45 mm，并保证面层与框垂直相交处正好与窗扇边缘相吻合，不能将框遮盖。铝合金门窗框的固定方式是将镀锌锚固板的一端固定在门窗框外侧，另一端与墙体中的预埋铁件焊接或锚固在一起，再填以矿棉毡、泡沫塑料条、聚氨酯发泡剂等软质保温材料，填实处用水泥砂浆抹好，留 6 mm 深的弧形槽，槽内用密封胶封实。玻璃是嵌固在铝合金窗料的凹槽内，并加密封条。其连接方法：采用射钉固定；采用墙上预埋铁件连接；采用金属膨胀螺栓连接。

墙上预留孔洞埋入燕尾铁角连接，铝合金门窗安装节点如图7-17所示。

(三)塑钢门窗框的安装

塑钢门窗框料的安装一般采用塞口法。当墙体为混凝土材料时，大多采用射钉、塑料膨胀螺栓或预埋铁件焊接固定；当墙体材料为砖时，大多采用塑料膨胀螺栓或水泥钉固定，且不得固定在灰缝处；当墙体为加气混凝土材料时，大多采用木螺钉将固定片固定在已预埋的胶结木块上。

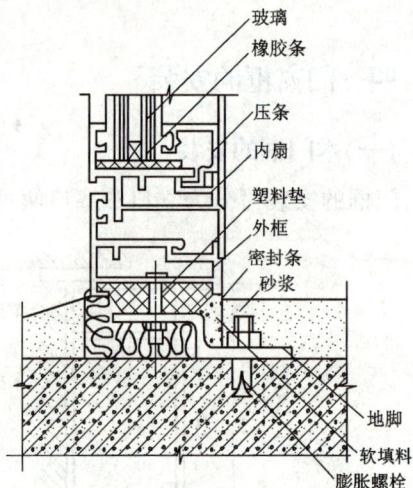

图7-17　铝合金门窗框安装节点

门框与洞口的缝隙应采用闭孔泡沫塑料、发泡聚苯乙烯或毛毡等具有弹性的材料分层填塞，不易填塞过紧，以适应塑钢门的自由膨胀。对保温、隔热、隔声要求较高的建筑，应采用相应的材料填塞。墙体面层与门窗框之间的接缝用密封胶进行密封处理。塑钢窗框与墙体的连接节点如图7-18所示。

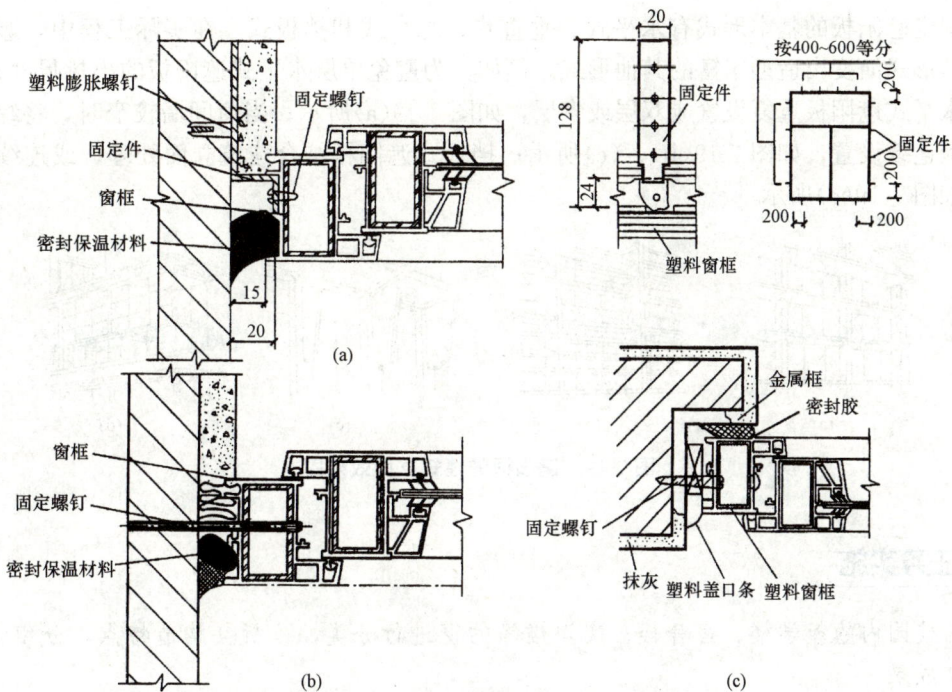

图 7-18 塑钢窗框的安装节点

(a)连接件法；(b)直接固定法；(c)假框法

五、特殊要求的窗

1. 防火窗

防火窗必须采用钢窗或塑钢窗，镶嵌铅丝玻璃以免破裂后掉下，防止火焰窜入室内或窗外。

2. 保温窗、隔声窗

保温窗常采用双层窗及双层玻璃的单层窗两种。双层窗可内外开或内开、外开。双层玻璃单层窗又可分为以下两种：

(1)双层中空玻璃窗，双层玻璃之间的距离为 5～12 mm，窗扇的上下冒头应设透气孔。

(2)双层密闭玻璃窗，两层玻璃之间为封闭式空气间层，其厚度一般为 4～12 mm，充以干燥空气或惰性气体，玻璃四周密封。这样可增大热阻、减少空气渗透，避免空气间层内产生凝结水。

若采用双层窗隔声，应采用不同厚度的玻璃，以减少吻合效应的影响。厚玻璃应位于声源一侧，玻璃间的距离一般为 80～100 mm。

六、遮阳

遮阳是为了防止直射阳光照入室内以减少太阳辐射热或产生眩光，避免夏季室内过热以节省能耗，保护室内物品不受阳光照射而采取的一种措施。

建筑遮阳措施常见的一是绿化遮阳；二是调整建筑物的构配件；三是在窗洞口周围设置专门的遮阳设施来遮阳。遮阳设施有活动遮阳和固定遮阳板两种类型。

固定遮阳板的基本形式有水平式、垂直式、综合式和挡板式。在实际工程中，遮阳可由基本形式演变出造型丰富的其他形式。例如，为避免单层水平式遮阳板的出挑尺寸过大，可将水平式遮阳板重复设置成双层或多层，如图 7-19（a）所示；当窗间墙较窄时，将综合式遮阳板连续设置，如图 7-19（b）、（c）所示；挡板式遮阳板结合建筑立面处理，或连续或间断，如图 7-19（d）所示。

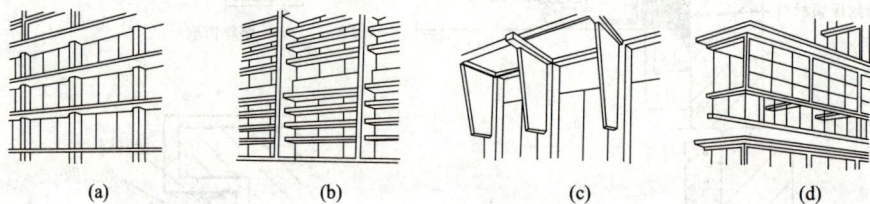

(a)　　　　　　　(b)　　　　　　　(c)　　　　　　　(d)

图 7-19　遮阳板的建筑立面效果图

⚙ 任务实施

对校园内的教学楼、宿舍楼、实训楼等的窗进行分类，分析其构造特点，分组讨论，并上交成果。

📖 知识拓展

门窗的文人情怀

在中国古典文学中，对于窗的描写常常与感伤的情绪结合在一起。如李商隐《夜雨寄北》中的"何当共剪西窗烛，却话巴山夜雨时"，又如南唐后主李煜的《采桑子》中的"琼窗春断双蛾皱，回首边头"，再如宋朝李清照的《临江仙》词中也有"庭院深深深几许，云窗雾阁常扃"。在浩如烟海的中国古典诗词中，类似的诗句非常多。可见，古代的文人士大夫，对建筑中的窗是十分重视的。

至于门，在古典文学中也有类似的情绪。唐代诗人王维曾多次在其诗作中提及门，如"倚杖柴门外，临风听暮蝉""虽与人境接，闭门成隐居"。这里的门，同样表达着忧郁之感，显示出文人隐世的情怀。也有借门来表达情思的，最典型的是"去年今日此门中，人面桃花相映红"。由此可见，情景交融、借物言志是文人士大夫最核心的文化与艺术特征，是他们的审美追求。这样的审美观也反映到这类人所居住的建筑上。

能力训练

一、单选题

1. 住宅入户门、防烟楼梯间门、寒冷地区公共建筑外门应分别采用（　　）开启方式。
   A. 平开门、平开门、转门
   B. 推拉门、弹簧门、折叠门
   C. 平开门、弹簧门、转门
   D. 平开门、转门、转门

2. 下列窗宜采用（　　　）开启方式：卧室的窗、车间的高侧窗、门上的亮子。

    A. 平开窗、立转窗、固定窗

    B. 推拉窗（或平开窗）、悬窗、固定窗

    C. 平开窗、固定窗、立转窗

    D. 推拉窗、平开窗、中悬窗

3. （　　　）开启时不占室内空间，但擦窗及维修不便；（　　　）擦窗安全方便，但影响家具布置和使用。

    A. 内开窗、固定窗   B. 内开窗、外开窗

    C. 立转窗、外开窗   D. 外开窗、内开窗

4. 下列陈述正确的是（　　　）。

    A. 转门可作为寒冷地区公共建筑的外门

    B. 推拉门是建筑中最常见、使用最广泛的门

    C. 转门可向两个方向旋转，故可作为双向疏散门

    D. 车间大门因其尺寸较大，故不宜采用推拉门

5. 常用门的高度一般应大于（　　　）mm。

    A. 1 800   B. 1 500   C. 2 000   D. 2 400

6. 铝合金门窗产品系列名称是以（　　　）来区分的。

    A. 窗框长度尺寸   B. 窗框宽度尺寸

    C. 窗框厚度尺寸   D. 窗框高度尺寸

二、实践题

参观已建或在建建筑中门窗的连接构造做法，绘制详图。

模块总结

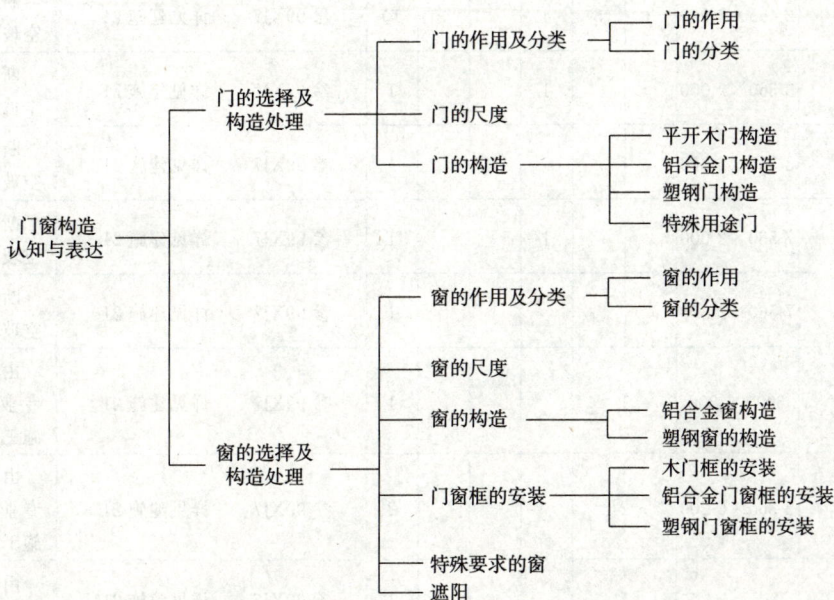

一、单选题

根据所给门窗表(表7-1)完成以下单项选择题

表7-1　门窗统计表

名称	编号	润口尺寸	数量						参选图集	备注
			一层	二层	三层	四层	屋顶层	小计		
窗	C1	900×1 300	4	4	4	4		16	参99xJ7　详见建施21	断热铝合金中空玻璃固定窗
	C2	7 095×2 700				4		4	参99XJ7　详见建施21	断热铝合金中空玻璃推拉窗
	C3	7 250×2 700				4		4	参99XJ7　详见建施21	断热铝合金中空玻璃推拉窗
	C1516	1 300×1 600					2	2	参99XJ7　详见建施21	断热铝合金中空玻璃推拉窗
	C1520	1 500×2 000	1	2	2			5	参99XJ7　详见建施21	断热铝合金中空玻璃推拉窗
	C1523	1 500×2 300				2		2	参99XJ7　详见建施21	断热铝合金中空玻璃推拉窗
	C0620	600×2 000	14	14	16			44	参99XJ7　详见建施21	断热铝合金中空玻璃推拉窗
	C2620	2 640×2 000	11	11	12			34	参99XJ7　详见建施21	断热铝合金中空玻璃推拉窗
	C2520	2 485×2 000	3	3	4			10	参99XJ7　详见建施21	断热铝合金中空玻璃推拉窗
	C3420	3 360×2 000			1			1	参99XJ7　详见建施21	断热铝合金中空玻璃推拉窗
	C3423	3 360×2 300				1		1	参99XJ7　详见建施21	断热铝合金中空玻璃推拉窗
	C7620	7 560×2 000			1			1	参99XJ7　详见建施21	断热铝合金中空玻璃推拉窗
	C7623	7 560×2 300				1		1	参99XJ7　详见建施21	断热铝合金中空玻璃推拉窗
	MQ1	600×6 200	1					1	参99XJ7　详见建施21	由具幕墙资质专业厂家设计施工
	MQ2	5 365×6 200	2					2	参99XJ7　详见建施21	由具幕墙资质专业厂家设计施工
	MLC1		1					1	参99XJ7　详见建施21	由专业厂家设计施工

名称	编号	润口尺寸	数量						参选图集	备注
			一层	二层	三层	四层	屋顶层	小计		
门	FM1022乙	1 000×2 200	1					1	XJ23-95，6-MFMz1022B	乙级防火门
	FM1522乙	1 500×2 200	1					1	XJ23-95，6-MFMz1522B	乙级防火门
	FM0615乙	600×1 500	2	2	2	2		8	XJ23-95，6-MFMz0615B	乙级防火门底高600
	M1022	1 000×2 200	12	11	14			27		成品钢板门
	M0922	900×2 200	2	2	2	2		8	参2002XJ46-4-1ZM1218	木门带通风百叶
	M1524	1 500×2 400			1	2		3	参2002XJ46-4-1ZM1222	木门
	M1529	1 500×2 900	1					1	参99XJ7 详见建施21	断热铝合金中空玻璃平开门
	MD1624	1 600×2 400	1	1	1	1		4		门洞

注：(低于900的窗台均需做900高的防护栏杆)门窗数量仅供参考

1. 本工程中 M1022 为（　　　）。

A. 木门　　　　B. 乙级防火门　　　C. 成品钢板门　　　D. 玻璃平开门

2. 本工程三层平面图中编号为 M1524 的门的数量为（　　　）。

A.1 个　　　　　　　　　　B. 2 个

C.3 个　　　　　　　　　　D. 因图纸提供不全，不明确

3. 本工程四层平面图编号为 C3 的窗的数量为（　　　）。

A.2　　　　　B.3　　　　　C.4　　　　　D. 图中未明确

4. 本工程一层平面图中 FM1522 乙为（　　　）。

A. 木门　　　　B. 乙级防火门　　　C. 塑钢门　　　D. 门洞

5. 本工程一层平面图中已注明编号的窗户类型有（　　　）种。

A. 5　　　　　B. 6　　　　　C. 7　　　　　D. 8

6. 本工程四层平面图中已注明编号的门类型有（　　　）种。

A. 3　　　　　B. 4　　　　　C. 5　　　　　D. 6

二、填空题

根据所给门窗(图 7-20)详图完成以下填空题。

1. MLC 的含义是_____。

2. C2732 可开启部分按开启方式分为_____。

3. 在立面图中，门窗开启线实线为_____开，虚线为_____开。

4. MLC3336 如按图中所绘制开启线用于建筑出入口处外门是否合理_____。如果不合理，应将图样修改为_____。

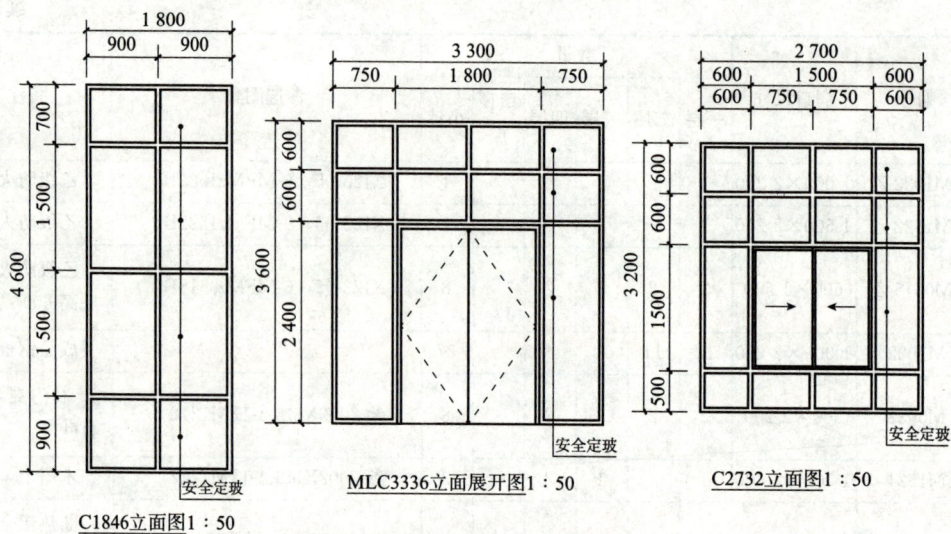

C1846立面图1：50

MLC3336立面展开图1：50

C2732立面图1：50

图 7-20　门窗详图

模块八

工业建筑构造认知与表达

学习目标

[知识目标]

(1)了解单层厂房外墙、门窗的类型，掌握外墙、大门的构造。

(2)了解厂房屋顶的排水方式，掌握屋顶的细部构造。

(3)了解厂房天窗的类型，熟悉天窗的细部构造。

[能力目标]

(1)能根据单层厂房的特点，选择柱网并标注轴线。

(2)能识读单层工业厂房施工图，并能识别定位轴线。

(3)能结合厂房的特点进行外墙、门窗的构造处理。

(4)能结合厂房的特点进行屋顶、天窗的构造处理。

(5)能识读厂房构造详图，会查阅相关标准图集。

[素质目标]

(1)培养自觉学习和自我发展的能力。

(2)培养团结协作能力、创新能力和专业表达能力。

(3)培养独立分析与解决问题的能力。

(4)树立严谨的工作作风和爱岗敬业的工作态度及良好的职业道德。

学习重点

(1)单层工业厂房定位轴线。

(2)外墙的相关构造。

(3)屋顶、天窗的构造。

任务一 定位轴线标注

🎯 **任务描述**

为给出的单层工业厂房平面方案划分定位轴线并绘制相应的节点详图。

📖 **知识储备**

工业建筑是各类工厂为工业生产需要而建造的各种不同用途的建筑物和构筑物的总称。从事工业生产的房屋主要包括生产厂房、辅助生产用房及为生产提供动力的房屋，这些房屋称为厂房或车间。

一、单层工业厂房结构类型

单层工业厂房按主要承重结构的形式，分主要有排架结构和刚架结构。

单层工业厂房概述

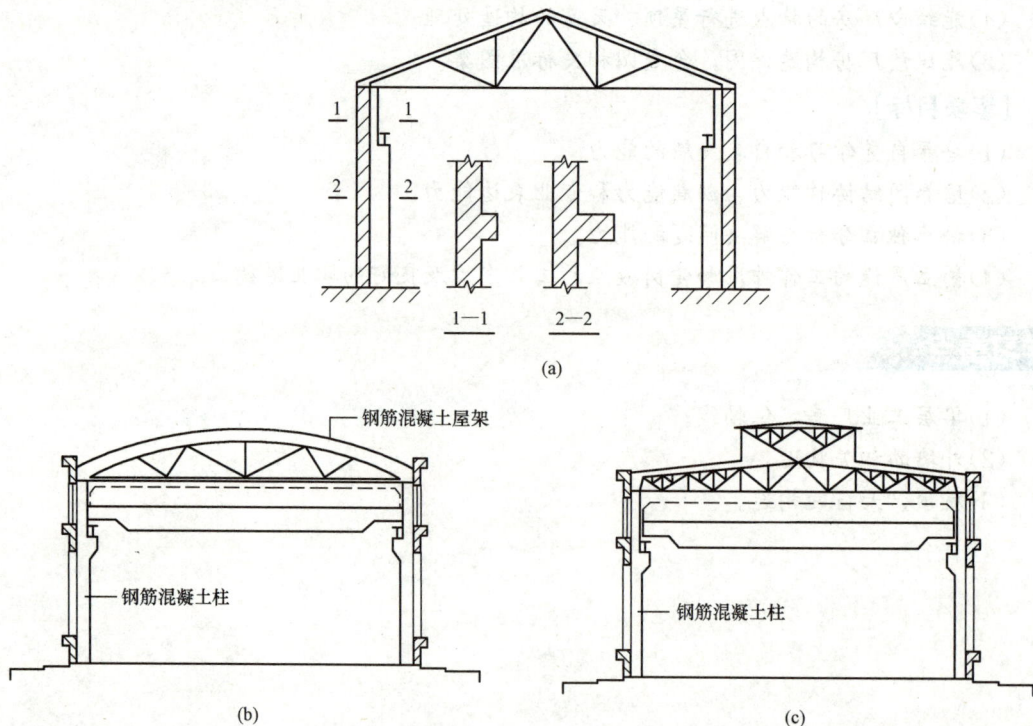

(1)排架结构。排架结构是由柱子、基础、屋架(屋面梁)构成的一种骨架体系。它的基本特点是把屋架看成一个刚度很大的横梁，屋架(屋面梁)与柱子的连接为铰接，柱子与基础的连接为刚接。依其所用材料不同，可分为钢筋混凝土排架结构、钢筋混凝土柱和钢屋架组成的排架结构和砖排架结构，如图 8-1 所示。其中，钢筋混凝土排架结构最为常见。

(a)

(b)   (c)

图 8-1 排架结构

(a)砖排架结构；(b)钢筋混凝土排架结构；(c)钢屋架与钢筋混凝土柱排架结构

（2）刚架结构。刚架结构是将屋架（屋面梁）与柱子合并成为一个构件。柱子与屋架（屋面梁）连接处为一整体刚性节点，柱子与基础的连接为铰接节点，如图 8-2 所示。

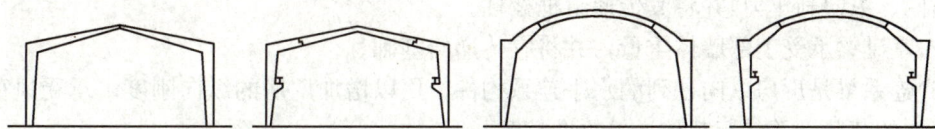

图 8-2　刚架结构

二、单层工业厂房的组成

目前，我国单层工业厂房一般采用的结构是装配式钢筋混凝土横向排架结构，如图 8-3 所示。其由厂房骨架和围护结构两大部分组成。

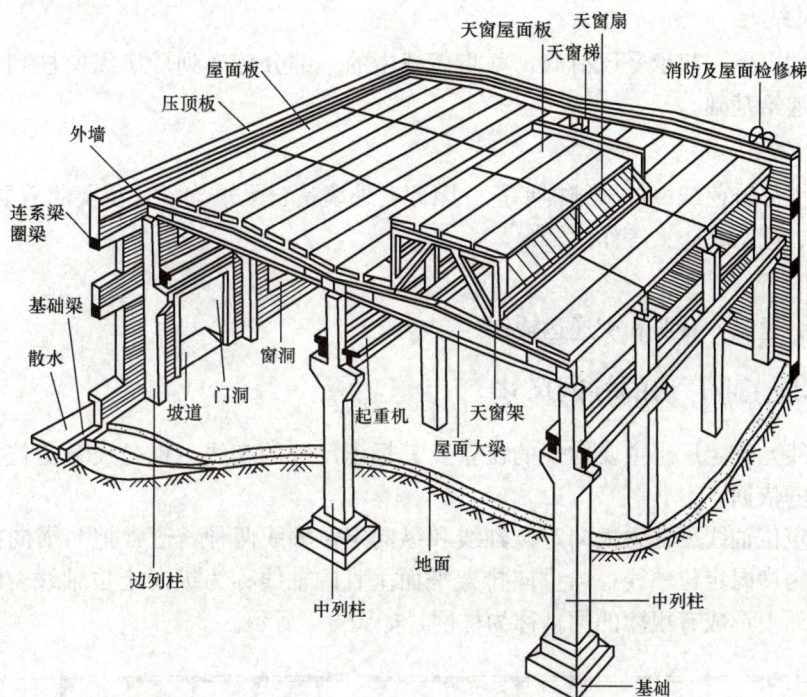

图 8-3　单层工业厂房的组成

（一）厂房骨架

1. 横向排架

屋架（屋面梁）是屋盖结构的主要承重构件，承受屋盖上的全部荷载，并将荷载传递给柱子。

排架柱是厂房结构的主要承重构件，承受屋架、起重机梁、支撑、连系梁和外墙传来的荷载，并将它传递给基础。

基础承受柱和基础梁传来的全部荷载，并将荷载传递给地基。

2. 纵向连系构件

(1)起重机梁承受起重机和起重的质量及运行中所有的荷载(包括起重机起动或刹车产生的横向、纵向刹车力)并将其传递给框架柱。

(2)基础梁承受上部墙体重量,并将它传递给基础。

(3)连系梁是厂房纵向柱列的水平连系构件,用以增加厂房的纵向刚度,承受风荷载和上部墙体的荷载,并将荷载传递给纵向柱列。

(4)屋面板直接承受板上的各类荷载(包括屋面板自重,屋面覆盖材料,雪、积灰及施工检修等荷载),并将荷载传递给屋架。

3. 支撑系统构件

加强厂房的空间整体刚度和稳定性,它主要传递水平荷载和起重机产生的水平刹车力。

(二)围护结构

1. 抗风柱

抗风柱同山墙一起承受风荷载,并将荷载中的一部分传递到厂房纵向柱列上去,另一部分直接传递给基础。

2. 外墙

厂房的大部分荷载由排架结构承担,因此,外墙是自承重构件,主要起着防风、防雨、保温、隔热、遮阳、防火等作用。

3. 窗与门

供采光、通风、日照和交通运输用。

三、单层工业厂房的柱网尺寸

定位轴线是确定厂房主要构件的位置及其标志尺寸的基线,也是设备定位、安装及厂房施工放线的依据。

厂房的定位轴线可分为横向定位轴线和纵向定位轴线两种。通常把与横向排架平面平行的轴线称为横向定位轴线;与横向排架平面垂直的轴线称为纵向定位轴线。纵、横向定位轴线在平面上形成有规律的网格称为柱网,如图8-4所示。

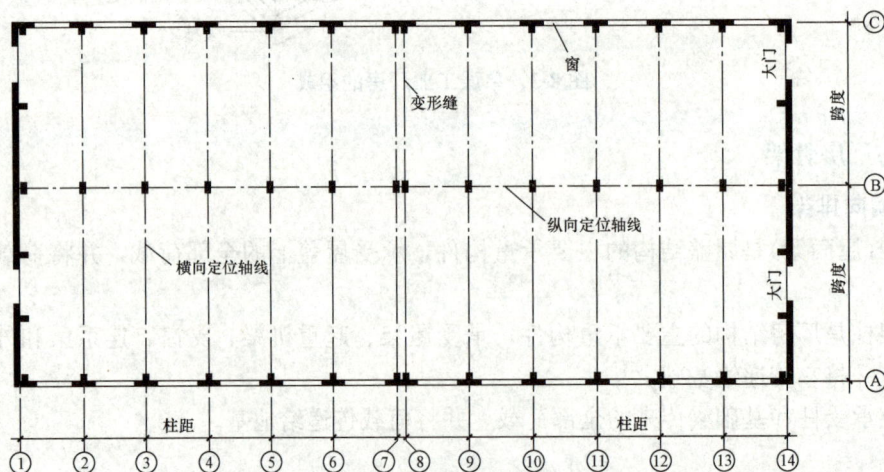

图8-4 单层厂房柱网布置

1. 柱距

两横向定位轴线的距离称为柱距。单层厂房的柱距应采用 60M 数列，如 6 m、12 m，一般情况下均采用 6 m。抗风柱柱距宜采用 15M 数列，如 4.5 m、6 m、7.5 m。

2. 跨度

两纵向定位轴线间的距离称为跨度。单层厂房的跨度在 18 m 及 18 m 以下时，取 30M 数列，如 9 m、12 m、15 m、18 m；在 18 m 以上时，取 60M，如 24 m、30 m、36 m 等。

四、横向定位轴线的确定

（1）除靠山墙的端部柱和横向变形缝两侧柱外，厂房纵向柱列中的中间柱的中心线应与横向定位轴线相重合，如图 8-5 所示。

（2）山墙为非承重墙时，墙内缘与横向定位轴线相重合，且端部柱应自横向定位轴线向内移动 600 mm，如图 8-6 所示。

（3）在横向伸缩缝或防震缝处，应采用双柱及两条定位轴线，且柱的中心线均应自定位轴线向两侧各移 600 mm，如图 8-7 所示。两定位轴线的距离称为插入距，用 a_i 表示，一般等于变形缝宽度 a_e。

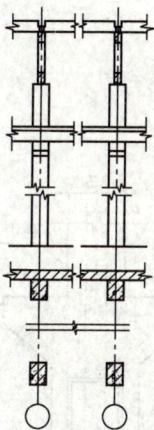

图 8-5　中间柱与横向
定位轴线的关系　　　图 8-6　非承重山墙
与横向定位轴线的关系　　　图 8-7　横向变形缝处柱
与横向定位轴线的关系

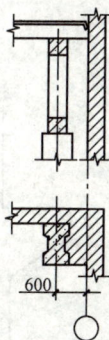

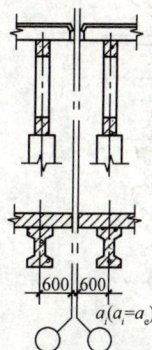

五、纵向定位轴线的确定

(一)外墙、边柱的纵向定位轴线

在支承式梁式或桥式起重机厂房设计中，由于屋架和起重机的设计制作都是标准化的，建筑设计应满足：

$$L = L_k + 2e \tag{8-1}$$

式中　L——屋架跨度，即纵向定位轴线之间的距离；

　　　L_k——起重机跨度，也就是起重机的轮距，可查起重机规格资料；

　　　e——纵向定位轴线至起重机轨道中心线的距离，一般为 750 mm，当起重机为重级工作制需要设安全走道板或起重机起重量大于 50 t 时，可采用 1 000 mm。

1. 封闭结合

边柱外缘、墙内缘宜与纵向定位轴线相重合，此时屋架端部与墙内缘也重合，形成封闭结合的构造，如图 8-8(a)所示。

如桥式吊车起重量小于等于 20 t，柱距为 6 m 条件下的厂房，一般为封闭式结合。封闭结合的屋面板可全部采用标准板，不需设补充构件，具有构造简单、施工方便等优点。

2. 非封闭结合

将边柱的外缘从纵向定位轴线向外移出一定尺寸 a_c，这个尺寸 a_c 称为联系尺寸。由于纵向定位轴线与柱子边缘间有联系尺寸，上部屋面板与外墙之间便出现空隙，这种情况称为非封闭结合，如图 8-8(b)所示。

(二)中柱的纵向定位轴线

1. 等高厂房中柱设单柱时的定位

双跨及多跨厂房中如没有纵向变形缝时，宜设置单柱和一条纵向定位轴线，且上柱的中心线与纵向定位轴线相重合，如图 8-9(a)所示。当相邻跨内的桥式起重机起重量较大时，设两条定位轴线，两轴线间距离(插入距)用 a_i 表示，此时上柱中心线与插入距中心线相重合，如图 8-9(b)所示。

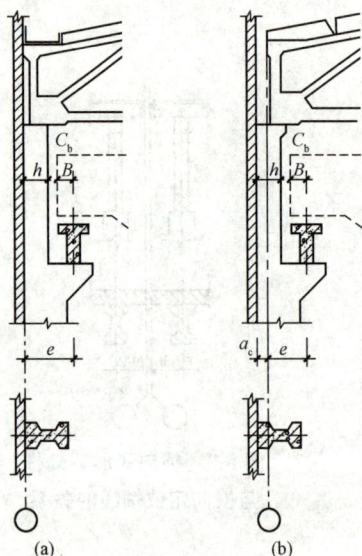

图 8-8　边柱与纵向定位轴线定位
(a)封闭结合；(b)非封闭结合
h—上柱截面高度；B—起重机桥架端头长度；
C_b—侧方间隙；a_c—联系尺寸

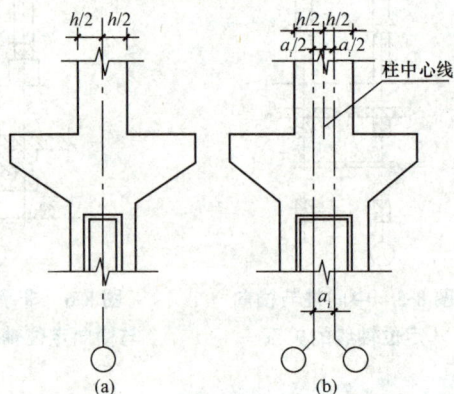

图 8-9　等高跨中柱采用单柱时的纵向定位轴线

2. 等高厂房中柱设双柱时的定位

若厂房需设置纵向防震缝时，应采用双柱及两条定位轴线，此时的插入距 a_i 与相邻两跨起重机的起重量大小有关。若相邻两跨起重机起重量不大，其插入距 a_i 等于防震缝宽度 a_e，如图 8-10(a)所示，若相邻两跨中，一跨起重机起重量大，必须在这跨设联系尺寸 a_c，此时插入距 $a_i=a_e+a_c$，如图 8-10(b)所示；若相邻两跨起重机起重量都大，两跨都需设联系尺寸 a_c。此时插入距 $a_i=a_c+a_e+a_c$，如图 8-10(c)所示。

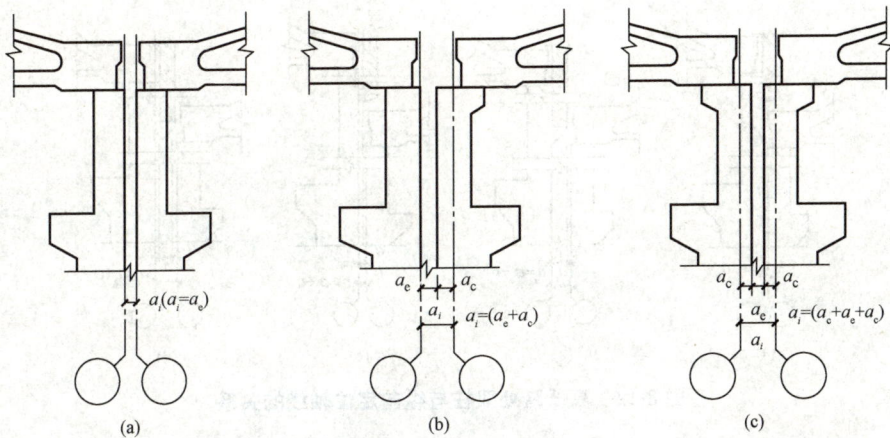

图 8-10　等高跨中采用双柱时的纵向定位轴线

3. 不等高跨中柱设单柱时的定位

不等高跨不设纵向伸缩缝时，一般采用单柱，若高跨内起重机的起重量不大时，根据封墙底面的高低，可以有两种情况。如封墙底面高于低跨屋面，宜采用一条纵向定位轴线，且纵向定位轴线与高跨上柱外缘、封墙内缘及低跨屋架标志尺寸端部相重合，如图 8-11(a) 所示。若封墙底面低于跨屋面时，应采用两条纵向定位轴线，且插入距 a_i 等于封墙厚度 t，即 $a_i = t$，如图 8-11(b) 所示。

当高跨起重机的起重大时，高跨中需设联系尺寸 a_c，此时定位轴线也有两种情况。若封墙底面高于低跨屋面时，$a_i = a_c$，如图 8-11(c) 所示；若封墙底面低于低跨屋面时，$a_i = a_c + t$，如图 8-11(d) 所示。

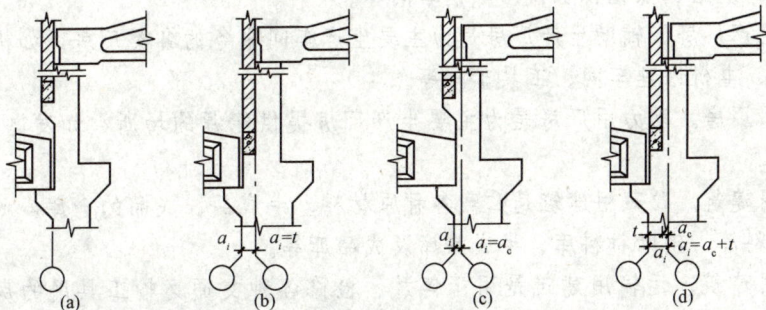

图 8-11　高低跨处单柱与纵向定位轴线的关系

4. 不等高跨中柱设双柱时的定位

当不等高跨高差或荷载相差悬殊需设置沉降缝时，此时只能采用双柱及两条定位轴线，其插入距 a_i 分别与起重机的起重量大小、封墙高低有关。

若高跨起重机的起重量不大，封墙底面高于低跨屋面时，插入距 a_i 等于沉降缝宽度 a_e，即 $a_i = a_e$，如图 8-12(a) 所示；封墙底面低于低跨屋面时，插入距 a_i 等于沉降缝宽度 a_e 加上封墙厚度 t，即 $a_i = a_e + t$，如图 8-12(b) 所示。

若高跨起重机的起重量较大，高跨内需设联系尺寸 a_c，此时当封墙底面高于低跨屋面时，$a_i = a_e + a_c$，如图 8-12(c) 所示；当封墙底面低于低跨屋面时 $a_i = a_c + a_e + t$，如图 8-12(d) 所示。

205

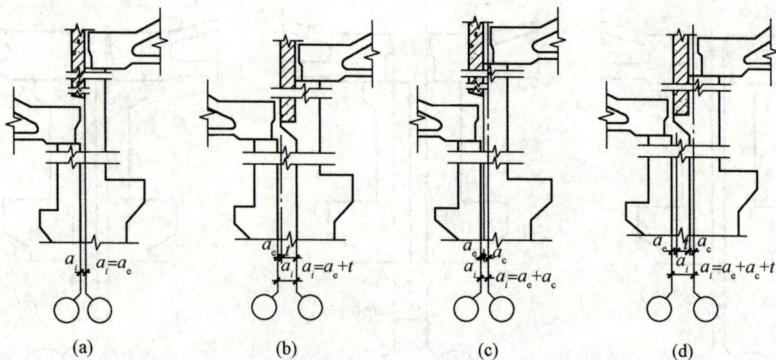

图 8-12　高低跨处双柱与纵向定位轴线的关系

任务实施

任务实施

1. 为给定的横向排架结构的单层工业厂房平面方案进行柱网确定并划分定位轴线。
2. 绘制相应的节点详图，分组提交成果。

知识拓展

一、工业建筑分类

1. **按厂房的用途分**

(1)主要生产厂房。主要生产厂房是用于完成主要产品从原料到成品的整个加工、装配过程的各类厂房。例如，机械制造厂的铸造车间、热处理车间、机械加工车间和机械装配车间；钢铁厂的烧结、焦化、炼铁、炼钢车间等。

(2)辅助生产厂房。辅助生产厂房是为主要生产车间服务的各类厂房，如机械制造厂的机械修理车间、电机修理车间、工具车间等。

(3)动力用厂房。动力用厂房是为主要生产厂房提供能源的场所，如发电站、锅炉房、煤气站等。

(4)贮藏用建筑。贮藏用建筑是贮藏各种原材料、半成品、成品的仓库，如机械厂的金属材料库、油料库、辅助材料库、半成品库及成品库等。

(5)运输用建筑。运输用建筑是用于停放、检修各种交通运输工具用的房屋，如机车库、汽车库、电瓶车库、起重车库、消防车库和站场用房等。

(6)其他。其他包括解决厂房给水排水问题的水泵房、污水处理站等。

2. **按生产状况分**

(1)冷加工车间。冷加工车间是指在正常温度、湿度条件下进行生产的车间，如机械加工、机械装配、工具、机修等车间。

(2)热加工车间。热加工车间是指在高温状态下生产，往往生产中会散发出大量余热、烟雾、灰尘和有害气体的车间，如铸造、煤钢、轧钢、锅炉房等。

(3)恒温恒湿车间。恒温恒湿车间是指用于在恒温(20 ℃左右)、恒湿(相对湿度为50%～60%)条件下进行生产的车间，如纺织车间、精密仪器车间、酿造车间等。

(4)洁净车间。洁净车间是指在无尘、无菌、无污染的高度洁净状况下进行生产的车间，如医药工业中的粉针剂车间、集成电路车间等。

(5)其他特种状况的车间。其他特种状况的车间是指有特殊条件要求的车间，如有大量腐蚀性物质、有放射性物质、高度隔声、防电磁波干扰车间等。

3. 按层数分

(1)单层厂房。单层厂房是工业建筑的主体，多用于机械制造工业、冶金工业和其他重工业等，如图8-13所示。

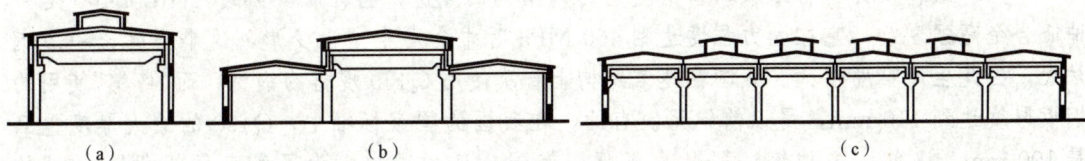

图 8-13　单层厂房
(a)单跨；(b)高低跨；(c)多跨

(2)多层厂房。多层厂房一般为2~5层，多用于精密仪表、电子、食品、服装加工工业等，如图8-14所示。

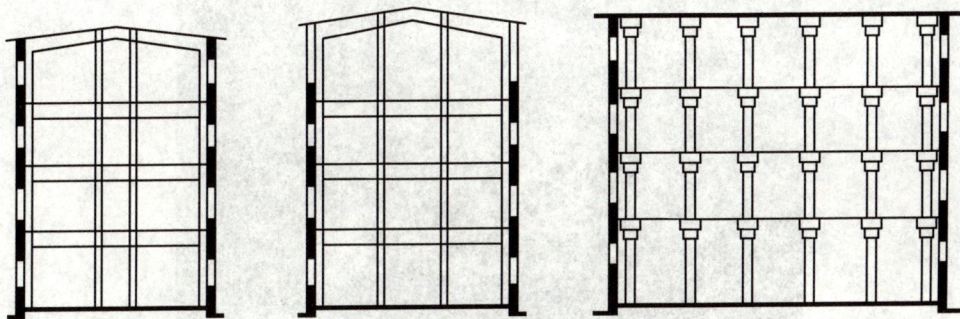

图 8-14　多层厂房

(3)混合层数厂房。同一厂房内既有单层又有多层的厂房称为混合层数厂房。多用于化学工业、热电站等；如热电厂的主厂房，汽轮发电机设在单层跨内，其他为多层，如图8-15所示。

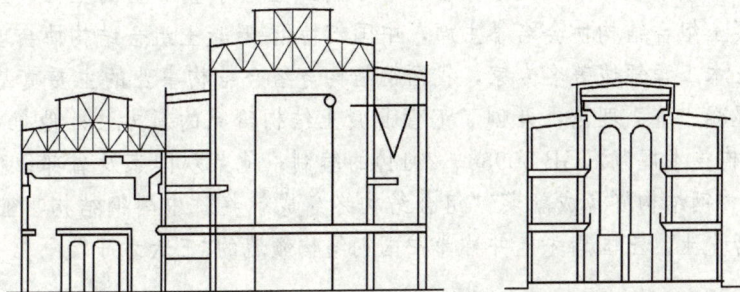

图 8-15　混合层数厂房

二、国家体育场(鸟巢)

国家体育场(鸟巢)(图8-16)位于北京奥林匹克公园中心区南部，为2008年北京奥运会的主体育场，占地20.4万 m^2，建筑面积为25.8万 m^2，可容纳观众9.1万人。国家体育场内举行过奥运会、残奥会的开、闭幕式，田径比赛及足球比赛决赛。奥运会结束后，其成为北京市民参与体育活动及享受体育娱乐的大型专业场所，并成为地标性的体育建筑和奥运遗产。

作为国家标志性建筑，2008年奥运会主体育场，国家体育场结构特点十分显著。该体育场为特级体育建筑、大型体育场馆。国家体育场的主体结构设计使用年限为100年，耐火等级为一级，抗震设防烈度为8度，地下工程防水等级为1级。

"鸟巢"结构设计奇特新颖，而搭建它的钢结构的Q460也有很多独到之处：Q460是一种低合金高强度钢，它在受力强度达到460 MPa时才会发生塑性变形，这个强度比一般钢材大，因此生产难度很大。我国在建筑结构上首次使用Q460规格的钢材，而"鸟巢"使用的钢板厚度达到110 mm，是以前绝无仅有的，在我国的国家标准中，Q460的最大厚度也只是100 mm。以前，这种钢一般从卢森堡、韩国、日本进口。为了给鸟巢提供"合身"的Q460，从2004年9月开始，河南舞阳特种钢厂的科研人员开始了长达半年多的科技攻关，经过前后3次试制终于获得成功。2008年，400吨自主创新，具有知识产权的国产Q460钢材撑起了"鸟巢"的铁骨钢筋。

图 8-16　国家体育场(鸟巢)

三、人物链接——钟善桐

钟善桐，1919年4月29日出生于浙江省杭州市。哈尔滨工业大学教授(博士生导师)，九三学社社员，毕业于公立川北大学。曾任哈尔滨工业大学教研室副主任，1998年5月退休。国际钢混凝土组合结构协会名誉主席，中国钢协钢-混凝土组合结构协会理事长。

他是国际土木工程领域著名专家，我国钢结构与组合结构事业的主要奠基人和开拓者；他创立了钢管混凝土统一理论，开创了钢管混凝土结构研究的新方法；他推动了国家标准《钢管混凝土结构技术规范》(GB 50936—2014)的编制；他荣获国家及省部级科技进步奖12项，先后被授予"钢结构终身成就奖""组合结构终身成就奖""中国钢结构事业开拓者"等称号；他与陈绍蕃先生、王国周先生并称为中国钢结构领域的"三大才子"。

能力训练

简答题

1. 常见的装配式钢筋混凝土横向排架结构单层厂房主要由哪几个部分组成？
2. 什么是柱网、跨度、柱距？

任务二　单层工业厂房外墙及门窗构造认知

　　根据单层工业厂房特点选择外墙及墙上的门窗，并识读和绘制相关构造详图。

单层工业厂房
外墙及门窗

一、单层厂房外墙类型

　　单层厂房外墙根据材料不同可分为砖及砌块墙、板材墙、轻质板材墙和开敞式外墙。

(一)砌体墙

　　单层厂房的外墙按承重方式不同可分为承重墙、承自重墙和框架墙。承重墙一般用于中、小型厂房。当厂房的跨度和高度较大，或厂房内起重运输设备吨位较大时，通常由钢筋混凝土排架柱来承受屋盖和起重运输荷载，外墙只承受自重仅起围护作用，这种墙称为承自重墙。某些高大厂房的上部墙体及厂房高低跨交接处的墙体，往往砌筑在墙梁上，墙梁架空支承在排架柱上，这种墙称为框架墙，承自重墙与框架墙是厂房外墙的主要形式。图 8-17 中墙体为砌体外墙，属于承自重墙和框架墙。

　　墙与柱的相对位置一般有以下三种方案：

　　(1)将墙砌筑在柱子外侧，这种方案构造简单、施工方便、热工性能好，基础梁和连系梁便于标准化，因此被广泛采用，如图 8-18(a)所示。

图 8-17　厂房外墙

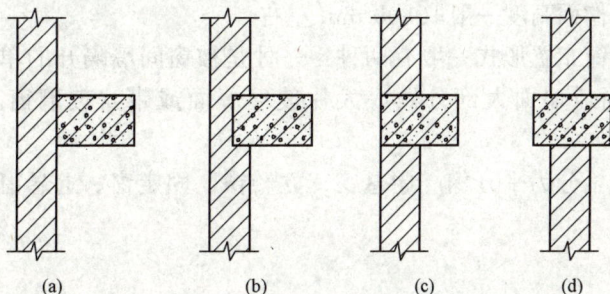

　　(2)将墙部分嵌入在排架柱中，能增加柱列的刚度，但施工较麻烦，增加部分砍砖，基础梁和连系梁等配件也随之复杂，如图 8-18(b)所示。

　　(3)将墙设置在柱间，更能增加柱列的刚度，节省占地，但不利于基础梁和连系梁的统一及标准化，热工性能差，构造复杂，如图 8-18(c)、(d)所示。

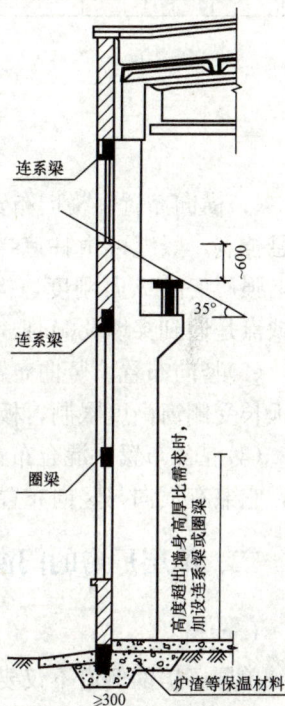

(a)　　　　　(b)　　　　　(c)　　　　　(d)

图 8-18　墙与柱的相对位置

(二)板材墙

板材墙是我国工业建筑墙体的发展方向之一，其优点是能减轻墙体自重，改善墙体抗震性能，充分地利用工业废料，加快施工速度，促进建筑的工业化水平。但目前的板材墙还存在着热工性能差，连接不理想等缺点。

墙板布置可分为横向布置、竖向布置和混合布置三种类型，如图 8-19 所示。

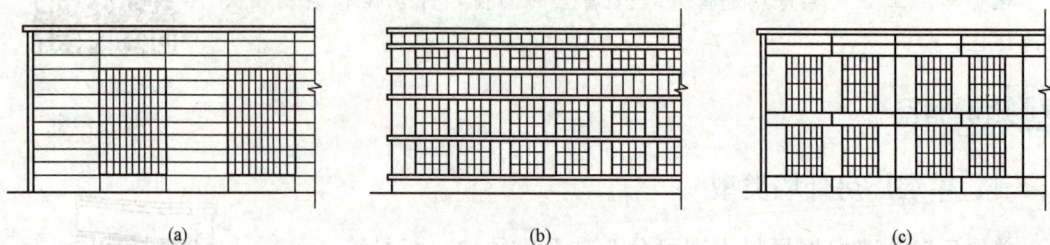

(a)   (b)   (c)

图 8-19　墙板布置

(a)横向布置；(b)竖向布置；(c)混合布置

(1)横向布置。横向布置的优点是板长度和柱距一致，可利用厂房的柱作为墙板的支承或悬挂点，竖缝可由柱遮挡，不易渗透风雨，墙板本身可兼起门窗过梁与连系梁的作用，能增强厂房的纵向刚度，构造简单，连接可靠，板型较少，便于布置窗框板或带形窗等。其缺点是遇到穿墙孔洞时，墙板布置较复杂。

(2)竖向布置。竖向布置的优点是布置灵活，不受柱距限制，便于做成矩形窗；其缺点是板长受侧窗高度限制，板型多，构造复杂，易渗漏雨水等。

(3)混合布置。混合布置中的大部分板为横向布置，在窗间墙和特殊部位竖向布置，因此，它兼有横向与竖向布置的优点，布置灵活，但板型较多，构造复杂。

二、单层厂房的门窗类型

(一)窗

单层厂房的侧窗不仅要满足采光和通风的要求，还应满足工艺上的泄压、保温、防尘等要求。由于侧窗面积较大，处理不当容易产生变形损坏和开关不便，因此，侧窗的构造还应满足坚固耐久、开关方便、节省材料及降低造价的要求。通常，厂房采用单层窗，但在寒冷地区或有特殊要求的车间应采用双层窗。在有起重机的厂房中，常将侧窗分上下两层布置，上层称为高侧窗，下层称为低侧窗。为不使起重机梁遮挡光线，高侧窗下沿距离起重机梁顶面应有适当距离，一般取 600 mm 左右为宜。低侧窗下沿即窗台高一般应略高于工作面的高度，工作面高度一般取 800 mm 左右。

单层厂房外墙侧窗布置形式一般有两种：一种是被窗间墙隔开的单独窗口形式；另一种是将厂房整个墙面或墙面大部分做成大片玻璃墙面或带状玻璃窗。侧窗的尺寸要求见表 8-1。

侧窗按开启方式可分为平开窗、中悬窗、立转窗、固定窗、上悬窗等。其基本构造与民用建筑基本相同。

表 8-1　侧窗尺寸

宽度/mm	一般为 900～6 000	当≤2 400	以 300 mm 为扩大模数
		当＞2 400	以 600 mm 为扩大模数
高度/mm	一般为 900～4 800	当≤1 200	以 300 mm 为扩大模数
		当＞1 200	以 600 mm 为扩大模数

（1）平开窗。构造简单，开关方便，通风效果好，并便于做成双层窗，多用于外墙下部，作为通风的进气口。

（2）中悬窗。窗扇沿水平轴转动，开启角度可达 80°，有利于泄压，并便于机械开关或绳索手动开关，常用于外墙上部。但中悬窗构造复杂，开关扇周边的缝隙易漏雨和不利于保温。

（3）固定窗。构造简单，节省材料，多设在外墙中部，主要用于采光，对有防尘要求的车间其侧窗边也多做成固定窗。

（4）立转窗。窗扇沿垂直轴转动，并可根据不同的风向调节开启角度，通风效果好，多用于热加工车间的外墙下部，作为进风口。

（5）上悬窗。一般向外开，防雨性能好，但启闭不如中悬窗轻便，并且开启角度小，通风效果差，常用于厂房上部作高侧窗。

根据单层厂房的通风需要，其外墙的侧窗一般是将中悬窗、固定窗、平开窗等组合在一起，如图 8-20 所示。为了便于安装开关器，侧窗组合时，在同一横向高度内，应采用相同的开启方式。

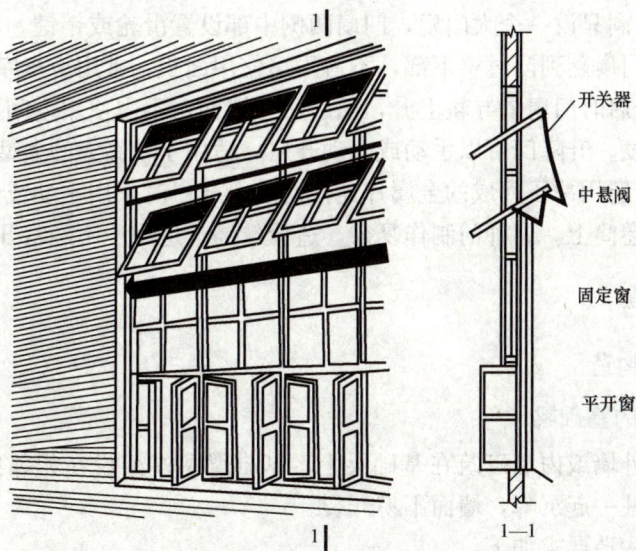

图 8-20　侧窗组合示例

（二）大门

单层厂房的大门主要用于生产运输和人流通行，因此，大门的尺寸应根据运输工具的类型、运输货物的外形尺寸及通行方便等因素确定。一般门的尺寸应比装满货物时的车辆宽出 600～1 000 mm，高出 400～600 mm。常用厂房大门洞口的规格见表 8-2。

表 8-2 大门洞口尺寸

序号	通行车辆类型	大门洞口尺寸(宽×高)/(mm×mm)
1	3 t 矿车	2 100×2 100
2	电瓶车	2 100×2 400
3	轻型卡车	3 000×2 700
4	中型卡车	3 300×3 000
5	重型卡车	3 600×3 900
6	汽车起重机	3 900×4 200
7	火车	4 200×5 100 4 500×5 400

单层厂房的大门按使用材料可分为木大门、钢木大门、钢板门、塑钢门等;按用途可分为一般大门和特殊大门;按开启方式可分为平开门、推拉门、折叠门、上翻门、升降门、卷帘门、光电控制自动门等。特殊大门是根据厂房的特殊要求设计的,有保温门、防火门、冷藏库门、射线防护门、烘干室门、隔声门等。

(1)平开门。构造简单,开启方便,是单层厂房常用的大门形式。门扇通常向外开,洞口上部设置雨篷。当平开门的门扇尺寸过大时,易产生下垂或扭曲变形。

(2)推拉门。在门洞的上下部设轨道,门扇通过滑轮沿导轨左右推拉开启。推拉门扇受力合理,不易变形,但密闭性较差,不宜用于密闭要求高的车间。

(3)折叠门。由几个较窄的门扇相互间用铰链连接而成,开启时门扇沿门洞上下导轨左右滑动,使中间扇开启一个或两个或全部开启,且占用空间少,适用于较大的门洞。

(4)上翻门。门洞只设一个大门扇,门扇两侧中部设置滑轮或销键,沿门洞两侧的竖向轨道提升,开启后门扇翻到门过梁下部,不占厂房使用面积,常用于车库大门。

(5)升降门。开启时门扇沿导轨上升,门扇贴在墙面,不占使用空间,只需在门洞上部留有足够的上升高度。升降门可以手动或电动开启,适用于较高大的大型厂房。

(6)卷帘门。门扇用冲压而成的金属片连接而成,开启时采用手动或电动开启,将帘板卷起在门洞上部的卷筒上。这种门制作复杂,造价较高,适用于不经常开启的高大门洞。

三、外墙构造

(一)砌体墙的构造

1. 砌体墙下部的基础梁

一般厂房常将外墙或内墙砌筑在基础梁上,基础梁两端架设在相邻独立基础上。这样可使内墙、外墙和柱一起沉降,墙面不易开裂。

基础梁搁置的构造要求如下:

(1)基础梁顶面标高应至少低于室内地坪 50 mm,比室外地坪至少高 100 mm。

(2)基础梁一般直接搁置在基础顶面上,当基础较深时,可采取加垫块、设置高杯口基础或在柱下部分加设牛腿等措施,如图 8-21 所示。

(3)基础产生沉降时,梁底的坚实土壤也对基础梁产生反拱作用;寒冷地区土壤冻胀将对基础梁产生反拱作用,因此,在基础梁底部应留有 50~100 mm 的空隙,寒冷地区基础梁底铺设厚度≥300 mm 的松散材料,如矿渣、干砂,如图 8-22 所示。

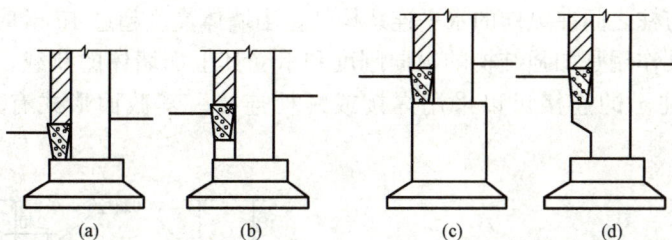

图 8-21 基础梁的搁置

（a）基础梁直接搁置在基础杯口上；（b）基础梁搁置在混凝土垫块上；

（c）基础梁搁置在高杯口基础上；（d）基础梁搁置在柱牛腿上

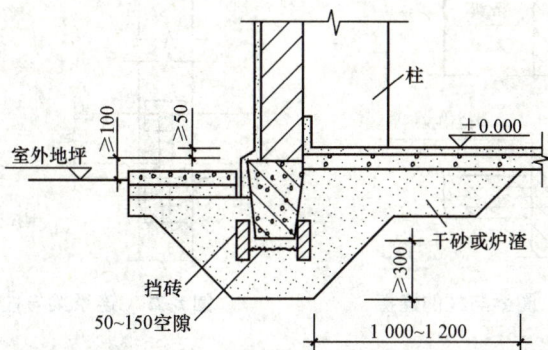

图 8-22 基础梁的搁置要求及防冻措施

2. 砌体墙与柱的连接

在排架结构中为使墙体与柱子之间有可靠的连接，通常的做法是在柱子高度方向每隔 500 mm 甩出 2 根 φ6 钢筋，砌筑时把钢筋砌在墙的水平缝里，如图 8-23 所示。

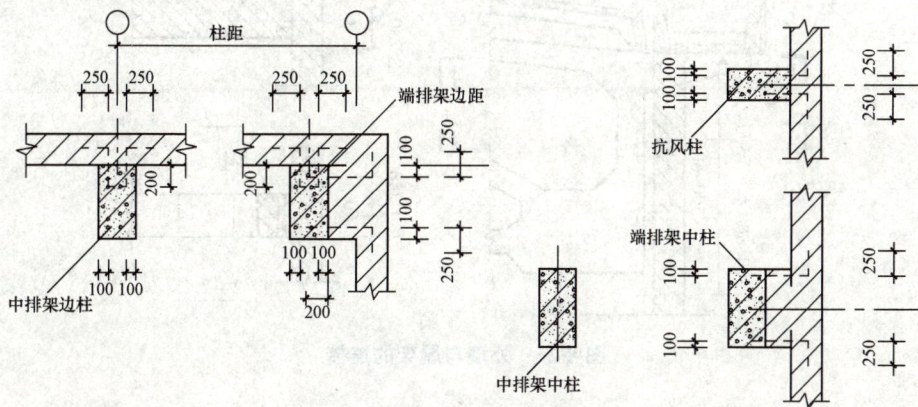

图 8-23 墙与柱的连接

3. 墙体中圈梁、连系梁与排架柱的连接

圈梁是连续、封闭、在同一标高上设置的梁，作用是将砌体同厂房排架的柱、抗风柱连接在一起，加强厂房的整体刚度及墙的稳定性。圈梁应在墙内，位置通常设在柱顶、起重机梁、窗过梁等处。圈梁应与柱子伸出的预埋筋进行连接，具体构造如图 8-24 所示。

连系梁是柱与柱之间在纵向的水平连系构件。当墙体高度超过 15 m 时，须在适当的位置设置连系梁。其作用是加强结构的纵向刚度和承受其上面墙体的荷载，并将荷载传递给柱子。连系梁与柱子的连接可以采用焊接或螺栓连接。其截面形式有矩形和 L 形，如图 8-25 所示。

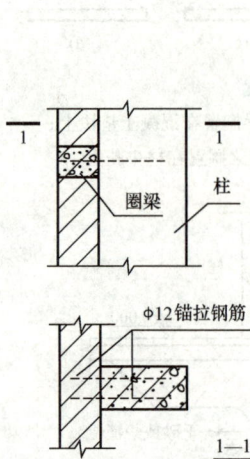

图 8-24　圈梁与柱的连接

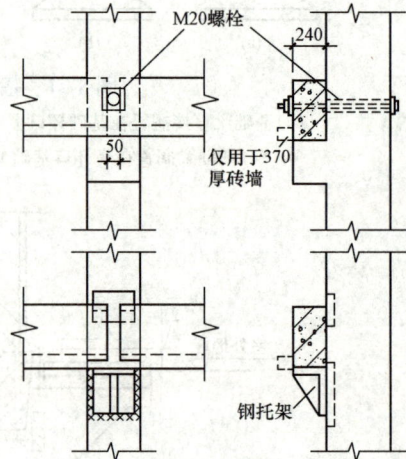

图 8-25　连系梁与柱的连接

4. 外墙与屋架的连接

一般在屋架上下弦预埋拉结钢筋，若在屋架的腹杆上不便预埋钢筋时，可在腹杆上预埋钢板，再焊接钢筋与墙体连接，如图 8-26 所示。

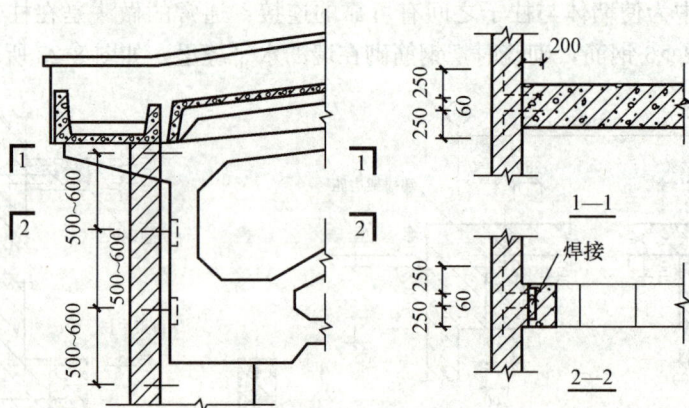

图 8-26　外墙与屋架的连接

5. 女儿墙与屋面板的连接

女儿墙的厚度一般为 240 mm，砂浆强度等级不低与 M5，并应设置构造柱，构造柱间距不宜大于 4 m，为保证女儿墙的稳定性，女儿墙与屋面板之间常采用钢筋拉结等措施，如图 8-27 所示。

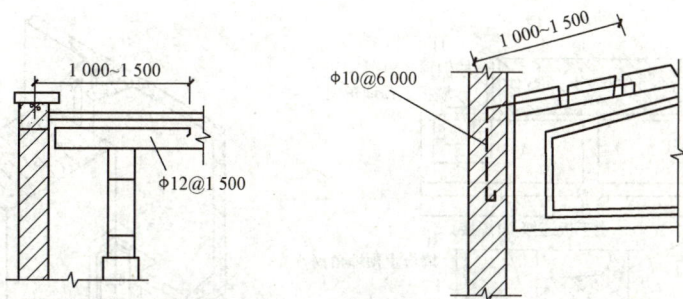

图 8-27　女儿墙与屋面板的连接

(二)板材墙体构造

1. 墙板与柱的连接

横向布置墙板方式是目前应用最多的一种，横向布置墙板的板与柱的连接可采用柔性连接和刚性连接。

(1)柔性连接。柔性连接是在大型墙板上预留安装孔，同时，在柱的两侧相应位置预埋构件，在板吊装前焊接连接角钢，并安装上栓钩，吊装后用螺栓钩将上、下两块板连接起来，如图 8-28 所示。这种连接对厂房的振动和不均匀沉降的适应性较强。

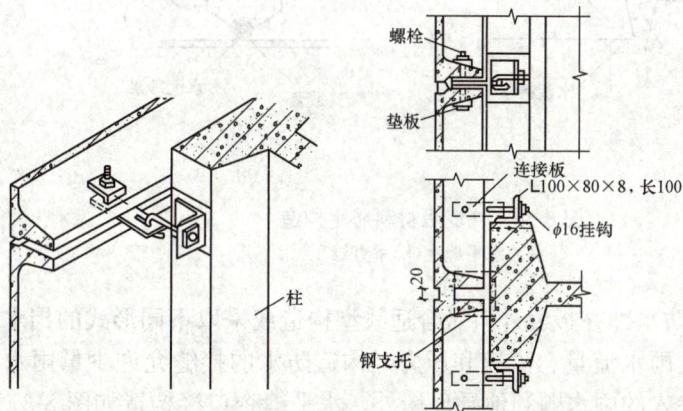

图 8-28　螺栓挂钩柔性连接构造

(2)刚性连接。刚性连接是用角钢直接将柱与板的预埋件焊接连接，如图 8-29 所示。这种方法构造简单、连接刚度大，增加了厂房的纵向刚度。但由于板柱之间缺乏相对独立的移动条件，在振动和不均匀沉降的作用下，墙体会产生裂缝，因此，不适用于烈度为 7 度以上的地震区或可能产生不均匀沉降的厂房。

2. 板缝的构造

外墙板防止接缝渗漏的措施，一般可归纳为三种，即材料防水、构造防水、材料防水与构造防水相结合。

(1)材料防水。材料防水是用防水油膏嵌缝或用嵌缝带密封。当采用防水油膏嵌缝时，所用嵌缝油膏必须具有弹性大、高温不流淌、低温不脆裂等性能。防水油膏还应有与混凝土、砂浆等材料能良好粘结，能经受拉伸和压缩的反复变化，以及长期暴露在大气中不致老化的性能。材料防水构造如图 8-30 所示。

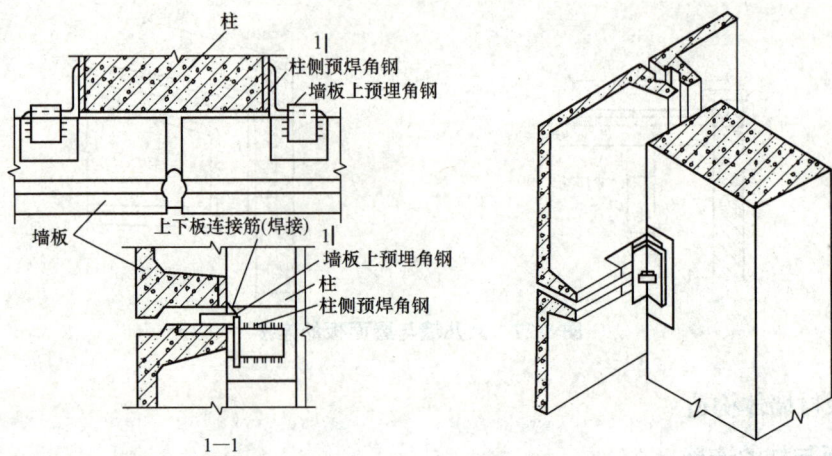

图 8-29　刚性连接构造

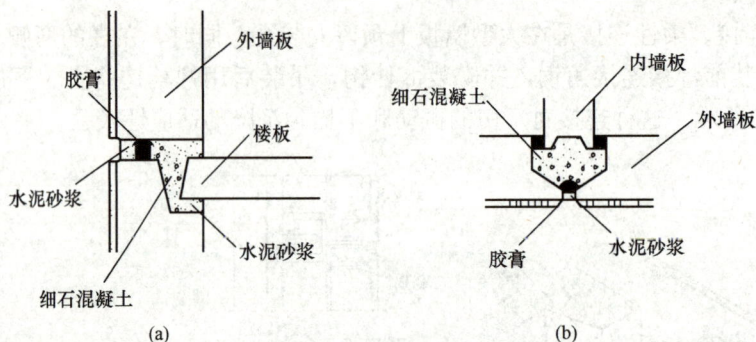

图 8-30　外墙板材料防水构造

(a)水平缝；(b)垂直缝

（2）构造防水。构造防水即在板缝外口做合适线型构造或采取不同形式的挡水处理，使水流分散，减少接缝处的雨水流量、流速和压力。构造防水的接缝允许少量雨水渗入，但接缝的形状应能保证将渗入的雨水顺利地导出墙外。水平缝企口缝构造如图 8-31 所示；垂直双腔缝构造如图 8-32 所示。

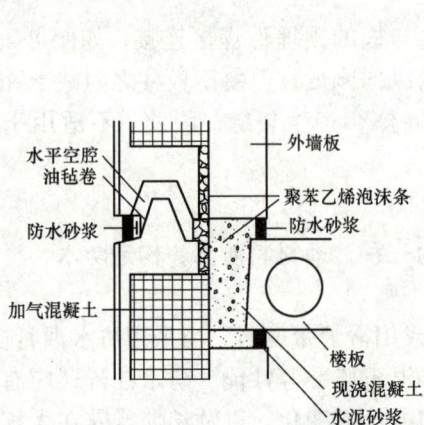

图 8-31　水平缝企口缝构造

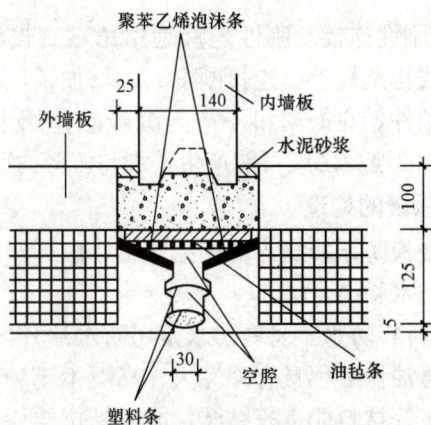

图 8-32　垂直双腔缝构造

（3）材料防水与构造防水相结合。这种防水方法是在构造防水的基础上，用弹性材料或粘塑性材料嵌缝，使接缝出现变形，也能防止形成内外贯通的缝隙，具有防水和防风的双重功能。这种做法对于保温要求高的严寒地区尤其适用，如图 8-33 所示。

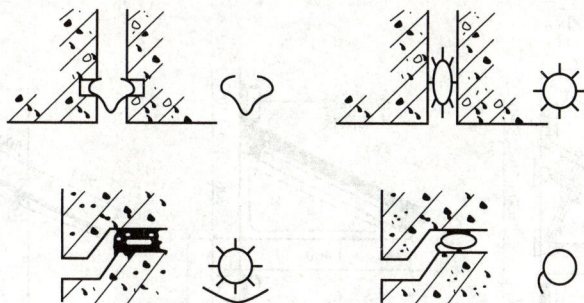

图 8-33　材料防水和构造防水相结合构造

3. 压型钢板墙面

压型钢板是指以彩色涂层钢板或镀锌钢板为原材料，经辊压冷弯成波形断面，以改善力学性能、增大板刚度，是建筑用围护板材。其具有轻质高强、施工方便、防火抗震等优点。

压型钢板墙面的构造主要解决的问题是固定点要牢靠、连接点要密封、门窗洞口要做防排水处理。如图 8-34 所示为板墙的连接构造，如图 8-35 所示为墙身的窗洞口构造。

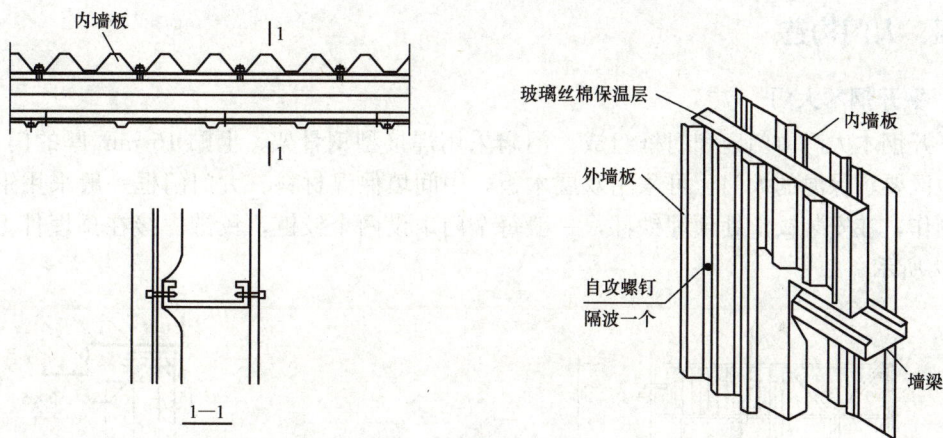

图 8-34　板墙的连接构造

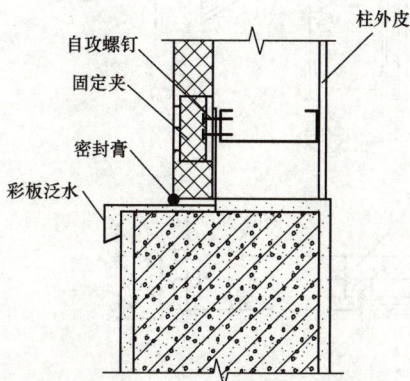

图 8-35　墙身的窗洞口构造

217

4. 开敞式外墙

南方地区的热加工车间，为了获得良好的自然通风和迅速散热，常常做成开敞式或半开敞式外墙。其构造主要是挡雨遮阳板。目前，常用的有石棉水泥瓦挡雨板和钢筋混凝土挡雨板，如图 8-36 所示。

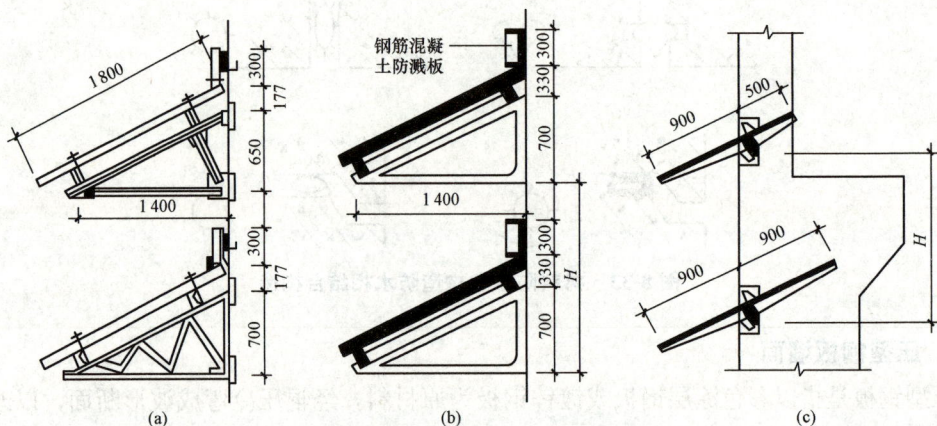

图 8-36　开敞式外墙挡雨板的构造

(a)石棉水泥瓦挡雨片；(b)钢筋混凝土挡雨片；(c)无支架钢筋混凝土挡雨片

四、大门构造

1. 平开钢木大门

平开钢木大门由门扇和门框组成。门扇采用焊接型钢骨架，上贴 15 mm 厚的门芯板，寒冷地区要求保温的大门，可采用双层木板，中间填保温材料。大门门框一般采用钢筋混凝土制作，在安装铰链处预埋铁件，一般每个门扇设两个铰链，铰链焊接在预埋件上，如图 8-37 所示。

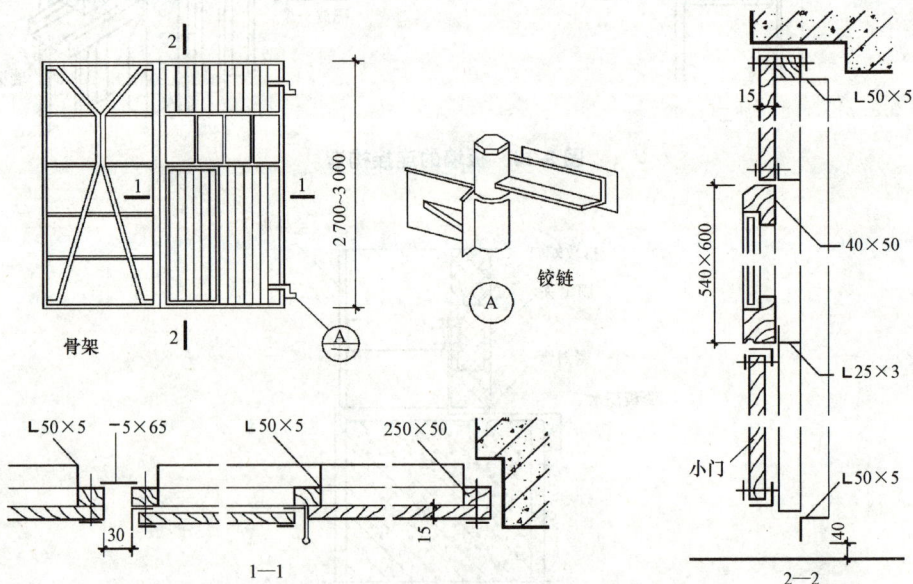

图 8-37　平开钢木大门

2. 推拉门

推拉门由门扇、上导轨、滑轨、导饼和门框组成。门扇可采用钢板门和空腹薄壁钢板等；门框一般均由钢筋混凝土制作，如图 8-38 所示。

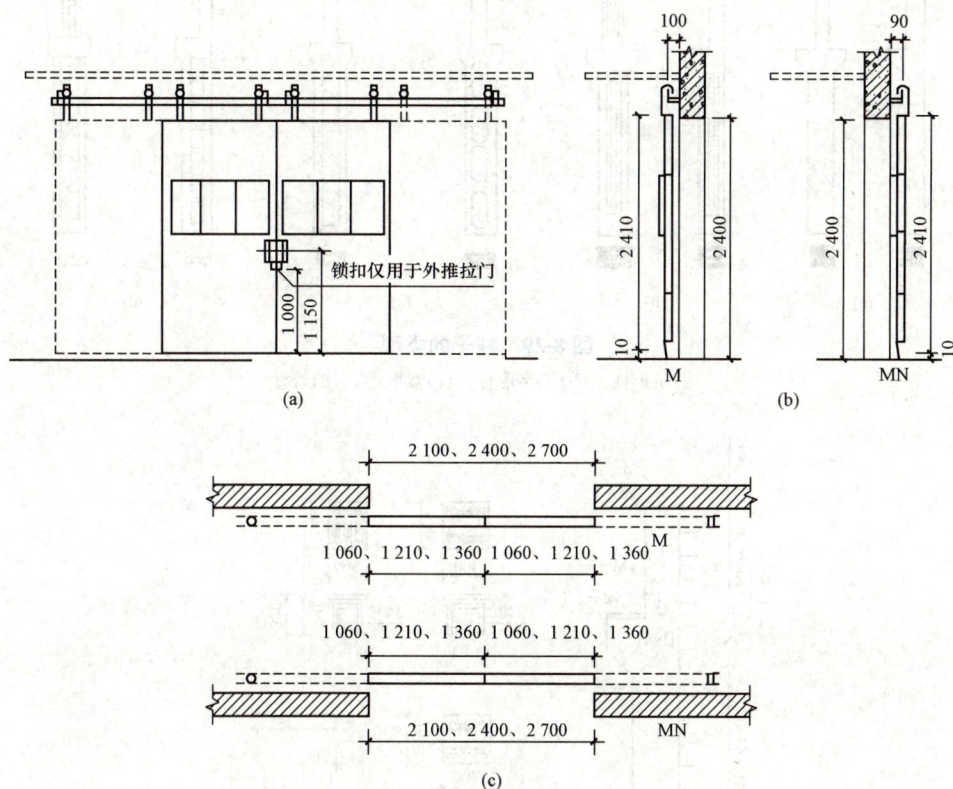

图 8-38 推拉门构造

(a)推拉门立面图；(b)推拉门剖面图；(c)推拉门平面图

任务实施

1. 为某工业厂房选择外墙，包括墙体材料的类型、规格尺寸、连接构造方式等，在满足使用要求的前提下考虑施工方便和墙面美观；为某工业厂房选择门窗，所选择门窗类型及构造与厂房特点和使用要求相适应。

2. 识读和绘制相关构造详图。

知识拓展

1. 排架柱

排架柱按所用的材料不同可分为钢筋混凝土柱、钢柱等。目前钢筋混凝土柱应用较为广泛。

单层工业厂房钢筋混凝土柱，基本上可分为单肢柱和双肢柱两大类。单肢柱截面形式有矩形、工字形及空心管柱；双肢柱截面形式是由两肢矩形柱或两肢空心管柱，用腹杆连接而成，如图 8-39 所示。

为使排架柱与其他构件有可靠的连接，在柱的相应位置应预埋铁件或预埋钢筋，柱的预埋件如图 8-40 所示。其中，M-1 与屋架连接用埋件，M-2、M-3 与起重机梁连接用埋件；M-4、M-5 与柱间支撑连接用埋件；2Φ6@500 与墙体连接用钢筋；2Φ12 与连系梁或圈梁连接用钢筋。

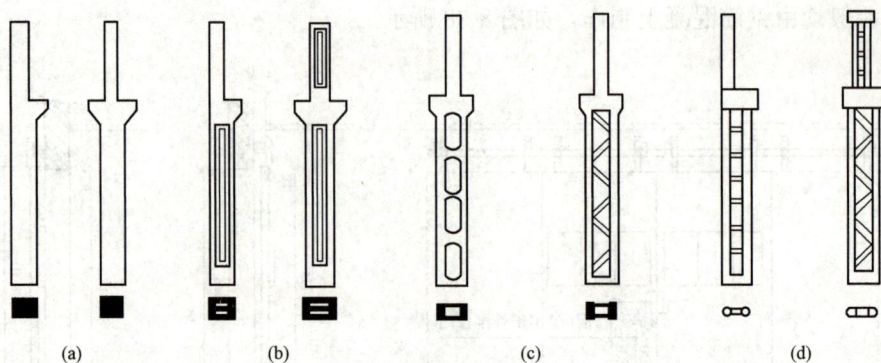

图 8-39 柱子的类型
(a)矩形柱；(b)工字形柱；(c)双肢柱；(d)管柱

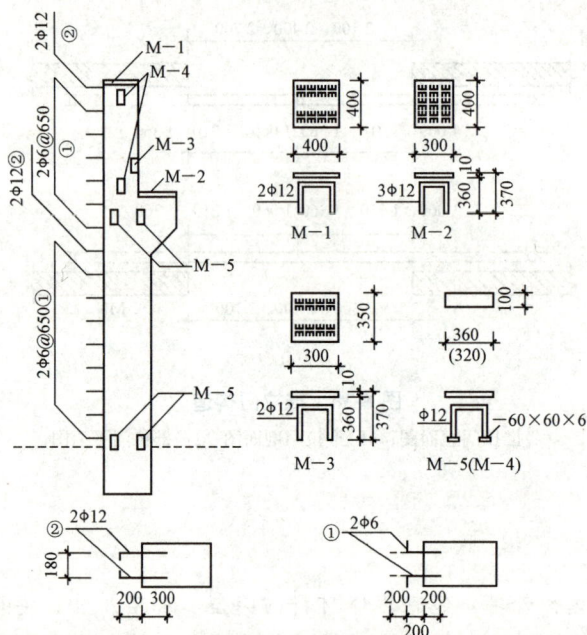

图 8-40 柱的预埋件

2. 抗风柱

单层工业厂房的山墙面积很大，为保证山墙的稳定性，应在山墙内侧设置抗风柱，使山墙的风荷载一部分由抗风柱传至基础，另一部分由抗风柱的上端传至屋盖系统再传至纵向柱列。

抗风柱截面形式常为矩形，尺寸常为 400 mm×600 mm 或 400 mm×800 mm。抗风柱与屋架的连接多为铰接，在构造处理上必须满足的要求：一是水平方向应有可靠的连接，以保证有效地传递风荷载；二是在竖向应使屋架与抗风柱之间有一定的相对竖向位移的可能性，以防止抗风柱与厂房沉降不均匀时屋盖的竖向荷载传递给抗风柱，对屋盖结构产生不利影响。因此，屋架与抗风柱之间一般采用弹簧钢板连接，如图 8-41 所示。房沉降较大时，则宜采用螺栓连接。

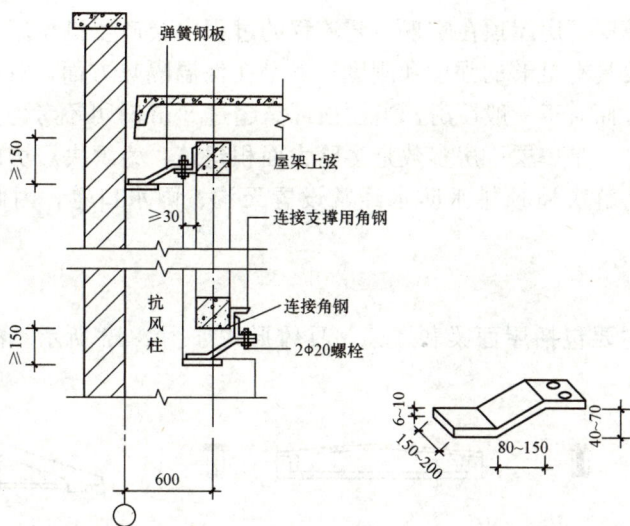

图 8-41　抗风柱与屋架的连接

能力训练

一、填空题

1. 单层厂房外墙按受力情况不同可分为_____和_____，按用材和构造方式不同可分为砌块墙和板材墙。

2. 单层厂房墙板的布置方式有_____、_____和_____三种形成。

3. 在单层厂房设计中墙板与柱的连接方式，可分为_____、_____两种。

二、实践题

参观单层工业厂房的外墙、侧窗和大门。

任务三　单层厂房屋面及天窗构造认知

单层厂房屋面及天窗构造

任务描述

由于生产性质，单层厂房的屋面面积大，构造复杂，要承受生产机械的振动、起重机的冲击荷载，要求有较高的刚度、强度、整体性和耐久性；并且由于厂房跨度大或为多跨厂房，为了解决厂房内的天然采光和自然通风还需要在屋顶上设置天窗。为某等高双跨的机械装配车间确定屋顶的排水方案及屋顶采光措施。

知识储备

一、屋顶

屋顶的作用、设计要求及构造与民用建筑屋顶基本相同，但也存在一定的差异，主要有三个方面：一是单层厂房屋顶在实现工艺流程的过程中会产生机械振动和起重机冲击荷载，这就要求屋顶要具有足够的强度和刚度；二是在保温隔热方面，对恒温恒湿车间，其保温隔热要求更高，而对于一般厂房，当柱顶标高超过 8 m 时可不考虑隔热，热加工车间的屋顶，可不保温；三是单层厂房多数是多跨大面积建筑，为解决厂房内部采光和通风经常需要设置天窗，为解决屋顶排水防水经常设置天沟、雨水口等，因此，屋顶构造较为复杂。

(一)屋顶构件

屋顶承重构件主要包括屋面梁和屋架，具体形式如图 8-42 所示。覆盖构件主要是屋面板。

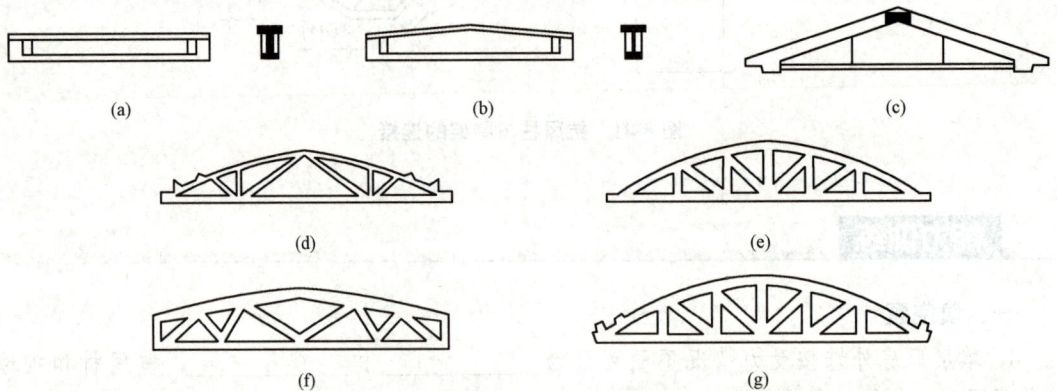

图 8-42　屋架的形式

(a)钢筋混凝土屋面梁；(b)预应力钢筋混凝土屋面梁；(c)预应力钢筋混凝土三铰拱屋架；(d)钢筋混凝土组合屋架；
(e)预应力钢筋混凝土拱形屋架；(f)预应力钢筋混凝土梯形屋架；(g)预应力钢筋混凝土折线形屋架

1. 屋面梁

屋面梁可用于单坡或双坡屋面，用于单坡屋面的跨度有 6 m、9 m 和 12 m 三种，用于双坡屋面的跨度有 9 m、12 m、15 m 和 18 m 四种。屋面坡度较平缓，一般为 1/10。

2. 屋架

(1)桁架式屋架。当厂房跨度较大时，采用桁架式屋架较经济。桁架式屋架外形通常有三角形、梯形、拱形、折线形等几种形式。

(2)两铰拱及三铰拱屋架。两铰拱屋架支座节点为铰接，顶节点为刚接；三铰拱屋架的支座节点和顶部节点均为铰接。这类屋架杆件减少，构造简单，上弦可采用钢筋混凝土或预应力混凝土杆件，下弦则多采用角钢或钢筋。这种屋架刚度较差，不宜用于振动较大和重型的厂房。

(3)钢筋混凝土两铰拱屋架适用于屋架间距为 6 m，跨度为 12 m、15 m，屋面坡度为 1/4 的非卷材防水屋面的工业厂房。屋架上可铺设预应力大型屋面板或预应力 F 形屋面板。这种屋架一般用于不大于 100 kN 的中轻级桥式起重机的车间。

(4)钢筋混凝土三角拱屋架的适用条件基本与两铰拱屋架相同，仅其顶部节点为铰接。

屋架与柱的连接方法有焊接和螺栓连接，如图 8-43 所示。

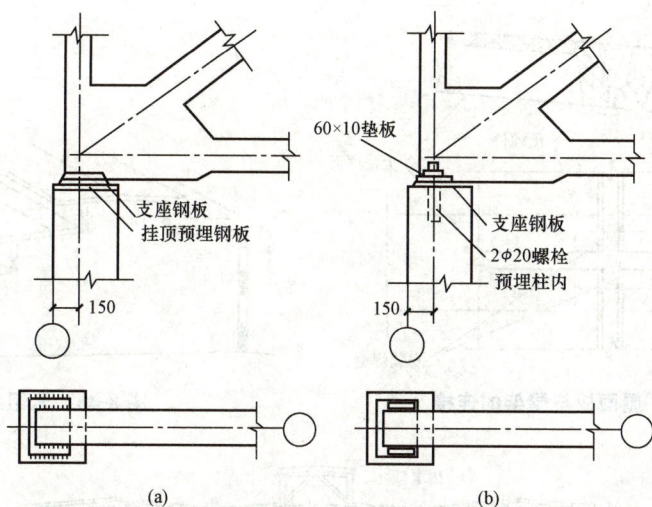

图 8-43　屋架与柱的连接

（a）焊接；（b）螺栓连接

3. 屋面板

屋面板的类型如图 8-44 所示。每块板与屋架（屋面梁）上弦相应处预埋铁件相互焊接，其焊点不少于三点，板与板缝隙均用 C20 细石混凝土填实，如图 8-45 所示。

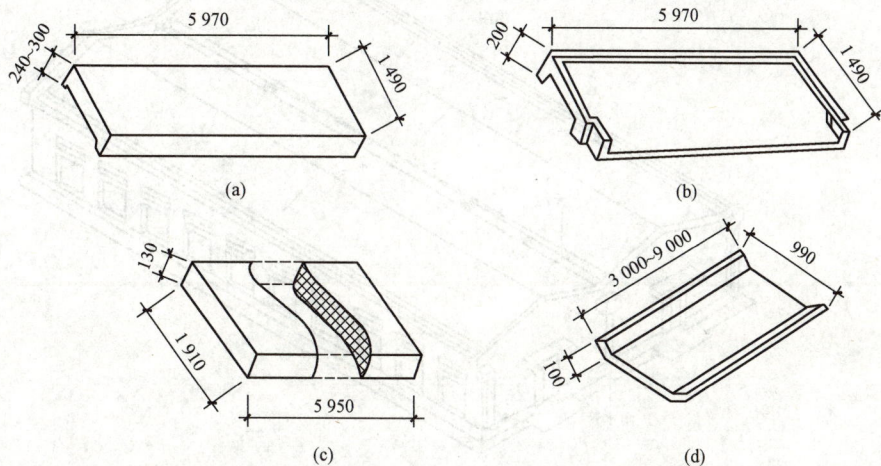

图 8-44　屋面板的类型

（a）大型屋面板；（b）预应力 F 形屋面板；（c）预应力混凝土夹心保温屋面板；（d）钢筋混凝土槽瓦

（二）屋面排水方式

屋面排水方式有无组织排水和有组织排水两种。

（1）无组织排水。无组织排水也称自由落水，是雨水直接由屋面经檐口自由排落到散水或明沟内，适用于高度较低或屋面积灰较多的厂房，如图 8-46 所示。

（2）有组织排水。有组织排水是将屋面雨水有组织的汇集到天沟或檐沟，再经雨水斗、落水管排到室外或下水道。有组织排水通常分为内排水、外排水和内落外排水。

1）内排水如图 8-47（a）所示，适用于多跨厂房或严寒地区的厂房。

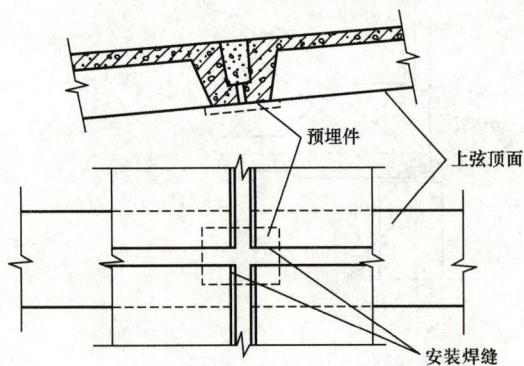

图 8-45　屋面板与屋架的连接

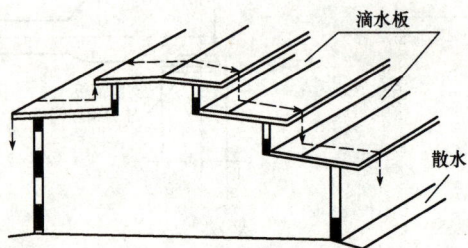

图 8-46　无组织排水

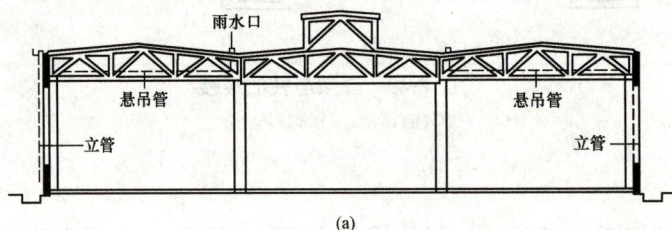

(a)

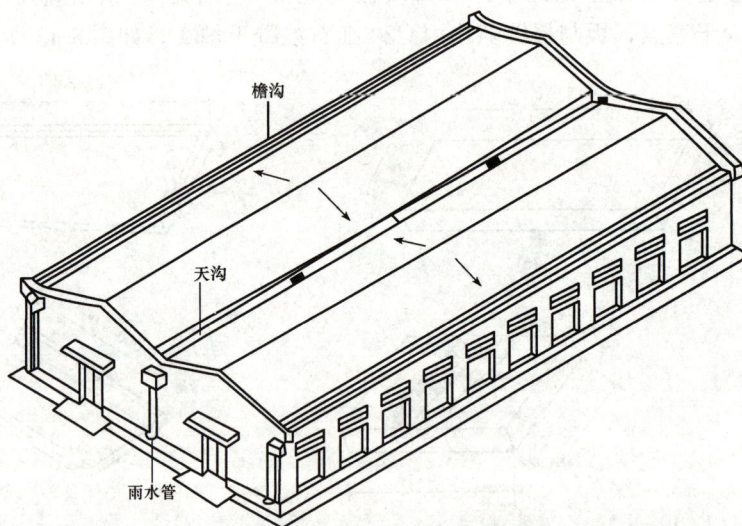

(b)

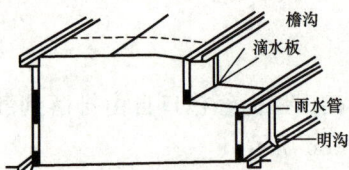

(c)

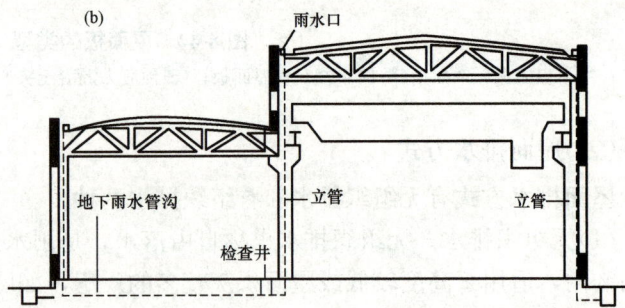

(d)

图 8-47　有组织排水

（a）内排水；（b）长天沟外排水；（c）外天沟外排水；（d）内落外排水

2)外排水如图 8-47(b)、(c)所示，适用于厂房较高或地区降雨量较大的南方地区。

3)内落外排水如图 8-47(d)所示，适用于多跨厂房或地下管线铺设复杂的厂房。

采用哪种排水方式，应根据厂房的平、剖面形状、面积、生产使用要求及当地气候条件等综合考虑。在技术经济合理的情况下，应尽可能采用天沟外排水。当中间天沟过长时，可采用长天沟两端外排水、中间内落内排水或悬吊管内落外排水等混合排水方式。中小型厂房则应因地制宜，多采用无组织排水。

二、天窗类型

在大跨度和多跨度的单层工业厂房中，为了满足天然采光和自然通风的要求，常在厂房的屋顶设置各种类型的天窗。大部分天窗都同时兼有采光和通风双重作用，其中，主要起采光作用的有矩形天窗、锯齿形天窗、平天窗、三角形天窗、横向下沉式天窗等；主要用作通风的有矩形避风天窗、纵向或横向下沉式天窗、井式天窗、M 形天窗等。图 8-48 所示为各种天窗的类型。

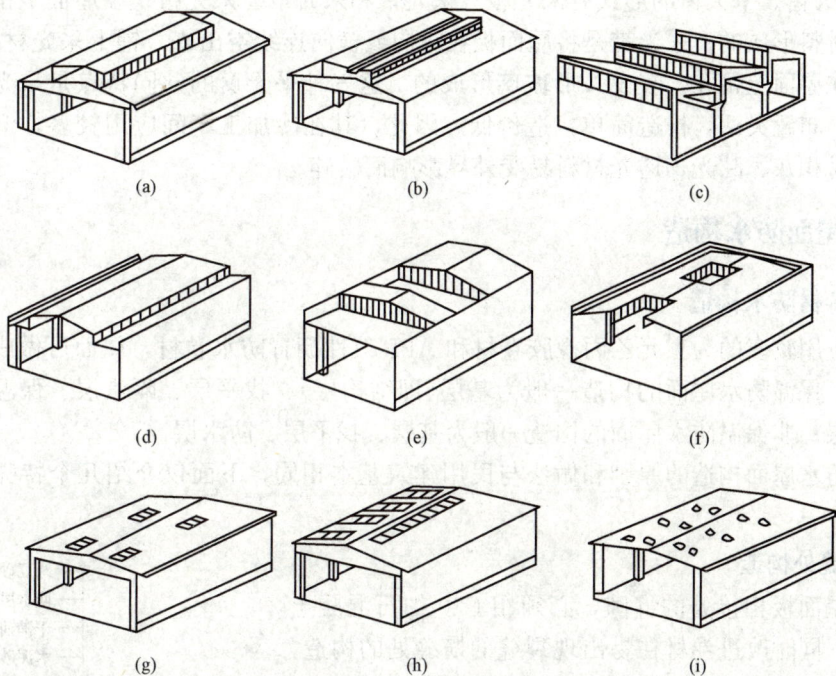

图 8-48 天窗的类型

(a)矩形天窗；(b)M 形天窗；(c)锯齿形天窗；(d)纵向下沉式天窗；(e)横向下沉式天窗；
(f)井式天窗；(g)采光板天窗；(h)采光带天窗；(i)采光罩天窗

(1)矩形天窗。矩形天窗一般沿厂房纵向布置，断面呈矩形，两侧的采光面垂直，采光通风效果好，所以，在单层厂房中应用较广泛。其缺点是构造复杂、质量重、造价较高。

(2)M 形天窗。M 形天窗与矩形天窗的区别是天窗屋顶从两边向中间倾斜，倾斜的屋顶有利于通风，且能增强光线反射，所以，M 形天窗的采光、通风效果比矩形天窗好；其缺点是天窗屋顶排水构造复杂。

(3)锯齿形天窗。锯齿形天窗是将厂房屋顶做成锯齿形，在其垂直(或稍倾斜)面设置采光、通风口。当窗口朝北或接近北向时，可避免因光线直射而产生的眩光现象，以获得均匀、稳定的光线，有利于保证厂房内恒定的温度、湿度，适用于纺织厂、印染厂和某些机械厂。

（4）纵向下沉式天窗。纵向下沉式天窗是将厂房的屋面板沿纵向连续下沉搁置在屋架下弦上，利用屋面板的高度差在纵向垂直面设置天窗口。这种天窗适用于纵轴为东西向的厂房，且多用于热加工车间。

（5）横向下沉式天窗。横向下沉式天窗是将左右相邻的整跨屋面板上下交替布置在屋架上弦上，利用屋面板的高度差在横向垂直面设置天窗口。这种天窗适用于纵轴为南北向的厂房，天窗采光效果较好，但均匀性差，且窗扇形式受屋架形式限制，规格多，构造复杂，屋面的清扫、排水不便。

（6）井式天窗。井式天窗是将局部屋面板下沉铺在屋架下弦上，利用屋面板的高度差在纵横向垂直面设置窗口，形成一个个凹嵌在屋面之下的井状天窗。其特点是布置灵活、排风路径短捷、通风好、采光均匀，因此，被广泛用于热加工车间，但屋面清扫不方便，构造较复杂，且使室内空间高度有所降低。

（7）平天窗。平天窗的形式有采光板、采光带和采光罩。采光板是在屋面上留孔，装设平板透光材料形成的；采光带是将屋面板在纵向或横向连续空出来，铺上采光材料形成的；采光罩是在屋面上留孔，装设弧形玻璃形成的。这三种平天窗的共同特点是采光均匀，采光效率高，布置灵活，构造简单，造价低。因此，其在冷加工车间应用较多，但平天窗不易通风、易积灰、眩光，透光材料易受外界影响而破碎。

三、屋面防水构造

（一）卷材防水构造

目前应用较多的为三元乙丙橡胶卷材和 APP 改性沥青防水卷材，屋面可做成保温和非保温两种。保温防水屋面的构造一般为基层（即结构层）、找平层、隔汽层、保温层、找平层、防水层；非保温防水屋面的构造一般为基层、找平层、防水层。

卷材防水屋面构造的原则和做法与民用建筑基本相同，下面仅介绍几个特殊部位的防水构造。

1. 板缝处构造

大型屋面板相接处的缝隙，必须用 C20 细石混凝土灌缝填实。同时改进卷材在易出现裂缝的横缝处的构造，适应基层的变形。如在大型屋顶板或保温层上做找平层时，应先在构件接缝处预留分隔缝，缝中用油膏填充，其上铺设 300 mm 宽的油毡作缓冲层，然后再铺设卷材防水层，如图 8-49 所示。

2. 挑檐构造

一般采用带挑檐的屋面板，并将板支承在屋架端部伸出的挑梁上。挑檐一般用于无组织排水，如图 8-50 所示。

3. 槽形天沟板外排水构造

将槽形天沟板支承在钢筋混凝土屋架端部挑出的水平挑梁上，适用于有组织外排水，如图 8-51 所示。

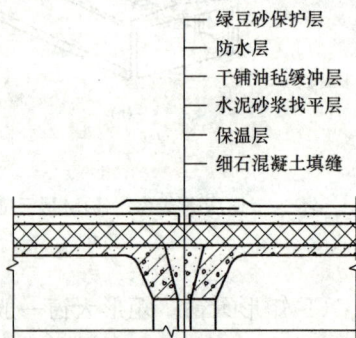

绿豆砂保护层
防水层
干铺油毡缓冲层
水泥砂浆找平层
保温层
细石混凝土填缝

图 8-49　屋面板横缝处卷材防水层处理

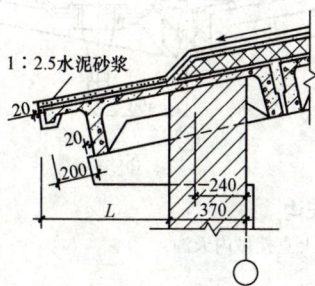

图 8-50 挑檐构造

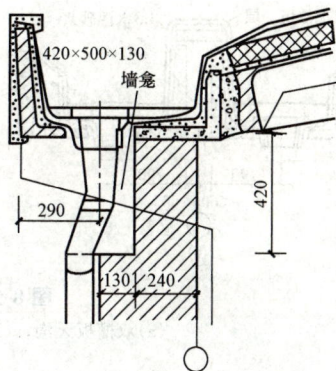

图 8-51 槽形天沟板外排水构造

4. 天沟构造

厂房屋顶的天沟可分为外天沟和中间天沟两种。利用外天沟组织排水时，有槽形天沟板做天沟和屋面板上直接做天沟两种形式，如图 8-52 所示。

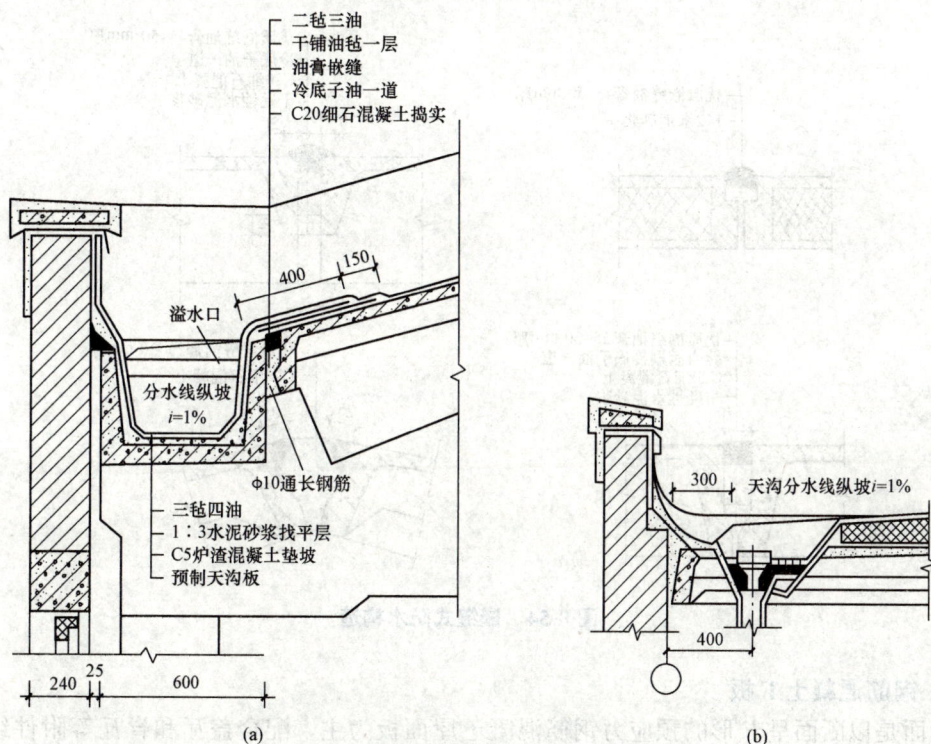

图 8-52 边天沟构造

(a)槽形天沟板做天沟；(b)屋面板上直接做天沟

在等高多跨厂房的两坡屋面之间，可以采用两块槽形天沟板作天沟或去掉屋面板上的保温层而形成的自然中间天沟，适用于中间天沟排水，如图 8-53 所示。

(二)构件自防水

构件自防水屋面是利用屋面板本身的密实性和抗渗性来防水，常用的有钢筋混凝土屋面板、钢筋混凝土 F 板及压型钢板屋面。

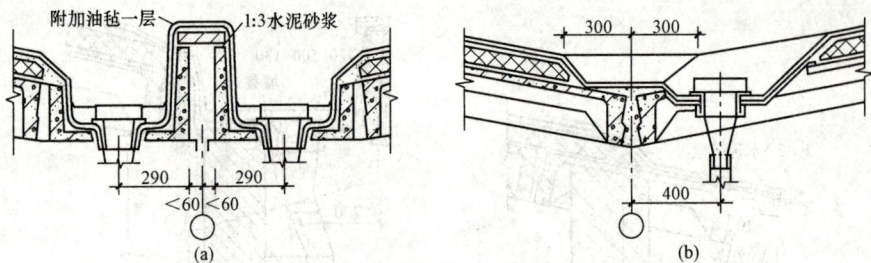

图 8-53 中间天沟

(a)双槽板天沟；(b)在屋面板上直接做内天沟

1. 钢筋混凝土屋面板

根据板缝采用的措施不同，可分为嵌缝式（图 8-54）和脊带式（图 8-55）。嵌缝式构件自防水屋面，是利用大型屋面作防水构件并在板缝内嵌灌油膏，板缝有纵缝、横缝和脊缝，嵌缝前必须将板缝清扫干净，排除水分，嵌缝油膏要饱满。脊带式是在嵌缝后再贴卷材防水层，其防水效果更佳。

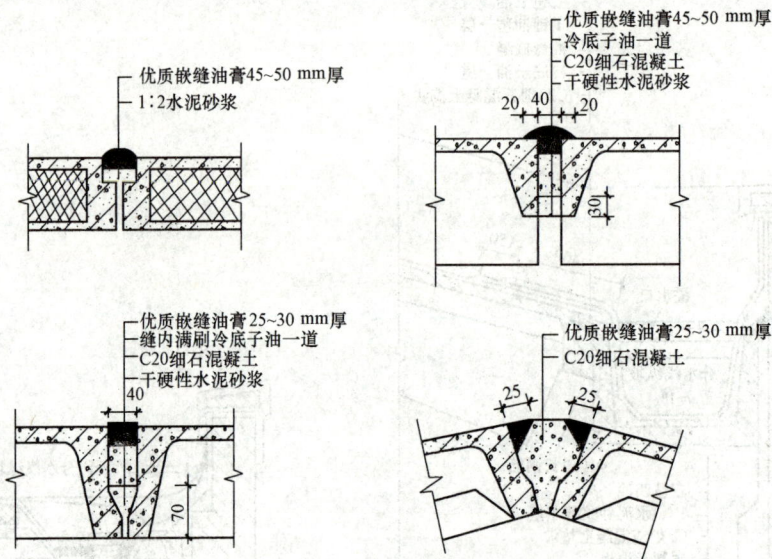

图 8-54 嵌缝式防水构造

2. 钢筋混凝土 F 板

屋面是以断面呈 F 形的预应力钢筋混凝土屋面板为主，配合盖瓦和脊瓦等附件组成的构件自防水屋面。钢筋混凝土 F 板的三面设有挡水条，纵缝是由上面一块板的挑檐搭盖，横缝和脊缝是由盖瓦、脊瓦盖缝，如图 8-56 所示。

3. 压型钢板防水

压型钢板是用 0.6～1.6 mm 厚的镀锌钢板或冷轧钢板经辊压或冷弯成各种不同形状的多棱形板材。其表面一般带有彩色涂层，可分为单层板、多层复合板、金属夹芯板等。钢板可预压成型，但其长度受运输条件限制不宜过长；也可制成薄钢板卷，运到施工现场，再用简易压型机压成所需要的形状。因此，钢板可做成整块无纵向接缝的屋面，接缝少，防水性能好，屋面也可采用较平缓的坡度（2%～5%）。压型钢板具有质量轻、防腐、防锈、美观、适应性强、施工速度快的特点。但耗用钢材多，造价高。单层厂房 W 形压型钢板瓦屋面构造如图 8-57 所示。

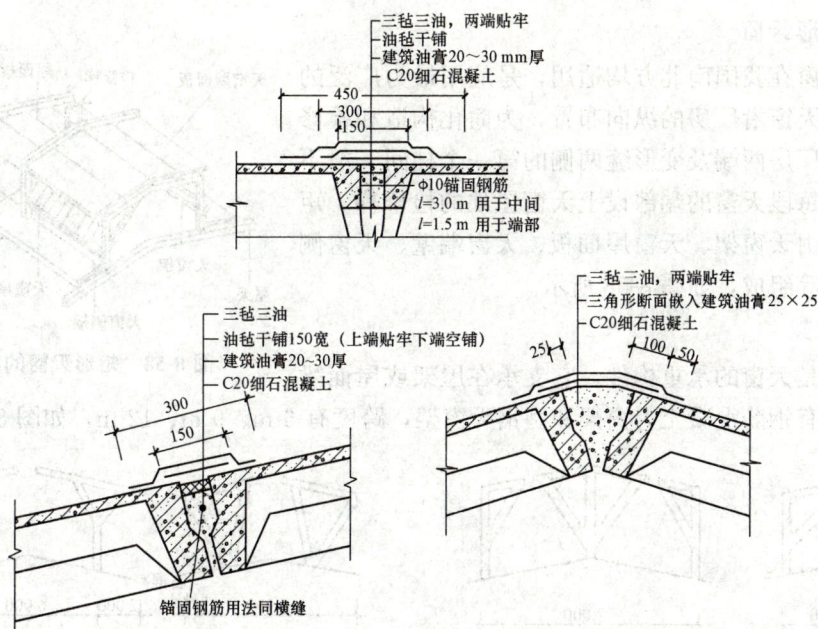

图 8-55 脊带式防水构造

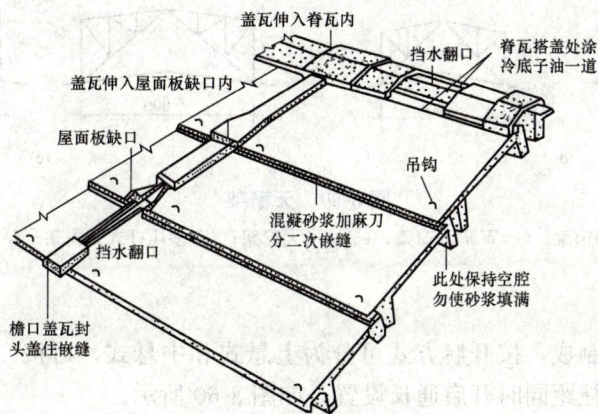

图 8-56 F 形板屋面

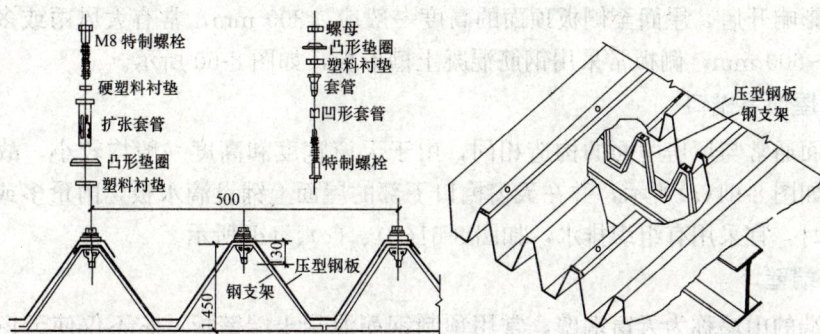

图 8-57 压型钢板瓦屋面构造

四、天窗构造

(一)矩形天窗

矩形天窗在我国南北方均适用,是应用最为广泛的一种。矩形天窗沿厂房的纵向布置,为简化构造和检修的需要,在厂房两端及变形缝两侧的第一个柱间一般不设置天窗,每段天窗的端部设上天窗屋顶的检修梯。矩形天窗主要由天窗架、天窗屋面板、天窗端壁、天窗侧板、天窗扇等组成,如图8-58所示。

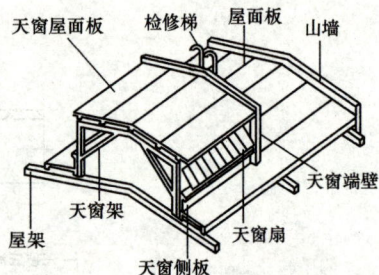

图 8-58　矩形天窗的组成

1. 天窗架

天窗架是天窗的承重构件,它支承在屋架或屋面梁上,常用的有钢筋混凝土天窗架和型钢天窗架,跨度有 6 m、9 m、12 m,如图 8-59 所示。

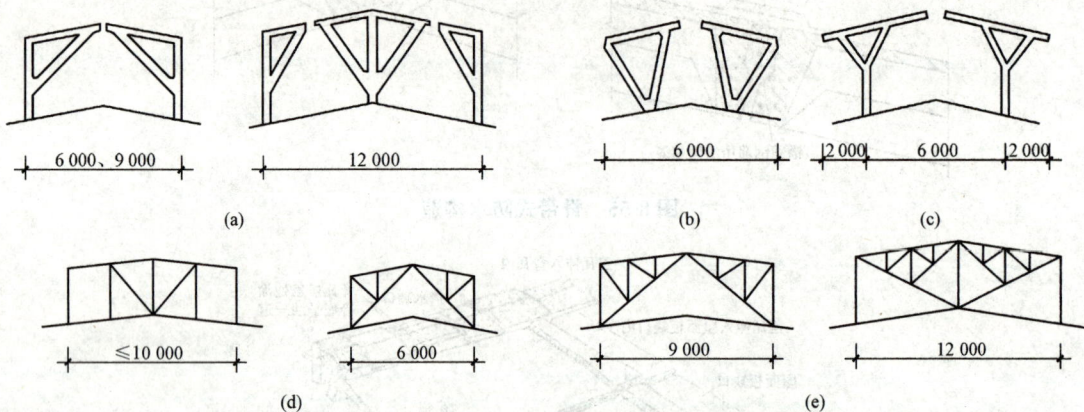

图 8-59　天窗架

(a)钢筋混凝土门形窗架;(b)W 形天窗架;(c)Y 形天窗架;(d)多压杆式天窗架;(e)桁架式钢天窗架

2. 天窗扇

天窗扇多为钢材制成,按开启方式可分为上悬式和中悬式,可按一个柱距独立开启分段设置,也可按几个柱距同时开启通长设置,如图8-60所示。

3. 天窗侧板

天窗侧板是天窗下部的围护构件,它的主要作用是防止屋面的雨水溅入车间以及积雪挡住天窗扇影响开启,屋面至侧板顶面的高度一般应≥300 mm,常有大风雨或多雪地区应增高至400～600 mm,侧板常采用钢筋混凝土槽形板,如图8-60所示。

4. 天窗屋面及檐口

天窗屋面通常与厂房屋面的构造相同,由于天窗宽度和高度一般均较小,故多采用无组织排水,如图8-61(a)所示,并在天窗檐口下部的屋面上铺设滴水板,雨量多或天窗高度和宽度较大时,宜采用有组织排水,如图8-61(b)、(c)、(d)所示。

5. 天窗端壁

天窗两端的山墙称为天窗端壁,常用预制钢筋混凝土端壁板,它不仅使天窗尽端封闭起来,同时,也支承天窗上部的屋面板,如图8-62所示。

矩形通风天窗是在矩形天窗两侧加设挡风板构成的。矩形通风天窗多用于热加工车间。除有保温要求的厂房外，矩形通风天窗一般不设置天窗扇，仅在进风口处设置挡风板，以提高通风效率。

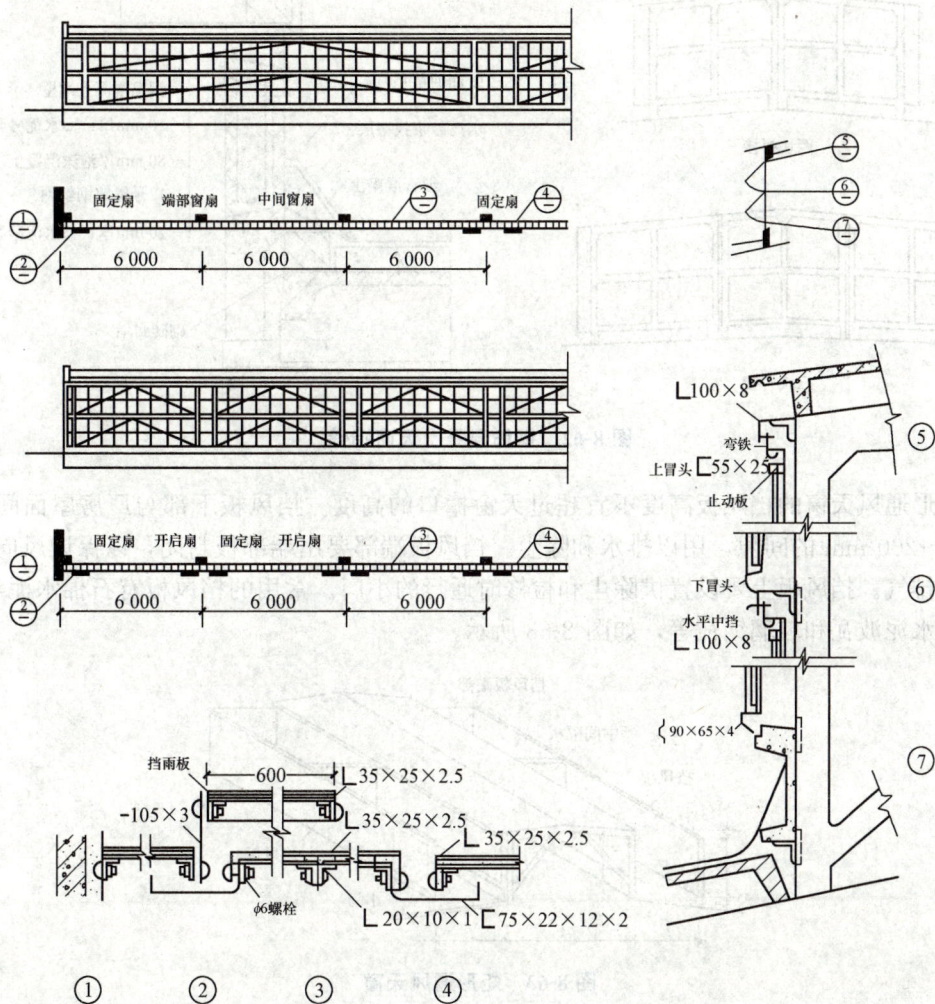

图 8-60　钢天窗扇及天窗侧板

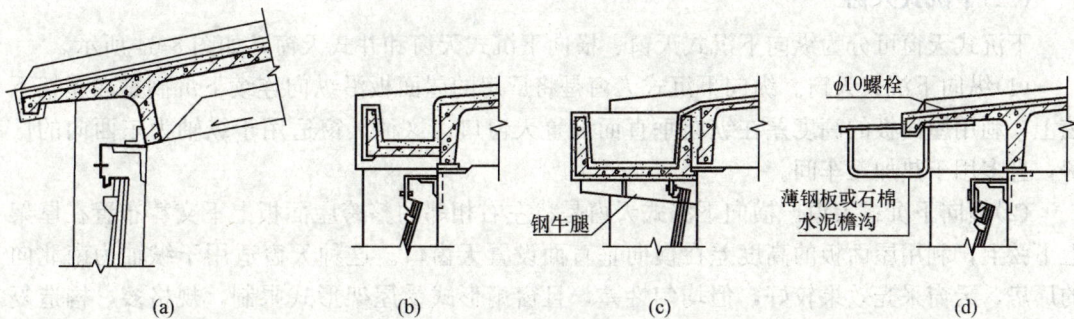

图 8-61　天窗檐口

(a)带挑檐的屋面板；(b)带檐沟的屋面板；(c)钢牛腿上铺天沟板；(d)挑檐板挂薄钢板檐沟

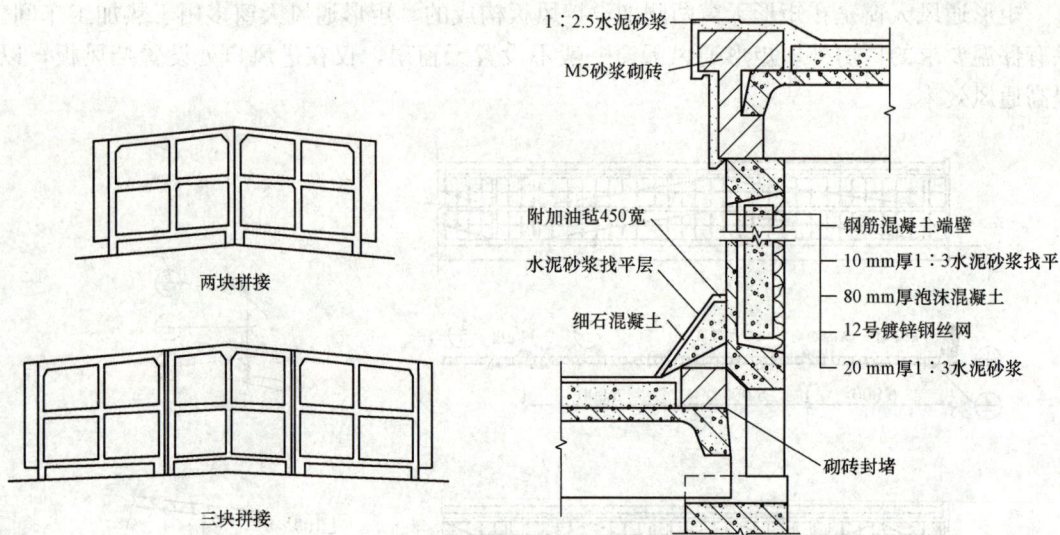

两块拼接

三块拼接

1：2.5水泥砂浆
M5砂浆砌砖

附加油毡450宽
水泥砂浆找平层
细石混凝土

钢筋混凝土端壁
10 mm厚1：3水泥砂浆找平
80 mm厚泡沫混凝土
12号镀锌钢丝网
20 mm厚1：3水泥砂浆

砌砖封堵

图 8-62　钢筋混凝土天窗端壁

　　矩形通风天窗的挡风板高度不宜超过天窗檐口的高度。挡风板下部与厂房屋面间应留有 $100 \sim 200$ mm 的间隙，用以排水和除尘。挡风板端部要用端部板封闭，以保证风向变化时仍可排气。挡风板上要设置供除尘和检修时通行的小门。常用的挡风板有石棉水泥波瓦、钢丝网水泥波瓦和玻璃钢瓦等，如图 8-63 所示。

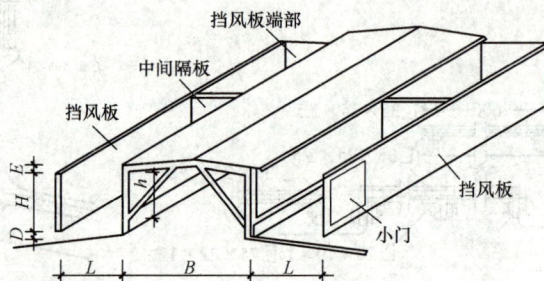

挡风板端部
中间隔板
挡风板
挡风板
小门

图 8-63　矩形通风天窗

　　挡风板按固定形式可分为立柱式挡风板和悬挑式挡风板两种形式。

(二)下沉式天窗

　　下沉式天窗可分为纵向下沉式天窗、横向下沉式天窗和井式天窗，如图 8-64 所示。

　　(1)纵向下沉式天窗。纵向下沉式天窗是将厂房的屋面板沿纵向连续下沉搁置在屋架下弦上，利用屋面板的高度差在纵向垂直面设置天窗口。这种天窗适用于纵轴为东西向的厂房，且多用于热加工车间。

　　(2)横向下沉式天窗。横向下沉式天窗是将左右相邻的整跨屋面板上下交替布置在屋架上下弦上，利用屋面板的高度差在横向垂直面设置天窗口。这种天窗适用于纵轴为南北向的厂房，天窗采光效果较好，但均匀性差，且窗扇形式受屋架形式限制，规格多，构造复杂，屋面的清扫、排水不便。

　　(3)井式天窗。井式天窗是将局部屋面板下沉铺在屋架下弦上，利用屋面板的高度差在纵横向垂直面设置窗口，形成一个个凹嵌在屋面之下的井状天窗。其特点是布置灵活、排风路径短捷、通风好、采光均匀，因此，被广泛用于热加工车间，但屋面清扫不方便，构造较复杂，且使室内空间高度有所降低。井式天窗由井底板、井底檩条、井口空格板、挡雨设施、挡风墙及排水设施等组成，如图8-65所示。

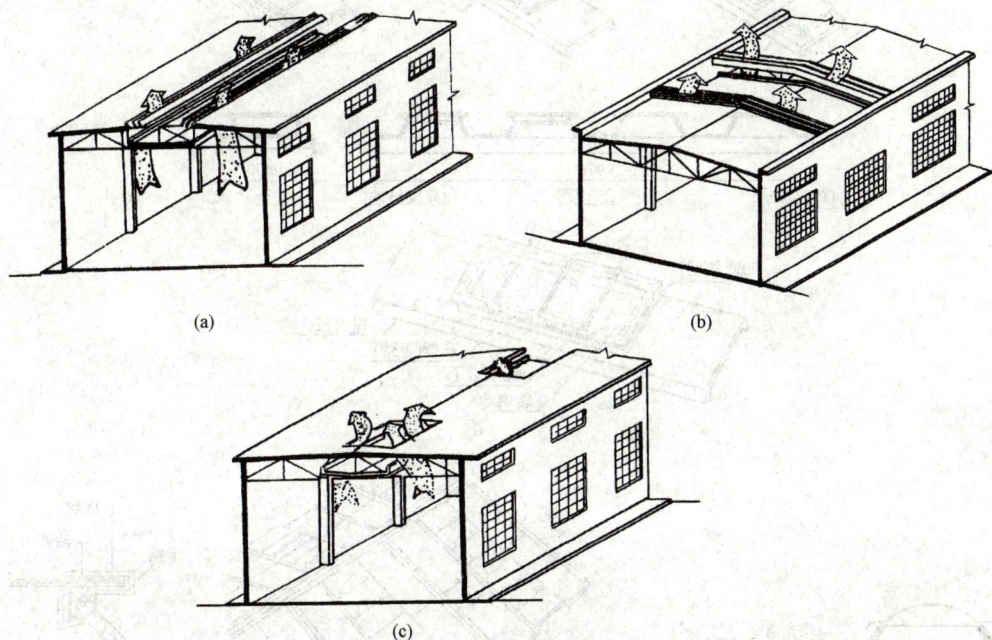

图 8-64 下沉式天窗类型

(a)纵向下沉式天窗；(b)横向下沉式天窗；(c)井式通风天窗

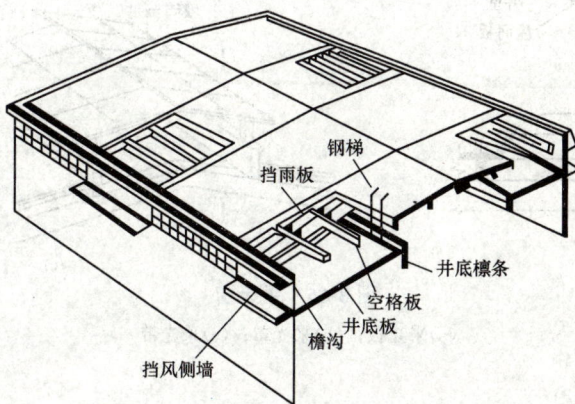

图 8-65 井式天窗组成

(三)平天窗

平天窗是利用屋顶水平面安设透光材料进行采光的天窗。它的优点是屋面荷载小，构造简单，施工简便，但易造成眩光、直射、易积灰。平天窗宜采用安全玻璃(如钢化玻璃、夹丝玻璃等)，但此类材料价格较高，当采用平板玻璃、磨砂玻璃、压花玻璃等非安全玻璃时，为防止玻璃破碎落下伤人，须加设安全网。

平天窗可分为采光板、采光罩和采光带三种类型，如图 8-66 所示。

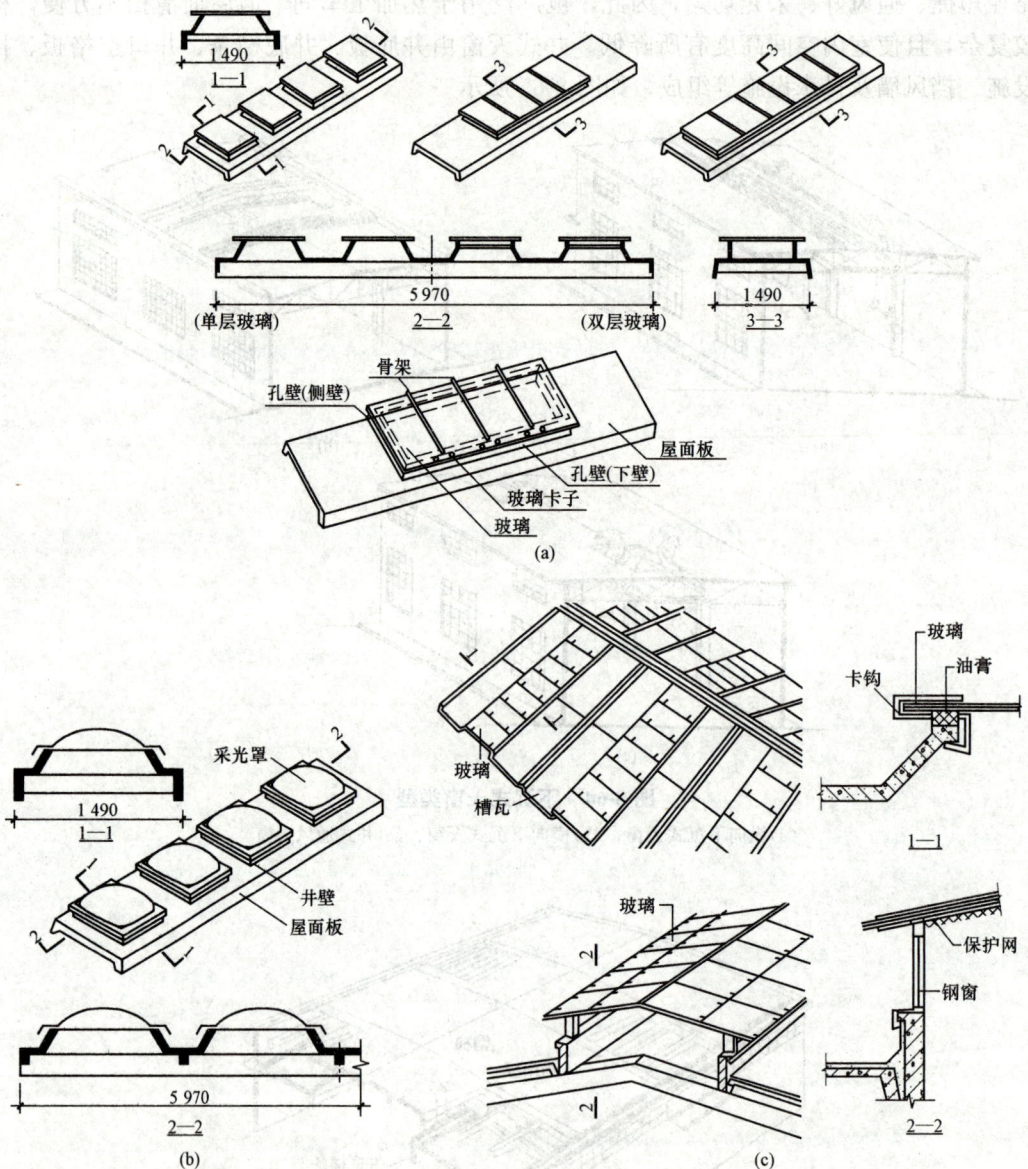

图 8-66 平天窗
(a)采光板；(b)采光罩；(c)采光带

⚙ **任务实施**

　　1. 为某等高双跨的机械装配车间确定屋顶的排水方案，应根据厂房的平、剖面形状、面积、生产使用要求及当地气候条件等综合考虑。

　　2. 为某等高双跨的机械装配车间确定屋顶采光、通风措施。

📖 **知识拓展**

　　在单层厂房结构中，支撑系统虽然不是主要的承重构件，但它能够保证厂房结构和构件的承载力、稳定和刚度，并有传递部分水平荷载的作用。

支撑有屋盖支撑和柱间支撑两大部分。

（1）屋盖支撑包括横向水平支撑（上弦和下弦横向水平支撑）、纵向水平支撑（上弦或下弦纵向水平支撑）、垂直支撑和纵向水平系杆等，具体如图8-67所示。横向水平支撑和垂直支撑一般布置在厂房单元端部和伸缩缝两侧的第二（或第一）柱间。

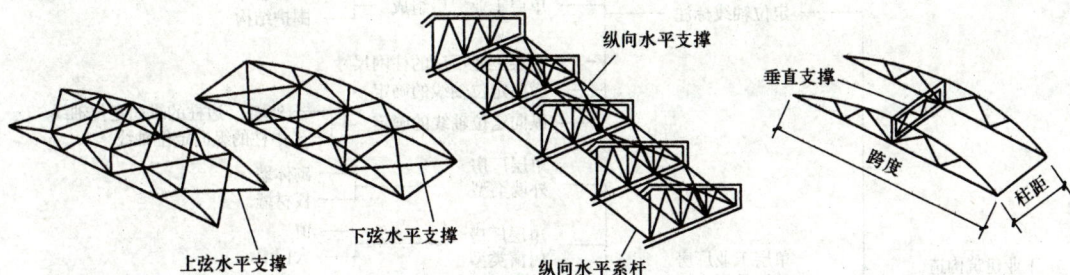

图 8-67　屋盖支撑

（2）柱间支撑按起重机梁位置可分为上部和下部两种，如图8-68所示。柱间支撑一般设置在伸缩缝区段的中央柱间。柱间支撑一般采用型钢制作，支撑形式宜采用交叉式，其斜杆与水平面的交角不宜大于55°。

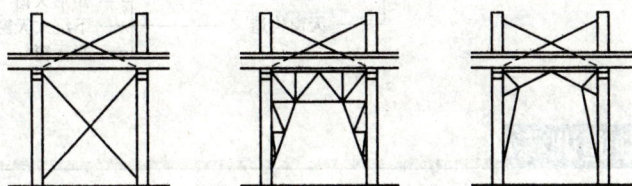

图 8-68　柱间支撑

能力训练

一、填空题

1. 厂房屋面的承重构件主要有＿＿＿＿＿＿＿和＿＿＿＿＿＿＿两类，覆盖构件主要有＿＿＿＿＿＿＿。

2. 单层厂房屋面防水方式主要有＿＿＿＿＿＿＿、＿＿＿＿＿＿＿两类。

3. 矩形天窗由＿＿＿＿＿＿＿、＿＿＿＿＿＿＿、＿＿＿＿＿＿＿、＿＿＿＿＿＿＿、＿＿＿＿＿＿＿五部分组成。

二、实践题

参观单层工业厂房的屋顶和天窗，写出不少于2 000字的报告。

```
                                    ┌─ 单层工业厂房的结构类型
                                    │
                                    ├─ 单层工业厂房组成 ──┬─ 厂房骨架
                    ┌─ 定位轴线标注 ─┤                    └─ 围护结构
                    │               │
                    │               ├─ 单层工业厂房的柱网尺寸
                    │               ├─ 横向定位轴线的确定
                    │               └─ 纵向定位轴线的确定 ──┬─ 外墙、边柱的纵向定位轴线
                    │                                        └─ 中柱的纵向定位轴线
                    │
                    │               ┌─ 单层厂房 ──┬─ 砌体墙
                    │               │  外墙类型    └─ 板材墙
                    │               │
                    │  单层工业厂房  ├─ 单层厂房 ──┬─ 窗
  工业建筑构造 ─────┤  外墙及门窗构 ─┤  门窗类型    └─ 大门
  认知与表达        │  造认知        │
                    │               ├─ 外墙构造 ──┬─ 砌体墙的构造
                    │               │             └─ 板材墙体构造
                    │               └─ 大门构造
                    │
                    │               ┌─ 屋顶 ──────┬─ 屋顶构件
                    │               │             └─ 屋面排水方式
                    │  单层工业厂房  │
                    └─ 屋顶及天窗构 ─┼─ 屋面防水构造 ┬─ 卷材防水构造
                       造认知        │              └─ 构件自防水
                                    │
                                    ├─ 天窗类型
                                    └─ 天窗构造 ──┬─ 矩形天窗
                                                  ├─ 下沉式天窗
                                                  └─ 平天窗
```

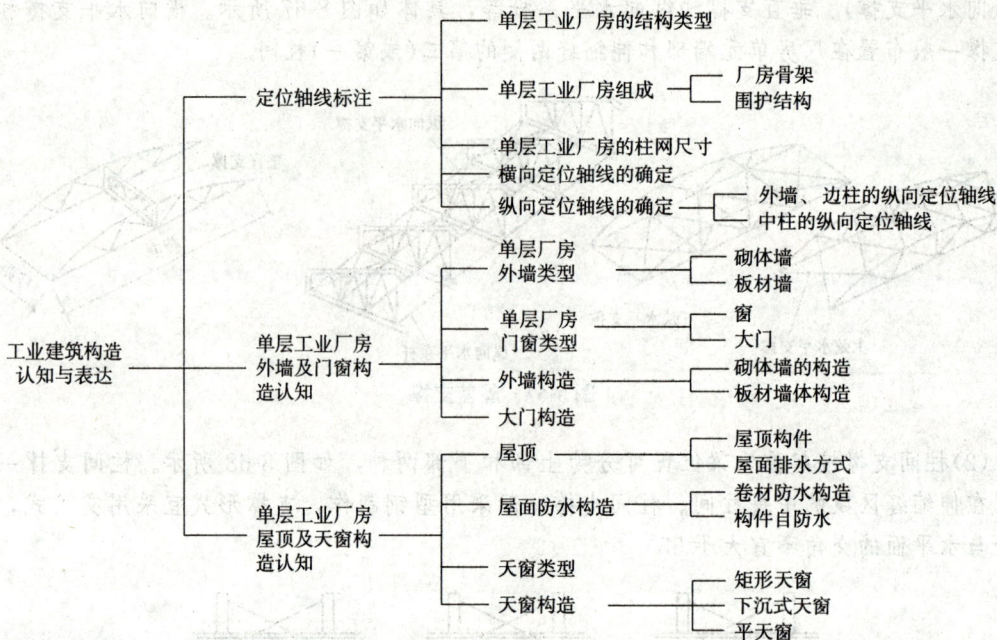

岗课赛证融通训练

　　某单层工业厂房初步拟订方案：厂房分为等高两跨，长度为 42 m，每跨跨度为 12 m，两跨均设有 10 t 的桥式起重机。排架柱为矩形柱，尺寸为 400 mm×800 mm。抗风柱为矩形柱，尺寸为 400 mm×600 mm。

　　绘制出 4 个典型平面节点详图，要求绘制出柱、墙、定位轴线，不需标注轴线编号，并标注必要的尺寸。

　　(1)外墙、边柱与纵向定位轴线的定位；

　　(2)外墙、端部边柱与纵、横向定位轴线的定位；

　　(3)山墙、端部中柱与纵、横向定位轴线的定位；

　　(4)等高跨处中柱与定位轴线的定位。

思政元素表

索引	主要内容	思政元素	讨论话题
模块一 任务一	北京故宫	文化自信 家国情怀 工匠精神 鲁班精神	1. 你游览过我国哪些经典的古建筑，它们有何特点？ 2. 你知道我国哪些建筑方面的著名人物？
模块一 任务二	上海中心大厦	工匠精神 家国情怀 新发展理念	上海中心大厦使用了哪些新技术？
模块一 任务三	建筑工业化	新发展理念 行业前沿	建筑为什么要工业化？
模块二 任务一	基础不牢 地动山摇	工程伦理 安全质量意识	施工上存在哪些问题？
模块二 任务二	人民防空地下室	国家安全 国家发展	你知道全民国家安全教育日吗？
模块三 任务一	长城	文化自信 家国情怀 工匠精神 鲁班精神	1. 长城的文化意义是什么？ 2. 长城是如何修建的？
模块三 任务三	防火墙	安全意识 避险能力	发生火灾如何逃生？
模块三 任务四	墙体节能材料	新发展理念 行业前沿 节能环保意识	你知道哪些墙体的节能环保做法？
模块三 任务六	墙壁上的艺术—壁画	文化自信 家国情怀 莫高精神 美育教育	1. 我们从敦煌女儿樊锦诗身上学到了什么？ 2. 经典壁画赏析
模块四 任务一	压型钢板组合楼板新技术	新发展理念 行业前沿	钢混凝土组合结构发展前景

索引	主要内容	思政元素	讨论话题
模块四 任务三	装配式预制阳台	新发展理念 行业前沿	为什么要做装配式建筑？
模块五 任务二	无障碍设计	特殊群体人文关怀 文明和谐平等	你参加过对特殊群体关心关爱的志愿活动吗？
模块五 任务三	全球十大摩天楼 电梯速度大比拼	工匠精神 大国复兴	谈一谈各地的标志性建筑
模块六 任务一	中国民居建筑屋顶的百态	文化自信 家国情怀 工匠精神	不同地区的建筑差别大吗？
模块六 任务二	营造法式	工匠精神 鲁班精神	《营造法式》对于研究古建筑的价值意义
模块七 任务一	门窗释义	文化自信 家国情怀 美育教育	古建筑中的门窗之美
模块七 任务二	门窗的文人情怀	文化自信 美育教育	你还知道哪些和建筑有关的经典诗词
模块八 任务一	鸟巢	工匠精神 大国复兴	钢结构的优势

参考文献

[1] 中华人民共和国住房和城乡建设部，中华人民共和国国家质量监督检验检疫总局 . GB 50016—2014 建筑设计防火规范（2018 年版）[S]. 北京：中国计划出版社，2014.

[2] 中华人民共和国住房和城乡建设部 . GB 50352—2019 民用建筑设计统一标准[S]. 北京：中国建筑工业出版社，2019.

[3] 中华人民共和国住房和城乡建设部 . GB 50002—2013 建筑模数协调标准[S]. 北京：中国建筑工业出版社，2014.

[4] 中华人民共和国住房和城乡建设部 . GB 50007—2011 建筑地基基础设计规范[S]. 北京：中国计划出版社，2012.

[5] 同济大学等合编 . 房屋建筑学[M]. 4 版 . 北京：中国建筑工业出版社 . 2006.

[6] 中国建筑标准设计研究院 . 06J123 墙体节能建筑构造[S]. 北京：中国计划出版社，2006.

[7] 李必瑜，魏宏扬，覃琳 . 建筑构造：上册[M]. 6 版 . 北京：中国建筑工业出版社，2019.

[8] 王丽红 . 房屋建筑构造[M]. 北京：北京理工大学出版社，2017.

[9] 王丽红 . 建筑构造[M]. 北京：中国水利水电出版社，2011.

[10] 胡建琴，崔岩 . 房屋建筑学[M]. 北京：清华大学出版社，2007.

[11] 郑贵超，赵庆双 . 建筑构造与识图[M]. 北京：北京大学出版社，2009.

[12] 中华人民共和国住房和城乡建设部，中华人民共和国国家质量监督检验检疫总局 . GB 50003—2011 砌体结构设计规范[S]. 北京：中国建筑工业出版社，2013.

[13] 中华人民共和国住房和城乡建设部，中华人民共和国国家质量监督检验检疫总局 . GB 50011—2010 建筑抗震设计规范（2016 年版）[S]. 北京：中国建筑工业出版社，2016.

[14] 中国建筑标准设计研究院 . 19J102—1 19G613 混凝土小型空心砌块墙体建筑与结构构造[S]. 北京：中国计划出版社，2019.

[15] 中国建筑标准设计研究院 . 12J201 平屋面建筑构造[S]. 北京：中国计划出版社，2012.

[16] 中华人民共和国住房和城乡建设部，中华人民共和国国家质量监督检验检疫总局 . GB 50345—2012 屋面工程技术规范[S]北京：中国建筑工业出版社，2012.

[17] 中华人民共和国住房和城乡建设部，中华人民共和国国家质量监督检验检疫总局 . GB 50693—2011 坡屋面工程技术规范[S]. 北京：中国计划出版社，2011.

[18] 中国建筑标准设计研究院 . 09J202—1 坡屋面建筑构造（一）[S]. 北京：中国计划出版社，2010.

[19] 中国建筑标准设计研究院 . 10J301 地下建筑防水构造[S]. 北京：中国计划出版社，2010.

[20] 中国建筑标准设计研究院.12J304 楼地面建筑构造[S]. 北京：中国计划出版社，2012.

[21] 中国建筑标准设计研究院.07J501—1 钢雨篷(一)(玻璃面板)[S]. 北京：中国计划出版社，2008.

[22] 中国建筑标准设计研究院.17J610—1 特种门窗(一)变压器室钢门窗、变配电所钢大门、冷库门、保温门、隔声门窗[S]. 北京：中国计划出版社，2021.

[23] 中国建筑标准设计研究院.15J403-1 楼梯　栏杆　栏板(一)[S]. 北京：中国计划出版社，2015.